AF535426

MAGDALENA SPORKMANN

BEST JOB EVER

Wie du deine Wünsche und Werte im Beruf verwirklichst

Penguin Random House Verlagsgruppe FSC® N001967

1. Auflage

Umschlaggestaltung: Favoritbuero, München
Umschlagfoto: Barbara Dietl
Satz: GGP Media GmbH, Pößneck
Druck und Bindung: CPI books GmbH, Leck
Printed in the EU
ISBN 978-3-328-11191-7
www.penguin-verlag.de

Inhalt

Einleitung

Wenn ich groß bin …

»Wenn ich groß bin, möchte ich Nonne werden« – das nahm ich mir als Kind vor. Ich bin weder streng religiös erzogen worden, noch kannte ich persönlich eine Nonne, aber ich stellte mir vor, dass ich als Nonne vor dem ständigen kapitalistischen Existenzkampf in Sicherheit wäre. Als Kind habe ich das, wovor mir graute, natürlich nicht »kapitalistischer Existenzkampf« genannt. Ich hatte aber beobachtet, dass die Erwachsenen »arbeiten mussten«, weil sie »Geld verdienen mussten«. Nach der Arbeit waren sie »gestresst« und »erledigt«. Ich hielt also Arbeit für ein notwendiges Übel: freudlose, auslaugende Maloche. So wollte ich nicht enden und hielt den Rückzug ins Kloster für einen genialen Ausweg. Dort, so vermutete ich, würde ich zwar sehr früh aufstehen und sehr oft beten müssen. Ansonsten wähnte ich mich aber von Erwartungen frei. Ich nahm mir vor, mir meditative Aufgaben zu suchen, die nicht allzu komplex erschienen und die mir viel Zeit zum Tagträumen lassen würden. Ich wollte den Klostergarten pflegen, Kräuterwässerchen herstellen und alte Bücher abschreiben, um ihre Texte vor dem Verschwinden zu bewahren. Ganz entscheidend war dabei meine Hoffnung, dass es egal wäre, wie gut oder schnell ich diese Tätigkeiten verrichtete: Die Gemeinde der Nonnen und die Institution der Kirche würden mich allein wegen meines Bekenntnisses zu ihnen und Gott bis an mein Lebensende mit Wohnung und Nahrung versorgen. Nichts leisten *müssen* und trotzdem immer genug zum Leben haben, das wünschte ich mir.

Zwei Gründe hielten mich letztendlich davon ab, Nonne zu werden. Erstens wurde mir spätestens bei meiner Konfirmation klar, dass ich nicht an Gott glaubte und es somit mindestens sinnentleert, wenn nicht gar verlogen wäre, als Nonne zu leben. Zweitens erkannte ich, dass Angst meistens kein Motor, sondern eher ein Bremsklotz ist. Wäre ich aus Angst vor dem kapitalistischen Leistungsdiktat Nonne geworden, hätte ich möglicherweise viele Erfahrungen, für die ich heute sehr dankbar bin, nie machen können. Denn Tatsache ist: meistens wachsen wir an dem, wovor wir uns fürchten. Ich stellte mich also der Herausforderung, jeden Monat meinen Lebensunterhalt durch Erwerbsarbeit zu sichern – in der Hoffnung, dass es ganz so schlimm nicht werden und vielleicht sogar ab und zu Spaß machen würde.

Heute bin ich als freiberufliche Autorin, Speakerin und Mentorin selbständig und habe jeden Tag Spaß bei meiner Arbeit. Der Weg hierhin war allerdings alles andere als geradlinig. Ich habe nicht nur mehrmals die Branche, sondern auch jedes Mal meinen Beruf gewechselt. Angefangen habe ich im Verlagswesen, dann war ich persönliche Assistentin eines Schauspielers und zuletzt in einer NGO. Ich habe im Lektorat, in der Presseabteilung, in Social Media und der Veranstaltungsorganisation gearbeitet. Dabei ist jeder Job nach dem exakt gleichen Muster abgelaufen: Ich habe mit Euphorie begonnen, in kurzer Zeit sehr viel gelernt, bis ich in meine Rolle hineingewachsen war, dann habe ich ein paar Monate sehr entspannt Tagesgeschäft gemacht, angefangen, mich zu langweilen, um mehr Verantwortung, neue Aufgabenfelder, den Aufstieg in eine höhere Position oder mehr Gehalt gebeten, aber nichts davon bekommen. Also habe ich mir etwas anderes gesucht, das vermeintlich besser zu mir passte. Doch jedes Mal bin ich an sehr harte Grenzen gestoßen.

In einem Job sollte ich, die am schlechtesten bezahlte Mitarbeiterin, als Einzige freitagnachmittags das Büro hüten, obwohl nach der Postlieferung dort absolut nichts mehr zu erwarten war. Ich wollte eine Rufumleitung des Telefons auf mein privates Handy einrichten und den Nachmittag wie alle anderen im Homeoffice verbringen: Nein, jemand müsse im Büro präsent sein. Im selben Job erhielt ich erst dann eine Gehaltserhöhung, als der Mindestlohn eingeführt und damit mein Gehalt automatisch angehoben wurde. Ich machte diesen Job so gut, dass meine auf ein Jahr befristete Stelle verlängert werden sollte. Ich sagte zu, unter der Bedingung, mehr Geld oder eine Beförderung zu bekommen. Beides wurde abgelehnt. Also verlängerte ich nicht. Im nächsten Job kochte ich Hühnersuppe, holte Hemden aus der Reinigung und sortierte DVDs nach dem Alphabet, obwohl ich einen Vertrag als wissenschaftliche Mitarbeiterin unterschrieben hatte.

Danach fing ich in einem Unternehmen an, bei dem ich mir sicher war, dass es der perfekte Arbeitsplatz für mich sein würde: frei wählbares Gehalt, unbegrenzter Urlaub, solange man seinen Pflichten gerecht wurde, freie Wahl des Arbeitsortes und weitgehend auch der Arbeitszeiten, flache Hierarchien, eigenverantwortliches Arbeiten. Für jemanden wie mich, die sich schnell langweilt, ein großes Autonomiebedürfnis hat und auf faire Bezahlung Wert legt, der perfekte Arbeitgeber – scheinbar. Ich stieg in weniger als drei Jahren von der Werkstudentin in Teilzeit zur Vollzeitarbeitskraft in alleiniger Verantwortung über eine Abteilung auf. Trotzdem saß ich während dieses Jobs gelegentlich heulend auf der Bettkante. Zwar mochte ich meinen Beruf, aber letztendlich war ich nur ein Rädchen im Getriebe, abhängig, unsichtbar und im Dienst meines Vorgesetzten. Ich beschäftigte mich rund um die Uhr mit der Vision eines Unternehmens, für die ich selbst nicht brannte. Ich half meinem Arbeitgeber, *seine* Ziele zu erreichen. Nachdem meine anfängliche Lernkurve abgeflacht war und ich mir ein stabiles Netzwerk aufgebaut hatte, war das einzige Ziel, das ich noch Monat für Monat verfolgte, das Erwirtschaften meines Lebensunterhaltes. Mein Tag bestand nur noch daraus, Routinen zu durchlaufen, To-Dos abzuarbeiten und »Brände« zu löschen. Das hohe Gehalt kam mir immer mehr wie eine Entschädigung für das Hamsterrad vor, in dem ich steckte. »Ich wollte nie, dass mein Leben so aussieht: Arbeiten, Essen, Schlafen. Alle Energie geht nur für mein Gehalt drauf«, jammerte ich. Obwohl ich meine Arbeit fachlich interessant fand, war der Stress einfach zu groß und die Anerkennung zu gering. Ich trug große Verantwortung und leistete viele Überstunden, um einen Personalmangel aufzufangen. Wertschätzung bekam ich dafür nur von wenigen. Die meisten nahmen meine Leistung als selbstverständlich hin, und einige wenige fühlten sich davon sogar bedroht. Deshalb erlebte ich schließlich etwas, was ich als Mobbing empfand, in einem Unternehmen, das sich eine hierarchiearme und faire Arbeitskultur auf die Fahne geschrieben hatte. Da konnte mich auch mein Gehalt nicht mehr trösten. Ich kündigte, ohne einen neuen Arbeitsvertrag unterschrieben zu haben, denn ich hatte das dringende Bedürfnis, meine Zeit, Energie und Kompetenzen nicht mehr einem Arbeitgeber zur Verfügung zu stellen, sondern für meine eigenen Projekte zu nutzen. Trotzdem fühlte sich die Kündigung wie ein Sakrileg an: Wer schmeißt schon einen gut bezahlten und unbefristeten Job mitten in einer globalen Krise hin?

Seitdem bin ich ausschließlich selbständig tätig. Ironischerweise übe ich heute als freiberufliche Schriftstellerin einen Beruf aus, der das Gegenteil der Existenzsicherheit verkörpert, die ich mir als Kind gewünscht habe. Das Autorinnendasein geht in der Regel mit prekären Lebensverhältnissen einher. Die *Künstlersozialkasse* meldete 2023 als durchschnittliches Jahreseinkommen von Autor*innen innerhalb der ersten drei Jahre nach Berufseinstieg 21 597 Euro brutto.[1] Das sind knapp 1800 Euro pro Monat – vor Abzug der Steuern, vor Zahlungen an Renten- und Krankenkasse sowie selbstverständlich auch nur so lange, wie es gelingt, die eigenen Texte auch tatsächlich an Redaktionen und Verlage zu verkaufen. Das Schreiben, so scheint es, muss man sich leisten können. War ich leichtsinnig, mich darauf einzulassen?

Arbeit in der Leistungsgesellschaft

Die sogenannte Arbeitslosigkeit, in die ich damals freiwillig ging, lehrte mich viel über unseren Begriff von Leistung und Arbeit, denn die Abkehr von der Erwerbsarbeit ist in unserer Leistungsgesellschaft stark stigmatisiert. »Wer nicht arbeitet, soll auch nicht essen.« Dieser Satz aus dem zweiten Tessalonicherbrief von Apostel Paulus hallt auch nach 2000 Jahren noch wider. Wer nicht arbeitet, so Paulus, treibe »unordentliche Dinge«, komme also auf dumme (revolutionäre?) Gedanken und beschäftige sich mit unproduktiven Tätigkeiten. Produktiv scheint im Kapitalismus jedoch nur zu sein, was auch viel Geld einbringt, zum Beispiel Erwerbsarbeit, und zwar gut bezahlte. So wird etwa Empfänger*innen von Grundsicherung (Bürgergeld) pauschal Faulheit vorgeworfen, obwohl 2022 über ein Viertel von ihnen (überwiegend Kinder) gar nicht erwerbs*fähig* und über ein Fünftel von ihnen in Minijobs, im Niedriglohnsektor oder als Selbständige *erwerbstätig* war.[2] Ihr Einkommen aus der Erwerbstätigkeit reichte also nicht aus, um ihren Lebensunterhalt zu decken. Andererseits gibt es zahllose Menschen in unserer Gesellschaft – überwiegend sind es Frauen –, die ihre Erwerbstätigkeit zugunsten von Care-Arbeit reduzieren. Sie leisten täglich viele Stunden gänzlich unbezahlter Arbeit: im Haushalt, in der Pflege von Angehörigen und der Erziehung von Kindern sowie im Ehrenamt und der Nachbarschaftshilfe. Wertschätzung? Fehlanzeige! Viele von ihnen landen später in Altersarmut, weil sie eben kein ausreichend hohes Einkommen erwirtschaftet haben, um für die Rente vorzusorgen. Sie haben wenig bis nicht erwerbsgearbeitet, also sollen sie auch nicht essen, findet unsere Gesellschaft. Sobald jemand jedoch durch Erwerbstätigkeit ein (ausreichend) hohes Einkommen erwirtschaftet, ist er vor dem Vorwurf der Faulheit gefeit – und zwar egal ob er einen Bullshit Job* macht oder mit seiner Arbeit tatsächlich eine Stütze unserer Gesellschaft ist, und egal ob er im Büro Candy Crush spielt oder den Unternehmensumsatz vervielfacht. Es wird deutlich: Der Zusammenhang zwischen der Anzahl der geleisteten Arbeitsstunden und dem Einkommen ist keinesfalls zwingend. Oder schlicht: Menschen können viel arbeiten und wenig oder nichts verdienen. Und Menschen können kaum arbeiten und ein gesichertes Einkommen beziehen. Überhaupt: Welche Tätigkeiten als »Arbeit« gewertet und entlohnt werden, ist äußerst fragwürdig.**

---

* Ich greife hier auf einen von David Graeber geprägten Begriff zurück: »A bullshit job is a form of paid employment that is so completely pointless, unnecessary, or pernicious that even the employee cannot justify its existence even though, as part of the conditions of employment, the employee feels obliged to pretend that this is not the case.« (David Graeber: Bullshit Jobs. Simon & Schuster. New York, 2018, S. 9 f.)

** Ich möchte es in diesem Buch der Leserin überlassen, welche Tätigkeiten für sie als Arbeit gelten. Denn das, scheint mir, ist sehr individuell. Ich selbst unterscheide zwischen Arbeit und Erwerbsarbeit, um zu markieren, dass manche Arbeit monetär entlohnt wird und andere nicht. Diese Unterscheidung geht mit keiner Bewertung einher.

Unzufriedene Arbeitnehmer*innen

Erwerbsarbeit scheint tatsächlich für die Allermeisten mehr Pflicht als Vergnügen zu sein: auslaugende Maloche, wie ich sie als Kind fürchtete. Eine repräsentative Studie im Auftrag von *Ernst & Young* aus dem Jahr 2023 hat die Zufriedenheit, die Motivation und die Arbeitsbelastung von Angestellten in Deutschland gemessen. Zwar gaben insgesamt 83 Prozent an, zufrieden oder eher zufrieden im Job zu sein. Doch bei genauerem Hinsehen gibt es große Unterschiede zwischen den verschiedenen Ebenen eines Unternehmens. So ist über die Hälfte der Mitarbeiter*innen im Top-Management und der Auszubildenden »generell zufrieden«, aber nur 28,25 Prozent der übrigen Angestellten. Das bedeutet, ganz am Anfang und auf der höchsten Stufe der Karriereleiter sind Angestellte am zufriedensten. Und dazwischen tut sich eine lange Durststrecke auf. Ähnlich verhält es sich laut der Studie mit der Motivation. Zwar sind insgesamt 71 Prozent der Befragten motiviert oder hoch motiviert, und 29 Prozent geben an, nur noch »ihren Job zu machen« oder demotiviert zu sein. Aber auch hier haben Angestellte im Top-Management und Auszubildende viel häufiger als alle übrigen Angestellten geantwortet, dass sie »hoch motiviert« sind. Nach der Ausbildung, die die meisten noch voller Enthusiasmus und Motivation beginnen, scheint sich also eine gewisse Ernüchterung einzustellen. Erst die Verantwortung und Privilegien einer Position im Top-Management *pushen* die Motivation wieder. À propos Verantwortung: Ein als partizipativ empfundener Führungsstil wirkt sich sehr positiv sowohl auf die Zufriedenheit als auch auf die Motivation der Angestellten aus. Weitere Motivations-Booster sind laut der Studie von *Ernst & Young* ein gutes Verhältnis zu den Arbeitskolleg*innen, ein gutes Arbeitsklima, spannende und herausfordernde Tätigkeiten, ein hohes Gehalt sowie flexible Arbeitszeitmodelle. Was mich positiv überrascht hat, war, dass fast alle Studienteilnehmer*innen (95 Prozent) auf allen Ebenen des Unternehmens in ihrer Arbeit einen wichtigen Beitrag zum Unternehmenserfolg sehen. Sie erkennen in ihrer täglichen Arbeit also zumindest insofern einen Sinn, als sie zum Erfolg des Unternehmens beiträgt. Und zwei Drittel der Befragten geben an, dass sie ihre Arbeit auch als gewürdigt empfinden. Diese erlebte Wertschätzung ist wiederum umso stärker, je partizipativer der Führungsstil empfunden wird. So sehen 86 Prozent der Beschäftigten, die den Führungsstil als »gemeinsam und gleichberechtigt« empfinden, ihre Arbeit gewürdigt. Aber nur 25 Prozent der Beschäftigten, die finden, der Chef oder die Chefin entscheide allein, empfinden eine Würdigung ihrer Arbeitsleistung. Das erscheint mir logisch. Genauso wenig überraschend finde ich angesichts des vielfach verlauteten Fachkräftemangels, dass zwei Drittel der im Auftrag von *Ernst & Young* befragten Arbeitnehmer*innen angeben, ihre Arbeitsbelastung habe in den vergangenen fünf Jahren zugenommen. Für nur sieben Prozent hat sie sich verringert, und für die übrigen ist sie gleich geblieben.[3]

Eine zweite repräsentative Studie aus 2023 gibt ernüchternde Einblicke in die Gemütslage deutscher Angestellter. Das Beratungsunternehmen *Gallup* hat 1500 Arbeitnehmer*innen in Deutschland zu ihrer emotionalen Bindung an ihre*n derzeitige*n Arbeitgeber*in befragt. Die Studie zeigt, dass 67 Prozent nur eine geringe emotionale Bindung haben und nur noch »Dienst nach Vorschrift« machen. 19 Prozent haben sogar gar keine emotionale Bindung und demnach »bereits innerlich gekündigt«. Je geringer die emotionale Bindung an den oder die Arbeitgeber*in ist, desto höher fällt auch die Bereitschaft zum Jobwechsel aus. So erstaunt es nicht, dass laut der Studie 45 Prozent der Arbeitnehmer*innen auf Jobsuche oder offen für neue Angebote sind – und das mit großem Selbstbewusstsein: Ganze 71 Prozent der Befragten schätzen den Arbeitsmarkt für sich persönlich als positiv ein und rechnen sich gute Chancen aus, eine neue Stelle zu finden. Auch diese Studie zeigt, wie wichtig die erlebte Führung ist. Je positiver die Arbeitnehmer*innen die Führung erleben, desto höher ist ihre emotionale Bindung an ihre*n Arbeitgeber*in. Doch nur 14 Prozent der Befragten geben an, ihr Arbeitsumfeld sei durch gute Führung geprägt. Immerhin ein knappes Drittel hat das Gefühl, bei Entscheidungen, die den eigenen Arbeitsbereich betreffen, mitreden zu dürfen, und erlebt damit einen partizipativen Führungsstil. Auch um die Flexibilität scheint es nicht dramatisch schlecht bestellt zu sein. Während sich 56 Prozent flexible Arbeitszeiten wünschen, geben fast 49 Prozent an, diese auch tatsächlich zu haben. Und trotzdem machen ganze 86 Prozent der deutschen Arbeitnehmer*innen nur noch Dienst nach Vorschrift oder haben bereits innerlich gekündigt.[4]

Überwiegend der Gen Z angehörende Arbeitnehmer*innen aus Industriestaaten auf der ganzen Welt haben auf Social Media unter dem Hashtag *#quietquitting* beschrieben, dass sie vor lauter Enttäuschung über ihre Arbeitgeber*innen in die innere Kündigung gehen und nur noch das Allernötigste machen. Angesichts der Tatsache, dass auch das Allernötigste in einem Vollzeitjob immer noch bedeutet, dass man in der Regel acht Stunden lang in einem Büro sitzt und auf den Feierabend wartet, scheint es mir, als würde hier ein Drittel der Lebenszeit verschwendet – Zeit, die jede*r produktiver und freudvoller nutzen könnte. Das ist nicht nur ein immens trauriger Befund für Millionen von Angestellten. Die Unzufriedenheit der Arbeitnehmer*innen sorgt auch für Gewinneinbußen in Milliardenhöhe bei den Unternehmen durch verminderte Produktivität, vermehrte Krankentage und eine hohe Mitarbeiter*innen-Fluktuation. In der bereits zitierten Studie von *Gallup* heißt es: »[D]ie [durch innere Kündigung] entstehenden Kosten aufgrund von Produktivitätseinbußen belaufen sich im Jahr 2023 auf eine Summe zwischen 132,6 und 167,2 Milliarden Euro.«[5]

It's a man's working world

Frauen geht es auf unserem Arbeitsmarkt besonders schlecht. Während ich in den vergangenen Jahren als Autorin und Speakerin Frauen Mut gemacht habe, finanziell und beruflich mehr zu wagen und gestalten, habe ich in Gesprächen mit meinen Zuhörerinnen und Leserinnen immer wieder die gleichen Sätze gehört: »Ich würde ja gerne mehr verdienen, aber ich kann nur in Teilzeit arbeiten, weil ich Mutter bin.« »Ich würde ja gerne Karriere machen, aber ich will auch mein Kind aufwachsen sehen, und in Teilzeit kann man nicht Karriere machen.« »Die interessanten Projekte bekommen immer meine (männlichen) Kollegen.« »Ich fühle mich in meinem Unternehmen nicht gesehen und wünsche mir mehr Wertschätzung von meinem Arbeitgeber.« »Ich habe schon oft nach einer Gehaltserhöhung gefragt, werde aber immer vertröstet.« »Ich mag meinen Job, aber ich würde gern weniger Stunden arbeiten. Es ist einfach zu viel Stress.« »Als ich aus der Elternzeit wieder in den Beruf eingestiegen bin, hat mich mein Chef aufs Abstellgleis geschoben und dort versauern lassen. Ich musste kündigen, sonst wäre ich niemals vorangekommen.« »Ich bin über fünfzig und arbeitssuchend. Aber die Jobs, die mir angeboten werden, liegen weit unter meinen Qualifikationen und Gehaltsvorstellungen.« »Ich würde gern mehr Verantwortung übernehmen, aber als Berufsanfängerin und Frau nimmt mich im Unternehmen keiner ernst.« »Ich habe das Gefühl, ich muss im Job doppelt so gut sein wie mein männlicher Kollege, um die gleiche Anerkennung zu bekommen.« »Mein Job interessiert mich eigentlich nicht, aber mit irgendwas muss ich ja Geld verdienen. Ich lebe nur auf die Wochenenden und den Urlaub hin.«

Diese Frauen äußern keinesfalls individuelle Befindlichkeiten. Was sie erleben, ist kollektiv: die systematische Benachteiligung von Frauen in der Arbeitswelt. Viele Frauen zerreißen sich förmlich zwischen Familie und Beruf. Sie kümmern sich um alle, aber kaum um sich selbst. Sie finanzieren ihren Kindern die beste Ausbildung, aber schieben die eigene Altersvorsorge auf. Sie haben super Qualifikationen vorzuweisen, machen ihren Job tadellos, aber werden von ihren Chefs nicht ernst genommen. Und im Alter ist jede fünfte Frau armutsgefährdet.[6] Frauen haben es in der Arbeitswelt zweifellos schwerer als Männer – mit dramatischen Folgen für ihre Finanzen, ihr Wohlbefinden und ihre (psychische) Gesundheit. Die fünf größten Hindernisse für Frauen im Beruf sind nach wie vor:

1. Ungleiche Bezahlung
2. Ungleiche Karrierechancen
3. Mikroaggressionen und sexuelle Belästigung am Arbeitsplatz
4. Erschwerter Wiedereinstieg in den Beruf nach einer Pause in der Erwerbstätigkeit
5. Fehlende Unterstützung bei der Vereinbarkeit von Beruf und Familie

Auf diese fünf fiesen Türsteher möchte ich einen genaueren Blick werfen, um ganz deutlich zu machen, dass das, was viele Frauen erleben, nicht ihr individuelles Problem, sondern das Ergebnis systematischer Benachteiligung ist. Was jetzt kommt, macht dir vielleicht Angst, macht dich traurig oder wütend. Es weckt vielleicht schmerzhafte Erinnerungen an Erfahrungen, die du selbst im Laufe deiner Karriere gesammelt hast. Viel zu oft verdrängen wir Diskriminierung, wenn sie uns geschieht, nehmen sie einfach hin oder verharmlosen sie – »weil die Welt eben so ist.« Ich glaube aber, wir müssen den Schmerz fühlen, damit wir die Wunde heilen können. Aus Wut, Trauer und Angst kann viel Kraft und Motivation erwachsen, endlich etwas zu ändern. Wenn ich dich also jetzt mit einigen unangenehmen Fakten konfrontiere, dann verstehe das bitte als *tough love*: Lass uns zusammen da durchgehen, um dann etwas zu ändern.

Ungleiche Bezahlung

Der Gender-Pay-Gap, also die Lücke zwischen den durchschnittlichen Brutto-Stundenlöhnen von Männern und Frauen, liegt in Deutschland seit Jahren bei 18 Prozent. Demnach verdienten Frauen 2023 durchschnittlich 18 Prozent weniger pro Stunde als Männer. Ein großer Teil dieser Differenz ist damit zu erklären, dass Frauen erstens häufig in Branchen mit einem niedrigeren Lohnniveau – den sogenannten »Frauenberufen« – arbeiten. Zweitens unterbrechen Frauen häufiger ihre Erwerbstätigkeit als Männer, etwa aufgrund einer Schwangerschaft, Geburt und Elternzeit. Und drittens sind Frauen häufiger in Minijobs und Teilzeit tätig als Männer und verdienen deshalb weniger (auch, weil Aufstiegs- und damit die Lohnerhöhungschancen in Teilzeit praktisch nicht existieren).

Der von diesen Faktoren »bereinigte Gender-Pay-Gap« lag 2023 jedoch immer noch bei sechs Prozent.[7] Das bedeutet, bei vergleichbarer Qualifikation, Tätigkeit und Erwerbsbiografie verdienten Frauen 2023 durchschnittlich sechs Prozent weniger pro Stunde als Männer. Das ist Lohndiskriminierung.

Ungleiche Karrierechancen

Diskriminierung erfahren Frauen* aber auch, wenn es um ihre Karrierechancen geht. In Deutschland sind Frauen in Führungspositionen immer noch stark unterrepräsentiert. In deutschen Börsenunternehmen gab es 2023 mehr Vorstandsvorsitzende, die Christian (9) hießen, als weibliche Vorstandsvorsitzende (7).[8] Kein Scherz! Der Frauenanteil in den Vorständen der 40 größten börsennotierten Unternehmen beträgt gerade einmal 23,2 Prozent, Stand 1. September 2023.[9] In die höchsten Machtpositionen eines Unternehmens, in den Aufsichtsrat- und Vorstandsvorsitz, dringt so gut wie gar keine Frau vor. In 160 deutschen Börsenunternehmen gab es 2023 nur sechs weibliche Aufsichtsratsvorsitzende und sieben weibliche Vorstandsvorsitzende.[10] Schuld ist der sogenannte »Thomas-Kreislauf«, der benennt, dass wir am ehesten Menschen befördern, die uns ähnlich sind. Und weil in Deutschland überwiegend die sprichwörtlichen alten *weißen* Männer Machtpositionen innehaben (viele davon mit dem Namen Thomas – oder, seit 2023 häufiger: Christian), befördern diese wiederum alte *weiße* Männer (am liebsten sogar mit demselben Namen), statt Frauen.[11] Diesen Kreislauf kann eigentlich nur eine verbindliche Frauen-Quote** oder ein feministisches Erwachen der

---

* Diskriminiert werden auf dem deutschen Arbeitsmarkt nicht nur Frauen, sondern im Grunde alle, die keine *weißen*, heterosexuellen Cis-Männer sind, also beispielsweise auch B(I)PoC und LGBTQIA+, Menschen mit Behinderungen und Senior*innen. An dieser Stelle möchte ich betonen, dass ich Feminismus als intersektional verstehe. Wenn ich in diesem Buch über »Frauen« schreibe, dann weil ich mich selbst als Frau identifiziere und aus dieser Perspektive berichten kann und will. Aus Perspektive anderer diskriminierter Gruppen auf den Arbeitsmarkt zu blicken, halte ich für wichtig und lohnend, möchte es aber jenen überlassen, die mehr Einsicht in das Erleben jener Gruppen haben.

** Eine solche Frauen-Quote wurde mit dem Führungspositionen-Gesetz 2015 eingeführt und 2021 reformiert.

Thomasse und Christians durchbrechen. Mit Letzterem ist eher nicht zu rechnen, denn wer gibt schon freiwillig Privilegien auf!? Bis auf Weiteres gilt nicht nur für börsennotierte Unternehmen in Deutschland: Frauen werden weniger häufig und weniger hoch befördert. Mehr noch: Werden sie befördert, dann in weniger prestigeträchtige und weniger einflussreiche Positionen. So übernehmen Frauen häufiger das Personalressort und fast nie den Vorstandsvorsitz.[12] Dahinter offenbart sich das Vorurteil, dass Frauen sich gut um andere kümmern (Personal), aber kein Unternehmen führen können (Vorstand).

Mikroaggressionen und sexuelle Belästigung

Als wäre das nicht erschreckend und empörend genug, werden Frauen am Arbeitsplatz auch noch regelmäßig Opfer von Mikroaggressionen und sexueller Belästigung. Sie werden in Meetings unterbrochen und ignoriert, ihre Redebeiträge werden als irrelevant abgetan, sie erhalten sexistische Kommentare über ihr Aussehen, pornografische Fotos und Nachrichten oder Aufforderungen zu sexuellen Handlungen. Während ich dieses Buch schreibe, erlebe ich, wie eine sehr fähige junge Frau in meinem Bekanntenkreis als Einzige in einem ansonsten rein männlichen Team nicht nur Lohndiskriminierung erfährt und in ihrer fachlichen Kompetenz angezweifelt wird. Als bekannt wird, dass ihr Partner nicht *weiß* ist, bekommt sie von ihren Kollegen auch noch rassistische und anzügliche Kommentare zu ihrem Privatleben.

Eine erste internationale Studie hat 2022 herausgefunden, dass weltweit mehr als ein Fünftel aller Angestellten bereits Gewalt und Belästigung am Arbeitsplatz erfahren haben. Demnach erleben Frauen besonders häufig sexuelle Belästigung. Kommen Faktoren wie Jugendlichkeit, ein Migrationshintergrund oder die Beschäftigung im Niedriglohnsektor hinzu, erhöht sich die Gefahr für Frauen, an ihrem Arbeitsplatz Mikroaggressionen zu erleben und sexuell belästigt zu werden. Die Umfrageergebnisse zeigen beispielsweise, dass junge Frauen doppelt so häufig sexuelle Gewalt und Belästigung erleben wie junge Männer und dass Frauen mit Migrationshintergrund fast doppelt so häufig wie Frauen ohne Migrationshintergrund sexuelle Gewalt und Belästigung zu melden haben.[13] Mir ist das in meinen Zwanzigern auch passiert. Einmal zog mich nach einem Geschäftsessen ein Kunde an sich und flüsterte mir eine Einladung in sein Hotelzimmer ins Ohr. Ein anderes Mal verlangte mein Arbeitgeber in einer Diskussion über die *#MeToo*-Bewegung, ich solle doch zugeben, dass auch ich bereit wäre, für einen guten Job »die Beine breit zu machen«. Beide Male war ich so erschüttert, dass ich außer einem »Nein« nichts entgegnen konnte.

Erschwerter Wiedereinstieg in den Beruf

Unterbrechen Frauen ihre Erwerbstätigkeit – etwa weil sie ein Kind bekommen –, erschwert sich ihr Berufsalltag weiter. Erstens legen Frauen, wenn sie Mutter werden, ungleich häufiger und länger als Männer eine Pause in der Erwerbstätigkeit ein. Steigen sie danach wieder in den Beruf ein, so häufig zunächst in Teilzeit. Grund für diese Entscheidungen ist einerseits die Biologie: Ein Kind auszutragen, zu gebären und zu stillen, benötigt Energie-Ressourcen, die logischerweise für einen gewissen Zeitraum dann nicht für die Erwerbstätigkeit zur Verfügung stehen. Andererseits resultiert die Entscheidung, dass Frauen häufiger und länger ihre Erwerbstätigkeit zugunsten der Familie aufgeben oder reduzieren, aus einem Hühnchen-Ei-Problem: Weil Frauen weniger verdienen als Männer, verzichten Familien eher auf das Einkommen der Frau als auf das des Mannes. Weil aber Familien eher auf das Einkommen der Frau verzichten, reduziert diese ihre Erwerbstätigkeit und damit auch ihre Chancen auf ein höheres Einkommen in der Zukunft, denn Auszeiten und Phasen reduzierter Erwerbstätigkeit bedeuten fast immer einen irreparablen Knick in der Karriere. Erste Hindernisse für den Wiedereinstieg von Frauen in ihren Job nach einer Elternzeit liegen also bereits in der Gestaltung der Partnerschaften.

Über die Herausforderungen berufstätiger Mütter habe ich mit Juliane Schreiber gesprochen. Sie hat *Mamameeting*, ein Business-Netzwerk für Mütter, gegründet und berichtet: »Die Partner spielen aus meiner Erfahrung eine ganz große Rolle, vor allem im Stärken und Ernstnehmen. Ich merke das, wenn ich mit Frauen spreche, die in einer Partnerschaft sind, in der der Mann davon ausgeht, dass er der Ernährer ist und die Frau vielleicht ein bisschen zuarbeitet, ein bisschen Nebenerwerb hat, sich aber ansonsten vor allem um die Kinder kümmert, und er diese Aufteilung auch als richtig ansieht. Da kommt es super schnell zu Konflikten. Es geht nicht nur darum, wer wie viel Geld nach Hause bringt. Sondern wir verknüpfen Geld ganz, ganz stark mit Selbstwert. Und wenn ein Partner seiner Partnerin diesen Wert abspricht, weil sie ›nur‹ Care-Arbeit macht, dann schränkt sie das natürlich auch darin ein, zu überlegen: Wie kann ich meine Arbeitskraft, wie kann ich meine Fähigkeiten, wie kann ich mein Potential erhalten? Deswegen spielt die Partnerschaft aus meiner Sicht eine Schlüsselrolle.«

Doch auch von Seiten der Arbeitgeber*innen (ja, erstaunlicherweise muss ich an dieser Stelle gendern) werden den Frauen Steine in den Weg gelegt. Frauen haben es nach einer Unterbrechung ihrer Erwerbstätigkeit viel schwerer als Männer, wieder in den Beruf einzusteigen. Jede zweite Frau berichtet von Diskriminierung am Arbeitsplatz aufgrund ihrer Mutterschaft. So erleben Frauen nach der Rückkehr aus der Elternzeit in den Job Lohnnachteile, die sich auch langfristig nicht angleichen. Sie erhalten weniger Möglichkeiten zur Qualifizierung und Beförderung, bekommen weniger verantwortungsvolle Aufgaben übertragen, und ihnen werden Projekte entzogen. Ihr Verantwortungsbereich und ihre Rolle werden verkleinert, ihr Gehalt gekürzt und Boni gestrichen.[14]

Juliane Schreiber erzählt mir im Interview, wie Frauen ihrer Erfahrung nach der Wiedereinstieg in den Beruf erschwert wird, nachdem sie Mütter geworden sind: »Müttern wird ein Kompetenzverlust durch das Muttersein zugeschrieben – so als hätten sie plötzlich nicht mehr so viel drauf wie vorher. Eine andere Hürde ist, dass ihnen unterstellt wird, sie hätten einen Interessenkonflikt. Es ist ganz klar, dass viele Mütter es nach der Elternzeit nicht schaffen, zurück in den Beruf zu kommen, nicht weil sie selbst nicht in der Lage wären, sondern weil man es ihnen verwehrt. Erst heute Morgen hatte ich einen *welcome call* mit acht, neun Müttern, die neu in meinem Business Club sind. Drei von ihnen hatten gerade einen Aufhebungsvertrag unterschrieben, weil man sie nach der Elternzeit dann doch nicht in ihrem Job zurückwollte. Die Hürde ist also ganz real, dass Müttern die Rückkehr in den alten Job verwehrt wird. Auch bei Bewerbungen werden Mütter meiner Meinung nach ganz stark aussortiert, oder ihnen wird gar nicht erst die Möglichkeit gegeben, sich zu bewerben, weil Stellen immer noch sehr selten als Teilzeit oder *Jobsharing* ausgeschrieben werden. Müttern wird auch unterstellt, sie wollten jetzt gar nicht mehr Karriere machen. Wenn man die Karriere-*Tracks* von Menschen – Männern und Frauen – plant und guckt: Wo wird die Person sich hinentwickeln? Wo sehen wir die Person in fünf Jahren im Unternehmen?, da wird plötzlich eine Linie eingezogen, eine Grenze, an der man Mütter einfach aussortiert und sagt: ›Die ist ja jetzt Mutter. Ich brauche die gar nicht mehr zu bedenken. Mit der müssen wir gar nicht mehr planen.‹ Das ist eine ganz krasse Hürde.«

Mir ist nicht nur aus menschlicher, sondern auch aus unternehmerischer Sicht unbegreiflich, warum Mütter auf dem Arbeitsmarkt diskriminiert werden – immerhin sind sie oft extrem stressresistente Meisterinnen der Effizienz, des Pragmatismus und der Organisation. Juliane Schreiber pflichtet mir bei: »Mütter werden als Arbeitskräfte ganz, ganz stark unterschätzt. Da wird immer noch eine Mama-Schublade aufgemacht, weil ›Teilzeitarbeit‹ mit ›wenig Verantwortung‹ in Verbindung gesetzt wird. Wobei es auch ganz spannende Teilzeitmodelle gibt, durch die längst bewiesen ist, dass Teilzeitkräfte eigentlich viel effizienter arbeiten. Ich habe kürzlich eine Studie gesehen, in der gezeigt wurde, dass zwei Teilzeitkräfte im Jobsharing effizienter sind als eine Vollzeitarbeitskraft. Deswegen würde ich sagen, dass das Potential von berufstätigen Müttern bisher nicht so richtig genutzt wird. Man traut Frauen nach der Elternzeit nicht mehr zu, noch wirklich weiter aufzusteigen. Oder wenn man es tut, dann ist das an sehr starke Forderungen geknüpft, die vielleicht sogar härter sind als gegenüber jemandem, der keine Kinder hat. Mütter aus meinem Business Club erzählen mir regelmäßig davon. Das sind in der Regel Akademikerinnen, Frauen schon in hohen Karrieren, die mit Anfang dreißig, Mitte dreißig Kinder bekommen und das Gefühl haben, dass sie, wenn sie nach der Elternzeit in ein Unternehmen zurückkehren, nicht da weitermachen, wo sie ausgesetzt haben, sondern drei Stufen drunter, und sich jetzt erst mal neu beweisen müssen. Die Frauen laufen dann noch mehr im Hamsterrad. Selbst wenn sie sagen, sie kämpfen dagegen an, ist es wirklich ein Kämpfen und keine faire Karriere. Ich habe das Gefühl, dass Mütter, die in hohe Führungspositionen kommen, viel, viel härter dafür arbeiten müssen, als es zum Beispiel Männer oder Frauen ohne

Kinder tun.« Juliane Schreiber fügt hinzu, dass sie vorsichtig sei mit Verallgemeinerungen. »Aussagen wie ›Mamas sind alle so toll im Zeitmanagement‹ finde ich immer etwas generalistisch. Auf jeden Fall aber ist die Erfahrung, Kinder zu kriegen, eine wahnsinnige Wachstumsphase. Das ist eine völlig neue Lebensphase, ganz, ganz anders als das, was man vorher erlebt hat – angefangen bei der plötzlichen völligen Fremdbestimmtheit in der ersten Zeit mit dem Baby. Das ist ein völlig neues Projekt. Ich habe kein Studium dafür gemacht. Wie funktioniert das eigentlich? Also wahnsinnig viel *learning on the job*, das man durchmacht, weshalb man auch sehr, sehr viel an sich arbeitet. Häufig geht mit dem Elternwerden einher, dass man sich damit auseinandersetzen muss: Was für eine Mutter oder ein Vater möchte ich sein, und wie komme ich da hin? Was möchte ich meinen Kindern mitgeben?

Zusätzlich lernt jeder ganz konkrete *Skills*. Die eine hat vielleicht mehrere Kinder und übt dadurch mehr Konfliktmediation, mehr Konfliktgespräche. Die andere hat ein Kind, das viel wach ist, und trainiert, auch mit hohem Stresslevel noch zu funktionieren. In meiner Arbeit mit Gruppen oder Einzelpersonen nutze ich auch das Konzept des *Work-Family-Enrichment*. Das besagt, dass es positive Überschreitungen gibt, nicht nur in dem Sinne, was ich mir für *Skills* angeeignet habe, sondern auch, welches soziale Kapital ich habe, seit ich Mutter bin. Dieses Netzwerk, das soziale Kapital, der Kontakt zu der Mutter aus der Kita oder dem Vater, den ich auf dem Spielplatz getroffen habe, ist ein Wert, den ich so, wenn ich in meiner Branche geblieben wäre, gar nicht gehabt hätte. Mein Netzwerk hat sich extrem erweitert. Während ich vorher in meinem Beruf in meiner Branche war, habe ich plötzlich über die Kita mit Menschen aus ganz anderen Berufen zu tun, habe Einblicke in ganz andere Branchen gewonnen und verstanden, wie die arbeiten.«

Unternehmerinnen wie Maria Lorenz-Bokelberg, die Gründerin der Podcast-Produktionsfirma *Pool Artists*, haben das Potential von Müttern erkannt und versuchen gezielt, ihnen attraktive Arbeitsbedingungen zu bieten, wie ich etwas später berichten werde.

Fehlende Unterstützung bei der Vereinbarkeit

Im Jahr 2022 lebten in knapp 36 Prozent aller Haushalte in Deutschland Kinder.[15] Um die kümmern sich überwiegend oder alleinerziehend ihre Mütter – und reduzieren deshalb ihre Erwerbstätigkeit. Nur die Hälfte aller Mütter von Kindern unter sechs Jahren ist 2022 erwerbstätig gewesen. Sind die Kinder älter als sechs Jahre, leisten 78 Prozent der Mütter Erwerbsarbeit. Männer hingegen sind durchschnittlich zu 87 Prozent weiter erwerbstätig, wenn sie Väter werden.[16] Dabei waren 92 Prozent der erwerbstätigen Väter in Vollzeit tätig und nur acht Prozent in Teilzeit. Bei den erwerbstätigen Müttern ist es genau andersherum: 28,5 Prozent waren voll- und 71,5 Prozent teilzeitbeschäftigt.[17] Tatsächlich begründen mehr als ein Drittel aller Frauen in Teilzeitbeschäftigung ihre verminderte Erwerbstätigkeit mit familiären Pflichten.[18] Kein Wunder: Frauen leisten im Durchschnitt täglich 52,4 Prozent mehr unbezahlte Sorgearbeit als Männer. Das heißt, Frauen kümmern sich jeden Tag durchschnittlich eineinhalb Stunden länger als Männer um die gemeinsamen Kinder, den Garten, den Haushalt oder pflegebedürftige Angehörige.[19] Das sind zehneinhalb Stunden pro Woche – Zeit, in der Männer sich weiterbilden, Geld verdienen und sich entspannen. Um ihrem Beruf so nachgehen zu können, wie sie es wollen, brauchen Frauen also mindestens zuhause eine gleiche Verteilung der Care-Arbeit.

Ich schreibe bewusst nicht »fair«, weil viele Paare es als fair empfinden, wenn die Person, die weniger Erwerbsarbeit leistet, mehr Care-Arbeit übernimmt. Weil das aber umgekehrt bedeutet, dass die Person, die mehr Care-Arbeit übernimmt, weniger Erwerbsarbeit leisten *kann,* halte ich diese Lösung nicht für fair – zumindest nicht, wenn sie zur Regel wird.

À propos Regel: Vor allem in den westlichen Bundesländern Deutschlands hat nach wie vor die Ansicht großen Einfluss, eine Mutter, die beruflich Karriere machen möchte und ihre Kinder »fremdbetreuen« lässt, sei eine »Rabenmutter«. Eine »sehr inkonsistente Annahme«, findet Juliane Schreiber: »Es ist ja eigentlich völlig normal in unserer Gesellschaft, dass man arbeitet, und ich finde es sehr ungewöhnlich, dass Mütter nicht berufstätig sein sollten. Mutterschaft und Beruf sind zwei Aspekte eines Lebens, zu dem viele Aspekte gehören. Aber es gibt diesen komischen gesellschaftlichen Bruch. Ich habe das selber auch erlebt. Ich hab Abi gemacht, studiert, im Job geschaut, dass ich vorankam, Karriereziele gehabt, und wurde dann Mutter. Ich war ganz irritiert, als ich mit Mitte dreißig von Menschen in meinem Alter gefragt wurde: ›Gehst du denn wieder arbeiten?‹ Als wäre es eine Option, nicht zu arbeiten! Da musste ich dann auch erst mal drauf klarkommen. Ich habe mein Leben lang gearbeitet, und ich gehe davon aus, dass ich bis zur Rente arbeiten werde. Ich finde, es ist eine sehr inkonsistente Annahme, dass Mütter nicht berufstätig sein könnten oder sollten.«

Zum Zeitpunkt des Mauerfalls waren etwa 90 Prozent der Frauen in der DDR berufstätig und 80 Prozent der unter dreijährigen Kinder in einer Kita. In der BRD war hingegen nur etwa die Hälfte aller Frauen berufstätig, und nur zwei Prozent aller Kinder wurden in einer Kita betreut.[20] Heute sind zwar nahezu gleich viele Frauen in Ost und West berufstätig, aber im Westen arbeiten wesentlich mehr Frauen in Teilzeit oder einem Minijob (65,7 Prozent) als im Osten (44,6 Prozent).[21] Die tatsächlich geleisteten Arbeitsstunden der Frauen in Ost und West unterscheiden sich also weiterhin massiv. Zwar ist nicht messbar, ob und in welchem Ausmaß dieser Unterschied tatsächlich kulturelle Wurzeln hat, aber Studien deuten darauf hin.[22] In Gesprächen mit Frauen in Ost und West fand ich diese Vermutung bestätigt. Ostsozialisierte Frauen erzählten mir, für sie sei es selbstverständlich, ein Jahr nach der Geburt ihres Kindes in den Beruf zurückzukehren und dort in absehbarer Zeit wieder in Vollzeit zu arbeiten. Von westsozialisierten Frauen hörte ich hingegen häufig die rhetorische Frage: »Warum habe ich denn Kinder, wenn ich mich dann gar nicht um sie kümmere?« Andere berichteten mir aber auch, dass sie zwar gern nach der Geburt ihres Kindes ihre Karriere weiterverfolgen würden, aber mit der Entscheidung, früh und voll in den Beruf zurückzukehren, die einzige Frau in ihrem direkten Umfeld seien: »Keine meiner Freundinnen arbeitet in Vollzeit. Die meisten bleiben mindestens ein Jahr zuhause und arbeiten danach in Teilzeit.«

Kultur hin oder her: Selbst wenn Frauen in Deutschland Kind und Karriere unter einen Hut bekommen und ihr Kind in einer Kita betreuen lassen wollen, mangelt es ihnen an Unterstützung von Seiten des Staates und der Arbeitgeber*innen: Es fehlen 430 000 Kita-Plätze, vor allem in den alten Bundesländern. Zwar vergrößert sich das Kita-Angebot kontinuierlich. Doch die Plätze reichen trotzdem nicht, weil immer mehr Familien sich eine Betreuung wünschen, und das insbesondere für ihre jüngeren Kinder.[23] Der Wunsch, die Kinderbetreuung früh zumindest teilweise auszulagern, ist also bei den Familien vorhanden. Allein, der seit 2013 auch für Kinder unter drei Jahren geltende Betreuungsanspruch kann für Hunderttausende nicht erfüllt werden. Doch auch die existierenden Betreuungsangebote sind zu unflexibel, wie mir Juliane Schreiber erzählt: »Wir brauchen eine Förderung von flexiblen Kinderbetreuungsmodellen. In Deutschland hat die Kita von acht bis 15 Uhr geöffnet. Mein Mann und ich hatten Glück im Unglück, weil wir nicht geschafft haben, einen Platz für unseren Sohn in der öffentlichen Kita zu bekommen. Wir mussten in eine private Kita. Dort hatten sie Angebote für Freelancer. Nachmittags hatten die nicht so viele Kinder, und da konnte ich den Kleinen von zwei bis sechs in die Kita geben. Das war großartig, weil ich vormittags Zeit mit meinem Kind verbringen konnte. Wir konnten in den Zoo gehen, im Wildpark Rehe füttern, und nach dem Mittagsschläfchen habe ich ihn da hingebracht. Er hatte nachmittags Entertainment, und ich konnte arbeiten. Solche Modelle findet man im normalen Bereich eigentlich gar nicht.«

Das Resultat dieses Mangels zeigt sich deutlich: Viele Frauen verzichten unfreiwillig auf die Erwerbsarbeit, um zuhause auf ihre Kinder aufzupassen. Private Kinderbetreuung können sich die meisten Familien nicht leisten. Und die wenigsten Unternehmen entlasten ihre Angestellten durch betriebseigene Kindergärten oder Zuschüsse zur Kinderbetreuung.

Ist der Kita-Platz gesichert, der Arbeitgeber bereit und willens, der *new mom* ihren Job wiederzugeben, und die Mutter kann tatsächlich an ihren Arbeitsplatz zurückkehren, muss sie sich dort allzu häufig in ein überhaupt nicht familienfreundliches Korsett zwängen: Starre Arbeitszeiten, wenig Homeoffice, Abendtermine, spontane Aufträge fürs Wochenende, überlange Meetings, keine Karriereaussichten in Teilzeit.

Wir können nur gemeinsam gewinnen

Wenn ich mir die Realität unserer Arbeitswelt vor Augen führe, wundert es mich nicht, dass die Mehrheit der Arbeitnehmer*innen unzufrieden ist. Aber ich bin überzeugt, dass das nicht so bleiben muss. Was Angestellte brauchen, damit sie glücklich im Job sind und gute Arbeit leisten können, wissen sie meistens selbst ziemlich genau. Und wer diese Bedürfnisse besonders deutlich und laut artikuliert, sind die heutigen Berufseinsteiger*innen, die Gen Z. Häufig wird die Gen Z aber wegen ihrer vermeintlich übertriebenen Forderungen an den Pranger gestellt oder verlacht – zu Unrecht, findet die Psychologin Dr. Hannah Schade vom *Leibniz-Institut für Arbeitsforschung* an der *TU Dortmund*: »Die Gen Z will, was seit Dekaden von der Führungsforschung empfohlen wird und was sich Arbeitnehmer von alters her wünschen. Aber ab einer gewissen Zeit des Verbleibs in einem System, das anders tickt, hört man natürlich auf, sich Sachen zu wünschen, die es nicht gibt, sonst wird man ja depressiv. Das ist einer der Gründe, warum es immer die jungen Leute sind, die Änderungen besonders stark einfordern. Die Sachen, die die Gen Z fordert – also Feedback, partizipativer Führungsstil, dass Menschen sich einbringen können, gesundheitsorientierte Führung, flache Hierarchien, persönliches Wachstum, berufliche Entwicklung, weniger Arbeit, eine gesunde Work-Life-Balance, ein akzeptables Gehalt –, all das sind Dinge, die sich jede Generation wünscht. Die jungen Leute stellen diese Forderungen, weil sie sich noch nicht mit dem Status quo abgefunden haben.«

Die zuvor zitierte Studie von *Ernst & Young* bestätigt, dass die Forderungen der Gen Z im Kern das sind, was Angestellte motiviert: Eine moderate Arbeitsbelastung, ein gutes Verhältnis zu den

Arbeitskolleg*innen, Wertschätzung durch die Vorgesetzten, Mitsprachemöglichkeiten sowie spannende und herausfordernde Tätigkeiten. Männer und Frauen sind übrigens nicht auf die gleiche Weise zu motivieren. Während Männer ein hohes Gehalt für die Arbeit motiviert, sind es bei Frauen bezeichnenderweise eher flexible Arbeitszeiten.[24]

Juliane Schreiber von *Mamameeting* fordert: »Es braucht gesellschaftliche Akzeptanz, also dass es normal ist, dass Mütter berufstätig sind. Politische Regeln richten sich nach dem Weltbild, das man hat: Wie sieht die Welt aus, in der wir leben, und welche Rahmenbedingungen, welche Gesetze brauchen wir dazu, welche finanzielle Unterstützung? Da sehe ich aktuell in unseren gesellschaftlichen und wirtschaftlichen Weltanschauungen noch einen Bruch zur Realität. Es ist noch nicht so richtig angekommen, dass Berufstätigkeit und Mutterschaft parallel existieren. Bei Berufstätigkeit und Vaterschaft streitet ja auch keiner ab, dass das Normalität ist und dafür eventuell ein Rahmen gegeben sein müsste. Das heißt natürlich, dass wir eine anständige Kinderbetreuung zur Verfügung stellen müssen und dass es auch Fördermöglichkeiten gibt, dass es Förderung von Unternehmerinnen gibt, von weiblich geführten Start-ups. Da sehe ich viel Förderbedarf. Wir müssen einen Rahmen dafür schaffen, dass arbeitende Mütter der Normalfall sind.«

Die Forderungen, die Frauen aus den alltäglichen Benachteiligungen in der Arbeitswelt ableiten, finde ich geradezu bescheiden. Eine Studie der *ManpowerGroup* aus dem Jahr 2022 listet die drei Hauptwünsche von Frauen an ihren Beruf auf: eine bessere Vereinbarkeit von Familie und Beruf, eine faire Bezahlung und verständnisvolle Führungskräfte.[25] Ich würde noch hinzufügen: gleiche Karrierechancen sowie die Gewährleistung der Unversehrtheit von Körper und Seele der Frauen.

Dr. Hannah Schade unterstreicht, dass es den Unternehmen eigentlich nur nützen kann, die Bedürfnisse der Angestellten zu befriedigen: »Meistens ist es so, dass das, was dem Unternehmen nützt, auch dem Arbeitnehmer nutzt und umgekehrt. Ein erholter Mitarbeiter ist innovativ, ein motivierter Arbeitnehmer ist produktiv, ist einer, der mitdenkt und sich einbringt. Was die Arbeitnehmer wollen, bringt auch dem Unternehmen enorm viel. Warum muss man das eigentlich immer noch erklären?!«

Maria Lorenz-Bokelberg, der Gründerin von *Pool Artists,* muss man das nicht erklären. Sie hat etwa gemeinsam mit ihrer Co-Gründerin Frida Morische die Viertagewoche und eine flexible Arbeitszeitgestaltung eingeführt, um den Bedürfnissen der Angestellten mehr entgegenzukommen und dadurch auch einen größeren Kreis an Bewerber*innen anzusprechen: »Wir verfolgen damit auch das Ziel, diversere Menschen anzuziehen – und zwar nicht nur im Sinne von mehr PoC, was wir uns natürlich auch wünschen. Sondern wir möchten auch, dass sich zum Beispiel mal eine alleinstehende Mama bei uns bewerben kann oder auch jemand, der ein bisschen älter ist. Ich glaube wirklich an die Fähigkeiten von alleinerziehenden Müttern. Ich glaube, die Leute haben noch gar nicht entdeckt, wie die organisieren können, wie effizient die Dinge machen können, über große, komplexe Vorgänge den Überblick behalten, allein aus den Sachen, die sie zuhause regeln müssen. Ich glaube, dass die Leute das total unterschätzen, was für tolle und wertvolle Mitarbeiterinnen in Müttern stecken. Wenn man denen eine gute Arbeitsatmosphäre anbietet und als Arbeitgeber*in bereit ist, ein bisschen Flexibilität mitzugeben, kann das gut funktionieren. Dann sagt man eben: ›Wenn du mittwochs immer erst um 12 kommen kannst, weil du vorher in den Kindergarten musst, dann ist es halt so. Ich habe trotzdem mega was davon, dass du bei uns bist.‹ Mich ärgert es, dass es da so eine steife Kultur gibt: ›Wenn du nicht in der Kernarbeitszeit von neun bis 15 Uhr bei uns sein kannst, dann denken wir gar nicht erst über dich nach.‹ – Dann ist sie halt mittwochvormittags nicht da! Man lässt sich so viele gute Arbeitskompetenzen durch die Lappen gehen, wenn man sich an solchen Sachen festhält. Das ist auch eine sehr deutsche Arbeitskultur: ›Das haben wir schon immer so gemacht …‹ Ich unterstelle Leuten, dass sie einfach zu faul sind, drüber nachzudenken, wie man das jetzt anders lösen könnte: ›Zum Glück ist jetzt nach Corona alles wieder so wie früher. Da kenne ich mich aus.‹ Bei uns herrscht die Devise: Wenn du durch deine Abwesenheit nicht andere in ihrer Arbeit behinderst, ist das okay. Wir haben eine Vertrauensarbeitszeit. Wenn jemand von acht bis 12 arbeiten will, dann eine vierstündige Mittagspause braucht wegen Terminen, und dann abends wieder arbeitet, ist das für uns okay. Sie sollen halt drauf achten, dass sie deswegen nicht wichtige Meetings oder Aufnahmetermine verpassen. Da sollte schon jemand da sein. Aber das funktioniert total gut, weil sich das Team dann abspricht. Die meisten pendeln sich eh in der ›normalen‹ Arbeitszeit ein, wenn die anderen auch alle da sind. Sie arbeiten gern zusammen. Aber es gibt diese Freiheit, wenn es dann doch mal Arzttermine gibt oder irgendwas. Das finde ich total wichtig und ich diskutiere auch oft mit Leuten in Firmen, die sich die Viertagewoche nicht vorstellen können. Ich werde eingeladen, darüber zu erzählen, und mir gegenüber sitzen die Leute mit verschränkten Armen und sagen: ›Das geht nicht.‹ Ich kann fast jedes der Argumente auseinandernehmen und sagen: ›Es geht doch.‹ Natürlich ist es ein bisschen Arbeit. Menschen haben so eine Angst vor Veränderung, das finde ich wahnsinnig faszinierend – und absurd. Veränderung ist anstrengend. Man muss vielleicht was Neues lernen, und das ist einfach Arbeit. Aber sich dagegen zu wehren, ist eigentlich noch viel mehr Arbeit. Es ist eigentlich noch anstrengender, immer diese defensive Haltung aufrechtzuerhalten oder immer zu argumentieren, warum alles beim Alten bleiben sollte. Ich finde Veränderung toll. Ich langweile mich so schnell. Ich brauche solche Wachstumsimpulse.«

Nicht nur, weil ich fortschrittliche Unternehmerinnen wie Maria Lorenz-Bokelberg kennengelernt habe, bin ich überzeugt, es wird sich bald etwas ändern. Denn Arbeitnehmer*innen sind heute in einer unglaublich guten Verhandlungsposition gegenüber den Arbeitgeber*innen. Die vehementen Forderungen der heutigen Berufsanfänger*innen treffen auf einen krassen Arbeitskräftemangel. Juliane Schreiber berichtet, dass sie mit Beginn der Corona-Pandemie von großen Unternehmen kontaktiert wurde, die wissen wollten, wie sie den Müttern – die sich vornehmlich zuhause um die Kinder gekümmert haben – trotz Care-Arbeit die Arbeit im Homeoffice ermöglichen könnten: »Schwieriger Ansatz, aber das war halt so die Denke in Richtung: ›Wir finden das schon ganz gut, wenn die Mütter nicht aufhören zu arbeiten.‹ Da hat ein Unternehmen auch Interesse und sagt: ›Wir brauchen die schon!‹ Aber leider wurde aus meiner Sicht insgesamt in der Corona-Pandemie zu wenig Rücksicht auf Familien genommen und davon ausgegangen, dass alles, was Kinder brauchen, ›mal eben nebenbei von den Mamis mitgewuppt‹ werden kann. Müttern wurden plötzlich Aufgaben rund um Erziehung und Bildung zugeschoben, die eigentlich von Bildungsinstitutionen und studiertem Fachpersonal übernommen werden sollten. Ohne Lehramtsstudium oder Erzieherinnenausbildung, zusätzlich zum regulären Job und der ›alltäglichen‹ Erziehung und Care-Arbeit, das ALLES zu managen, das kriegt man auch mit dem härtesten Zeitmanagement nicht hin. Hier hätte ich mir persönlich, im Nachhinein, ein Umdenken gewünscht und mehr Druck von Seiten der Unternehmen auch auf die Politik, Möglichkeiten zu finden, den Kita- und

Schulbetrieb früher wieder aufzunehmen, statt darüber zu diskutieren, wie man das Homeoffice für *Moms* effizienter gestalten kann.«

Die Unternehmen wollen dringend ihre derzeitigen Angestellten halten und neue rekrutieren, um weiter zu wirtschaften. Das wird nur gelingen, wenn die Arbeitgeber*innen auf die Bedürfnisse der Arbeitnehmer*innen eingehen. Dr. Hannah Schade bestätigt diese Sichtweise mit Blick auf die Zukunft des Arbeitsmarktes: »Der Arbeitsmarkt heute ist geprägt von Fachkräftemangel, und dieser wird sich weiter verschärfen. Dadurch verschieben sich die Machtverhältnisse zwischen Arbeitgeber und Arbeitnehmer. Branchen, die heute sehr viele Arbeitnehmer binden, könnten möglicherweise durch den Einsatz von KI schrumpfen, weil sie besonders einfach digitalisierbar sind. Andere Bereiche, wie die Pflege zu Beispiel, würden gegebenenfalls einen Mehrbedarf haben und dementsprechend aufgewertet werden mit verbesserten Arbeitsbedingungen. Ich denke, es werden sich auch Verschiebungen in der Wertschätzung bestimmter Arbeiten ergeben. Man kann nur hoffen, dass agil mit den Möglichkeiten von Digitalisierung und künstlicher Intelligenz sowie den Bedürfnissen und Wünschen der jetzt auf den Arbeitsmarkt strömenden jungen Menschen umgegangen wird. Dann hat man natürlich eine deutlich bessere Möglichkeit, diese Krise zu bewältigen. Wenn die Leute das Gefühl haben, sie können sich einbringen, und das Unternehmensziel, also die gemeinsame Unternehmung, liegt ihnen am Herzen, weil sie sie mitgestaltet haben, selber auch einen Vorteil daraus ziehen, dann entstehen gar nicht bezifferbare Mehrwerte für den Einzelnen und die Firma.«

Unternehmen und Arbeitskräfte können also nur gemeinsam gewinnen und diese Erkenntnis setzt sich so langsam durch.

Schaffe dir deinen Traumjob!

Für dich bedeutet das, dass du sehr gute Chancen hast, dein Berufsleben stärker nach deinen Vorstellungen zu formen. Natürlich ist es wichtig, strukturelle Ungleichheiten zu untersuchen, dagegen zu demonstrieren und politische Forderungen zu stellen, aber du solltest auch die Gelegenheit haben, an dich zu denken und herauszufinden, was du selbst unternehmen kannst, um deine Situation unmittelbar zu verbessern – und dafür habe ich dieses Buch geschrieben. Ich möchte dir sagen: Was auch immer du dir wünschst – sei es mehr Gehalt, mehr Flexibilität oder mehr Mitbestimmung –, warte nicht darauf, dass es dir jemand gibt, sondern sorge selbst dafür, dass du es bekommst! Die Arbeitswelt wandelt sich. Doch Wandel vollzieht sich nicht über Nacht, sondern langsam, über Jahre und Jahrzehnte. Ich wünsche dir aber, dass deine Arbeit *heute* befriedigender, erfüllender und leichter für dich wird. Indem du selbst Initiative ergreifst, kannst du sofort etwas ändern – und dabei ganz nebenbei auch noch den gesellschaftlichen Wandel für alle vorantreiben. Denn indem du den Status quo hinterfragst, weichst du ihn auf. Und indem du dein Arbeitsleben stärker nach deinen Vorstellungen gestaltest, bist du ein Vorbild für andere Frauen, die es dir gleichtun.

Zweifellos ist es Aufgabe der Politik, der Firmen und Vorgesetzten, ideale Arbeitsbedingungen für Angestellte zu schaffen, aber wie wir sehen, passiert das leider viel zu selten. Deshalb solltest du nicht warten, bis sich der Wind dreht, sondern den Wandel selbst anstoßen. Und ich bin überzeugt, dass du viel unternehmen kannst, um deine Arbeitsbedingungen zu verbessern. Statt mit der Unterschrift unter deinem Arbeitsvertrag auch deine Gestaltungsmacht für deinen Job abzugeben, solltest du Verantwortung für deinen Berufsalltag übernehmen.

Dabei hilft dir ein unternehmerisches Mindset. Mit einem unternehmerischen Mindset agierst du, statt immer nur zu reagieren. Du holst dir die Gestaltungsmacht über deine Arbeit zurück. Das Tolle am Unternehmertum oder der Selbständigkeit ist nämlich, dass man sich den Arbeitsalltag so gestalten kann, wie man will. Alles, was Angestellte sich wünschen, können Unternehmer*innen für sich (und andere) umsetzen – ob flexible Arbeitszeiten, eine gute Arbeitsatmosphäre oder sinnvolle Projekte. Und auch als Angestellte hast du dafür einen Spielraum, den wohl die wenigsten wirklich ausnutzen. Ich schlage dir deshalb vor, wie eine Unternehmerin auf deine Arbeit zu blicken, um diesen Spielraum zu erkunden und auszuschöpfen. Dafür möchte ich dich mit dem Begriff des Intrapreneurship vertraut machen.

Durch Intrapreneurship zu beruflicher Erfüllung

Intrapreneurs sind unternehmerisch denkende und handelnde Angestellte. Der Begriff setzt sich aus den englischen Begriffen »intracorporate« (unternehmensintern) und »entrepreneur« (Unternehmer*in) zusammen. Intrapreneurs sind also unternehmensinterne Unternehmer*innen. Intrapreneurs blicken über den Tellerrand des eigenen Aufgabenbereichs, auf das gesamte Unternehmen. Sie bringen eigene Ideen ein, gestalten mit und übernehmen Verantwortung. Und nicht selten sind Intrapreneurs diejenigen, die höhere Karriere- und damit auch Gehaltsstufen erklimmen.

Intrapreneurship ist längst keine Zukunftsmusik mehr, denn Unternehmen haben den enormen Mehrwert unternehmerisch engagierter Angestellter entdeckt. Deswegen gibt es inzwischen unternehmensintern eigene Innovationsabteilungen oder -programme, in denen Intrapreneurs eingesetzt werden. Oder Unternehmen stellen ihren Angestellten Ressourcen zur Verfügung, um eigene Ideen im Sinne der Firma zu verfolgen und in einem Teil ihrer Arbeitszeit neue Produkte für das Unternehmen zu entwickeln oder Dienstleistungen zu kreieren.[1]

Intrapreneurship muss aber nicht innerhalb eines Unternehmens institutionalisiert sein. Es findet genauso aus Eigeninitiative von Angestellten statt. Intrapreneurs sind Mitarbeiter*innen, die aus eigenem Antrieb für ihr Unternehmen neue Geschäftsmöglichkeiten identifizieren, eine bessere Zusammenarbeit verschiedener Abteilungen herstellen, die (Re-)Präsentation nach außen stärken, neue Zielgruppen erkennen, gezielt den Unternehmensumsatz steigern oder Produkte (weiter-)entwickeln. Intrapreneurs optimieren aber auch ihre eigene tägliche Arbeit, indem sie sich Ziele setzen, Prozesse hinterfragen und anpassen, sich aus eigenem Antrieb fortbilden, in beruflichen Netzwerken austauschen, gezielt ihr Einkommen steigern und mehr (Führungs-)Verantwortung übernehmen.

Gerade für Frauen ist Intrapreneurship interessant, denn sie neigen dazu, als Angestellte in der »Fleißiges-Bienchen-Falle« zu landen, wie Mirijam Trunk in ihrem Buch *Dinge, die ich am Anfang meiner Karriere gerne gewusst hätte*[2] beschreibt: Diese Frauen verrichten Fleißaufgaben, die ihnen angetragen werden, immer sorgfältig, schnell, zuverlässig und vollständig. Solche Mitarbeiterinnen sind Gold wert, denn sie erledigen diese unliebsame

Arbeit makellos – was dazu führt, dass sie immer mehr solcher Aufgaben zugeschoben bekommen. Das Problem: Fleißaufgaben sind nicht nur nervig, sondern auch absolut nicht prestigeträchtig. Das heißt, wer seine Arbeitszeit mit Fleißaufgaben verbringt, wird als Mitarbeiterin im Unternehmen zwar gern gehalten, aber vollkommen unsichtbar bleiben und sich nicht für Aufstiegschancen qualifizieren. Ein Fleißiges Bienchen wird, wer zwar pflichtbewusst arbeitet, aber sich nicht selbst interessante Aufgaben sucht. Besonders, aber nicht nur, wer in einem eher traditionell geführten Unternehmen arbeitet, darf nicht darauf warten, Verantwortung, eine angesehene Position oder mehr Gehalt angeboten zu bekommen – und schon gar nicht als Frau. Intrapreneurs erkennen selbst, wo sie Abläufe optimieren, neue Aufgaben übernehmen und mehr Verantwortung tragen könnten – und wissen selbstverständlich auch, wie sie dem Unternehmen dadurch nützen und wie viel mehr Lohn sie dafür haben möchten. Nur wer mehr fordert, bekommt auch mehr.

Leider können nicht alle Vorgesetzten schätzen, wenn ihre Mitarbeiter*innen unternehmerisch denken. Wer als Intrapreneur arbeiten möchte, muss eventuell das richtige Umfeld dafür erst finden. Zwar suchen auch immer mehr große, namhafte Unternehmen in ihren Stellenbeschreibungen nach Intrapreneurs, aber häufig nur in Führungspositionen oder expliziten Innovationsabteilungen. So bin ich während meiner Recherche für dieses Buch etwa auf eine Annonce von *Miele* gestoßen, in der ein*e Praktikant*in im Bereich »Intrapreneurship« in der »Business Unit New Growth Factory« gesucht wird. In einer Stellenanzeige von *Hugo Boss* wird ein »Business Model Innovation Manager« gesucht, von dem man sich wünscht, er möge »als Intrapreneur handeln«. *MotelOne* wiederum sucht einen »Projektleiter in der IT« und beschreibt die Stelle als »Intrapreneur«.

Intrapreneur kannst du werden, indem du den Gestaltungsspielraum in deinem jetzigen Job ausnutzt. Oder du suchst explizit nach einem Job, in dem unternehmerisches Denken gewünscht und gefordert ist. Vielleicht bietet dein Unternehmen formalisierte Intrapreneur-Programme an. Vielleicht schaffst du dir aber auch innerhalb deines Jobs ein Projekt, an dem du arbeiten möchtest, und wirbst bei deinem oder deiner Chef*in dafür um Zustimmung. Wer in einem Start-up-Paradies wie Berlin wohnt, hat gute Chancen, dort fündig zu werden, denn die Teams von Start-ups arbeiten häufig in New-Work-Modellen zusammen, die Angestellte von vornherein als Intrapreneurs begreifen.

Ich selbst habe mehrere Jahre in einem Team nach dem Konzept der Holakratie gearbeitet. Je nachdem, in welchen Konstellationen wir für das Lösen einer Aufgabe zusammenkamen, hat jemand anderes die Führung übernommen. Unsere Gehälter haben wir transparent für das gesamte Team nach unserem jeweiligen Bedarf selbst festgelegt. Wir durften also bestmöglich für uns selbst sorgen, mussten dabei aber auch die finanzielle Situation des gesamten Unternehmens berücksichtigen, um unseren Arbeitsplatz langfristig zu bewahren. Unsere Arbeitszeiten und -orte konnten wir größtenteils frei bestimmen und durften so viel Urlaub nehmen, wie wir wollten, solange wir trotzdem unseren Pflichten nachgekommen sind.

Ähnliches hat mir Elisa Naranjo über ihre Arbeit im Team von *einhorn* berichtet. Das Start-up hinterfragt nicht nur, wie Kondome und Periodenprodukte gemacht werden, sondern auch den Status quo der Zusammenarbeit in einem Unternehmen. Laut Website verstehen sich die 23 Teammitglieder als Intrapreneure und entscheiden selbst über ihren Urlaub und ihr Gehalt. Starke Hierarchien gebe es nicht, dafür Arbeit auf Augenhöhe, Mitbestimmung und Transparenz. Elisa Naranjo erzählt mir: »Bei *ein-*

horn haben wir eine kompetenzbasierte Hierarchie. Das heißt, wir haben nicht per se eine Person, die irgendwas bestimmen darf, sondern basieren Führung auf Kompetenzen. In einer Rolle kann ich also eher zuarbeiten und in einer anderen Rolle oder in einem anderen Team bin ich dann die, die bestimmt.« Auch ihr Aufgabenbereich, berichtet Elisa Naranjo, war bei *einhorn* nicht in Stein gemeißelt: »Meine Rolle hat sich immer wieder verändert – je nachdem, was *einhorn* gerade brauchte, welche Herausforderungen es gab und was meine Interessensgebiete waren. Für mich war das perfekt so. Ich konnte mich immer dahin entwickeln, wo es mich hingezogen hat.« Sie erkannte beispielsweise, dass *einhorn,* als es der Start-up-Phase entwuchs, eine Struktur brauchte, nach der die Zusammenarbeit in dem wachsenden Team organisiert werden konnte, und beschäftigte sich intensiv mit New-Work-Ansätzen. Intrapreneurship sei dabei von Anfang an sehr wichtig gewesen: »Bei *einhorn* versuchen wir, immer wieder die ›Balkon-Perspektive‹ einzunehmen, also nicht aus dem eigenen Bereich heraus auf *einhorn* zu gucken, sondern sich auf einen Balkon zu stellen und von da oben zu gucken: Was passiert hier eigentlich?«

Ich frage sie, wie sich dieser Grad an Selbstbestimmung, Verantwortung und Mitbestimmung für sie als Mitarbeiterin angefühlt hat, und Elisa antwortet: »Also für mich total gut. Manchmal sage ich, *einhorn* hat mich total *unemployable* gemacht; ich könnte ja niemals woanders hin. Zusammen etwas Neues zu schaffen, ist eben was anderes als einfach nur Umsatz in einem Unternehmen zu generieren. Und ich finde wahnsinnig faszinierend, mich entwickeln zu dürfen, wohin ich will, und nicht dahin, wo sich jemand ausgedacht hat, dass ich mich entwickeln soll.« Sie empfinde sich als Teil der *einhorn*-Familie, erzählt Elisa Naranjo, und hat auch schon Bekanntschaft mit der Kehrseite dieser starken Identifikation mit dem Unternehmen gemacht: Schreibe das Unternehmen etwa mal nicht so rosige Zahlen, gehe einem das als Intrapreneur wirklich nahe. Man könne eben nicht sagen: Ist nicht mein Problem!

»Hier weiß man, auch dieser Teil gehört dazu und man will Verantwortung übernehmen. Wir wollen, dass *einhorn* überlebt. Sich das dann nicht zu nahe gehen zu lassen, ist überhaupt nicht leicht, aber es fühlt sich viel besser an als in meinem letzten Job. Da hatte ich Probleme mit meiner Chefin und konnte überhaupt nichts bewirken. Ich habe mich so hilflos und ausgeliefert gefühlt. Die einzige Macht, die ich hatte, war, mit meiner Kollegin zusammen zu kündigen. Hier ist das anders. Hier geht mir eine Krise auch nahe, aber ich kann sagen: ›Okay, also lasst uns zusammen was dagegen unternehmen!‹«

Was es ihrer Meinung nach den Gründern und Chefs des Unternehmens bringt, ihren Angestellten so viele Freiheiten zu geben, will ich von Elisa Naranjo wissen. Sie räumt ein, die Zusammenarbeit so neu und frei zu organisieren, sei »wirklich harte Arbeit« gewesen, »aber die Alternative, also Hierarchie, hat auch viele Kosten, was die Mitarbeitermotivation, die Identifikation mit dem Unternehmen oder auch die Brain Power angeht. Also lohnt es sich total, da genauer hinzusehen«, findet sie. Auch die Diskussionen, die es in hierarchisch organisierten Teams vielleicht nicht gäbe, brächten das Unternehmen weiter, erzählt Elisa Naranjo: »In diesen ehrlichen Dialog zu treten, ist total spannend. Wenn man das nicht macht, wie in klassischen Hierarchien, verliert man die Mitarbeiter*innen. Sie fangen dann an, über den Chef oder die Chefin zu lästern, weil sie überzeugt sind, sie selbst würden das alles besser machen.« Elisa betont, es sei wichtig, aus verschiedenen Perspektiven heraus auf das Unternehmen zu blicken. Schließlich habe jede*r anderes Wissen, andere Prioritäten und

Werte und bringe so wertvolle Impulse ein: »Ich glaube, wenn man es schafft, die Leute mit ihren Kompetenzen in coole Positionen zu bringen, wo sie sich entwickeln können, dann ist es viel besser für das Unternehmen, als wenn du Klone hast von deinen eigenen Kompetenzen, denn die hast du ja schon. Ich nenne das den Tanz der Kompetenzen, der das Unternehmen resilienter macht.« Außerdem entlasten unternehmerisch denkende Angestellte ihre Vorgesetzten, findet Elisa Naranjo: »Man ist dann nicht die ganze Zeit alleine verantwortlich. Es kostet ja auch Kraft, in der Krise alleine eine Lösung zu finden und die Arbeitsplätze zu sichern oder den nächsten großen Deal an Land zu ziehen. Das kann einerseits total *fulfilling* sein, andererseits aber auch total belastend. Wenn die Mitarbeiter*innen unternehmerische Verantwortung übernehmen, denken mehr Gehirne mit, und die Last verteilt sich auf mehr Schultern.«

Für Elisa Naranjo wurde die Arbeit bei *einhorn* zum Sprungbrett in die Selbständigkeit. Die Verantwortung, die sie dort als Intrapreneur übernommen hat, habe ihr Mut für eine eigene Unternehmensgründung gemacht, erzählt sie mir: »Mich direkt nach dem Studium selbständig zu machen oder ein Unternehmen zu gründen – ehrlicherweise weiß ich nicht, ob mein Selbstbewusstsein dazu gereicht hätte. Ich glaube, das habe ich nur durch *einhorn* gefunden. Da hab ich zwar nicht mit dem ganz weißen Blatt Papier angefangen, aber trotzdem musste ich mich immer wieder in ein Thema einarbeiten und überlegen, wie eine Strategie aussehen könnte.« Vor Kurzem hat sie sich dann aus der Festanstellung in die Selbständigkeit und damit an das ganz weiße Blatt herangewagt. Sie hat ihre Festanstellung bei *einhorn* gekündigt und mit zwei Mitstreiter*innen *zweihorn energy* gegründet. Zusammen wollen sie durch drei Millionen Balkon-Solaranlagen ein Kohlekraftwerk ersetzen. So ist Elisa Naranjo vom Intrapreneur zum Entrepreneur geworden: »Am Schluss hatte ich das Gefühl, ich hätte *einhorn* einmal ›durchgespielt‹. Dann musste es wieder was Neues geben. Ich habe also überlegt, wo ich im *einhorn*-Kontext bleiben kann, mich aber weiterentwickeln und neue Plätze finden kann.«

Arbeitszeit ist Lebenszeit, und die dürfen wir nicht verschwenden. Ich wünsche mir, dass du die gleiche Begeisterung, Erfüllung und Leichtigkeit wie ich in deinem Beruf erleben kannst. Und ich bin überzeugt, dass es eine Menge gibt, die du selbst dafür tun kannst. Als Intrapreneur denkst und handelst du wie eine Unternehmerin. Aber was heißt das: denken und handeln wie eine Unternehmerin? Die noch junge Forschung zum Thema Intrapreneurship geht davon aus, dass Intrapreneurs eine Vielzahl an Eigenschaften mit Entrepreneurs, also Unternehmer*innen, gemein haben – darunter Resilienz, Netzwerkfähigkeit, Führungskompetenz, ein hohes Selbstwertgefühl, Willensstärke, Neugier, eine (kalkulierte) Risikobereitschaft, Kreativität und Entscheidungsfähigkeit.[3] Ich vermute, die wenigsten würden sich selbst diese Merkmale zuschreiben. Aber, auch das sagt die Forschungsliteratur, Intrapreneur kann im Grunde jede*r werden[4] – denn unternehmerisches Denken und Handeln lässt sich lernen.

Lerne von Unternehmerinnen!

Von wem könntest du unternehmerisches Denken und Handeln besser lernen als von Unternehmerinnen selbst? Ich teile in diesem Buch nicht nur *meine* Erfahrungen als Selbständige, sondern habe außerdem mit 16 Unternehmerinnen aus der ganzen Welt gesprochen, die vorleben, wie unternehmerisches Denken und Handeln Frauen aus beruflichen Fallen in Karrieren katapultieren kann, die ihnen nicht nur die verdiente (monetäre) Anerkennung bringen, sondern auch ihre Anforderungen an den Arbeitsalltag erfüllen. So unterschiedlich diese Frauen, ihre Unternehmen und Geschichten sind, sie haben auch einige Gemeinsamkeiten. Sie haben mir davon erzählt, wie es ihnen gelingt, Familie und Beruf miteinander zu vereinbaren, welche Vision sie in ihrer Arbeit antreibt, wie sie mit Rückschlägen umgehen und Unsicherheit aushalten oder was ihre Kreativität nährt. Ihre Einblicke und Erkenntnisse, ihre Methoden und *hacks* verraten viel darüber, wie Unternehmer*innen denken – und genau das kannst du von ihnen lernen.

Das *Skillset* und Mindset einer Unternehmerin ist sehr umfangreich und vielschichtig. Die Literatur dazu kann viele Regalmeter füllen. Ich möchte dir am Beispiel der Unternehmerinnen, die ich interviewt habe, in diesem Buch eine Handvoll dieser unternehmerischen »Superkräfte« präsentieren, dir erklären, was dahintersteckt und wie du sie selbst in dir wecken und für deine Arbeit nutzen kannst. Die folgende Liste ist also keinesfalls abschließend oder allumfassend. Ich erhebe auch keinen Anspruch auf Vollständigkeit, sondern möchte dich vielmehr mit einigen Impulsen ermutigen, durch unternehmerisches Denken und Handeln aus deiner Komfortzone zu gehen und zu wachsen, um mehr Erfüllung, Freude und Sinn in deinem Beruf zu erleben. Die Facetten unternehmerischen Denkens und Handelns, die ich dir in den nächsten Kapiteln eröffnen werde, sind alle auf die eine oder andere Weise miteinander verbunden, bedingen einander oder ergeben sich eine aus der anderen. Deshalb folgen sie auch keiner bestimmten Reihenfolge oder Hierarchie. Aber sie sind zentral für ein Verständnis davon, was unternehmerisches Denken und Handeln ausmacht.

Du wirst überrascht sein, zu entdecken, dass du die eine oder andere Facette unternehmerischen Denkens und Handelns bereits lebst. Und genauso überraschend wirst du es vielleicht finden, mit welchen einfachen Übungen du deine unternehmerische Seite stärken kannst – mit einer direkten Auswirkung auf deinen Arbeitsalltag als Angestellte. Möglicherweise werden dich die Gestaltungsspielräume, die sich dir durch diesen *mindset shift* eröffnen, auch so begeistern, dass du beginnst, über den Schritt in die Selbständigkeit nachzudenken – dann findest du am Schluss dieses Buchs ein extra Kapitel zum Thema »weibliches Unternehmertum«. Dazu stifte ich dich gerne an. Was ich mit diesem Buch ganz nebenbei nämlich auch zeigen möchte: Sich selbständig zu machen oder ein Unternehmen zu gründen, ist gar nicht furchtbar kompliziert. Wir haben nur durch die Medien, in denen überwiegend alte *weiße* Männer, extrem privilegierte oder ungewöhnlich talentierte – ebenfalls meist *weiße* – Frauen als Unternehmer*innen gezeigt werden, ein sehr unrealistisches Bild von Unternehmertum verinnerlicht.

Als ich nach Unternehmerinnen gesucht habe, die ich in diesem Buch als *role models* zu Wort kommen lassen wollte, habe ich sehr bewusst nicht auf die wenigen »Einhörner« geschaut, die mit einem außergewöhnlichen Talent, einer außergewöhnlichen Idee, einem außergewöhnlich großen Startkapital oder außergewöhnlich viel Glück zu erfolgreichen Unternehmerinnen geworden sind. Denn wie *relatable* sind schon J. K. Rowling, Tory Burch oder Arianna Huffington? Ich wollte stattdessen mit Unternehmerinnen sprechen, die weder ein großes Vermögen, noch einen Studienabschluss an einem *Ivy-League-College* oder ein Jahrhunderttalent mitbrachten. Ich wollte mit den Unternehmerinnen »von nebenan« sprechen – ganz normalen Frauen mit ganz normalen Fähigkeiten aus ganz normalen Familien, die mit mehr oder weniger bodenständigen Geschäftsideen Geld verdienen –, weil ich finde, dass ihre Geschichten viel glaubhafter illustrieren, wie die berufliche Selbständigkeit erfolgreich sein kann. Diese Unternehmerinnen zeigen, dass man das Rad nicht neu erfinden muss, um ein erfolgreiches eigenes Business aufzubauen. Sie leben vor, dass Selbständigkeit eben nicht selbst und ständig stattfinden muss, um von Erfolg gekrönt zu sein. Und sie beweisen, dass die Selbständigkeit eine Chance ist, Karriere nach ganz eigenen Maßstäben zu machen: mit genug Zeit für die Familie, einer sinnhaften Tätigkeit, fairer Bezahlung und in einem wertschätzenden Team – ganz nach Pippi Langstrumpfs Motto: »Ich mach mir die Welt, widde widde wie sie mir gefällt.«

Wir verbringen Jahrzehnte unseres Lebens mit Arbeit. Warum formen wir diese Zeit also nicht nach unseren Vorstellungen, statt uns weiter zwischen Kind und Karriere zu zerreißen, mit mageren Löhnen abspeisen zu lassen und uns an gläsernen Decken den Kopf zu stoßen? Warum nehmen wir uns nicht einfach, was wir brauchen? Warum machen wir die Arbeitswelt nicht so, wie sie uns gefällt? Auf diesen Weg kannst du dich heute begeben: als Angestellte oder Selbständige. Lass dich von ganz normal großartigen Unternehmerinnen dazu inspirieren!

Finde deine Vision!

Wofür stehst du morgens auf? So banal die Frage klingt, so kraftvoll ist sie. Frage dich einmal ernsthaft, was morgens dein Grund ist, aufzustehen. Wenn du in deinem Arbeitsalltag den Sinn vermisst, dann könnte diese Frage einen Stein für dich ins Rollen bringen. Für den Anfang ist dabei vollkommen egal, ob deine Antwort sich auf deinen Beruf oder dein Privatleben bezieht. Entscheidend ist, dass du identifizierst, was jeden Tag die Dinge sind, für die du findest, dass es sich lohnt, aufzustehen.

Für mich ist das eine ganz bunte Mischung aus Beruflichem und Privatem. Ich stehe morgens auf, weil ich Zeit mit meinen Liebsten verbringen will, weil ich Lust habe, rauszugehen, die Sonne zu genießen, den Vögeln zu lauschen und die Eichhörnchen im Park bei ihrer Jagd um die besten Nüsse zu beobachten. Ich stehe auf, weil ich mich darauf freue, einen bestimmten Text – ein Buch, eine Zeitschrift, einen Artikel zu lesen –, und in meinem eigenen Schreiben Neues an mir und der Welt zu entdecken. Es gibt eigentlich immer irgendein Thema, eine Frage oder ein Problem, das mich umtreibt und dem ich durch Recherche und Nachdenken auf den Grund gehen will. Ich stehe aber auch morgens auf, weil ich Appetit auf einen frischen Minztee und Joghurt mit Früchten habe.

Banal? Ganz und gar nicht. Hier zeigt sich, was mir wirklich wichtig ist: die Menschen in meinem Leben, die Natur, Literatur, mein Denken und Schreiben, leckeres Essen. Dahinter verbergen sich viele meiner Werte: Verbundenheit mit mir selbst, anderen Menschen und der Natur, Neugier auf die Welt und Genuss. Unsere Werte sind so etwas wie unser innerer Kompass. Sie beeinflussen, in welche Richtung wir gehen. Für mich bedeutet das beispielsweise, dass ich lieber etwas Neues ausprobiere als auf Bekanntes zurückzugreifen, weil Neugier für mich ein stärkerer Wert ist als Beständigkeit. Wenn ich Hunger habe, koche ich, wenn es meine Zeit zulässt, lieber eine Stunde lang, statt mir schnell eine Tiefkühlpizza in den Ofen zu schieben, weil mir Genuss mehr bedeutet als Bequemlichkeit. Wir alle sind mit einem solchen Set an Werten ausgestattet, und oft sind sie Ergebnis unserer Sozialisation. Deswegen ist es sinnvoll, sich bewusst zu machen, welche Werte – beispielsweise unserer Eltern – wir verinnerlicht haben und ob sie tatsächlich unseren eigenen Überzeugungen entsprechen. Meine Mutter und Großmutter etwa haben mir als Kind und Jugendliche Spiritualität als Wert vermittelt, indem sie mit mir in die Kirche gegangen sind, mit mir und für mich gebetet haben. Als ich mich anlässlich meiner Konfirmation aber zu meinem Glauben bekennen wollte, habe ich diesen zum ersten Mal hinterfragt und bemerkt, dass ich eigentlich kein spiritueller, sondern vielmehr ein analytischer Mensch bin. Ich habe also mein Wertesystem umsortiert und Realismus über Spiritualität gestellt. Mir hilft es mehr, die Fakten zu kennen und darauf zu reagieren, als vertrauensvoll auf das Beste zu hoffen.

Wenn ich also eine Entscheidung treffen muss, geben mir meine Werte dabei Orientierung. Soll ich mich zwischen zwei ähnlichen Jobangeboten entscheiden, die sich nur dadurch unterscheiden, dass ich bei dem einen Job ein Aufgabengebiet übernehme, mit dem ich noch nicht vollständig vertraut bin, würde ich immer diesen Job wählen, weil ich eher das Neue als das Bekannte suche. Ich werde tendenziell also in dem Job glücklicher sein, bei dem ich noch etwas Neues lernen kann.

Entscheidend ist, dass du dir deiner Werte bewusst bist und nach ihnen handelst. Dann wirst du automatisch mehr Erfüllung in deinem Beruf erfahren, weil du dir selbst und deinen Überzeugungen treu bleibst. Der Trick ist, so viele deiner Werte wie möglich in deinem Beruf zu verwirklichen. Ehrlichkeit ist dir wichtig? Dann bitte um ehrliches Feedback und gib auch selbst welches. Du findest Solidarität wichtig? Dann steh auf, wenn jemandem aus deinem Team Unrecht getan wird, und setze dich für die Person ein. Nachhaltigkeit hat einen hohen Stellenwert für dich? Dann suche in deinem Job nach Stellschrauben, wie dein Team oder dein Unternehmen nachhaltiger werden können, und engagiere dich dafür.

Wenn ich aber nicht nur reagieren, sondern agieren möchte, nicht nur zwischen zwei Möglichkeiten entscheiden, sondern selbst neue Möglichketen schaffen möchte, dann brauche ich neben meinen Werten, die mir Orientierung geben, auch noch eine Vision, die mir Energie und Motivation gibt, meine eigenen Grenzen zu überwinden und Neues zu schaffen.

Wenn du dir mehr Sinn, Erfüllung und Leichtigkeit im Beruf wünschst, solltest du unbedingt eine eigene Vision finden. Sie ist dein Leitstern und hilft dir nicht nur, bessere Entscheidungen zu treffen, weil du eine klare Richtung definiert hast, in die du dich bewegen möchtest. Aus deiner Vision kannst du auch immer wieder Ziele ableiten, die dich Schritt für Schritt deinem Traum ein Stückchen näher bringen. Wenn du in der Lage bist, dir eigene Ziele zu setzen, erlangst du damit nicht nur Selbstbestimmung in deiner Berufslaufbahn, sondern auch immer wieder neue Motivation, weil du auf etwas hinarbeitest, das dir viel bedeutet. Du wirst dann ganz von allein das Gefühl haben, deine Arbeit sei sinnvoll, weil du selbst gewissermaßen mit deiner Vision und deinen Zielen einen Sinn definiert hast. Das wird dich auch durch die anstrengenden und langweiligen Phasen tragen, die es in jedem Arbeitsalltag gibt, wodurch sich deine Arbeit leichter anfühlen wird.

Eine Vision ist wie der Blick in eine bessere Zukunft, wie eine Utopie. Sie ist gigantisch und schillernd und jenseits von allem, was realistisch (gerade) möglich wäre. Eine Vision ist unvernünftig, wild und atemberaubend. Wenn du darüber nachdenkst, was deine Vision für dich, für diese Welt, für einen bestimmten Aspekt in dieser Welt ist, dann setze deinem Denken keine Grenzen. Schalte die innere Stimme aus, die dir flüstert, dass das alles totaler Quatsch ist, dass du ein verträumter Hippie bist und mal wieder auf den Teppich kommen solltest.

Die Sängerin Ana Rocha hat sich erlaubt zu träumen, und so schon als Teenager eine Vision für ihr Leben entwickelt: »Meine Vision habe ich schon mit 16 gefunden. Damals saß ich in der *Royal Albert Hall.* Wir waren auf Klassenfahrt und haben dort ein Konzert besucht, und da wusste ich – ich glaube, ich habe es auch einer Freundin gesagt –, wenn ich hier jemals auf der Bühne stehe, dann habe ich es so weit geschafft, wie ich mir das vorgestellt habe. Von der Musik zu leben, also ausschließlich vom Spielen, wäre natürlich ein Traum.« Dieses Ziel so klar vor Augen zu haben, hilft Ana[*], ihre Energie in die richtige Richtung zu lenken.

---

* Ich bin mir der Tatsache bewusst, dass die Namen von Männern häufig auf den Nachnamen, die von Frauen häufig auf den Vornamen reduziert werden, wenn über sie berichtet wird. Die Verkürzung auf den Vornamen führt dazu, dass die so benannte Frau häufig als unbedeutender und geringer wahrgenommen wird, als wenn man sie bei ihrem vollen oder nur bei ihrem Nachnamen nennen würde. Wenn ich in diesem Buch meine Interviewpartnerinnen beim Vornamen nenne, dann nicht, weil ich sie geringschätze oder als unbedeutend darstellen will, sondern allein, weil wir uns im Gespräch duzen und ich diese Vertrautheit und Nahbarkeit auch in meinem Text transportieren möchte.

Auch wenn es vielleicht manchmal nervt und anstrengend ist, weiß sie, dass die Organisation von Auftritten sie ihrem Ziel näherbringt und ihre Zeit und Energie hier gut investiert sind. So macht eine klare Vision die Arbeit nicht nur angenehmer, sondern auch effizienter.

Wie ich meine Vision fand

Ich selbst habe durch eine dramatisch endende Liebesgeschichte zu der Vision gefunden, die mich heute jeden Tag zu meiner Arbeit motiviert. Ich war Mitte zwanzig und verliebt in einen Mann, von dem ich glaubte, er würde mich auch lieben. Wir erlebten zusammen eine Beziehung wie viele in unserem Umfeld: gemeinsame Wohnung, romantische Dates, netter Freundeskreis, ein gemeinsames Hobby und Reisen in den Ferien. Er hatte kürzlich sein Zahnmedizin-Studium absolviert. Ich schrieb gerade meine Master-Arbeit in Literaturwissenschaft. Wir waren glücklich miteinander und wollten heiraten. Geld war in unserer Beziehung nie ein Thema – bis zur Hochzeit. Sechs Wochen vor der Trauung legte mein Verlobter mir einen Ehevertrag vor. Durch den Ehevertrag erfuhr ich, dass er über ein großes Vermögen verfügte und dieses im Fall einer Scheidung vor mir schützen wollte. Ich hatte zu dem Zeitpunkt keine Ahnung von Finanzen, geschweige denn von Ehe- und Scheidungsrecht. Nach der Lektüre einiger Finanzratgeber und der Beratung durch Finanzexpertinnen und Rechtsanwältinnen war mir klar, dass ich den Ehevertrag nicht unterschreiben durfte. Was mein Verlobter darin mit mir vereinbaren wollte, war kurz gesagt eine ultrakonservative Rollenverteilung und der Ausschluss jeglicher finanzieller Ansprüche von mir an ihn. Ich sollte das Heimchen am Herd sein und dafür von ihm durchgefüttert werden. Ein goldener Käfig also – zumal ich mir eine Scheidung nicht hätte leisten können, weil ich dann auf alles verzichten sollte. Er wollte sich beruflich entfalten und Geld scheffeln, aber ich sollte meine Karriere zugunsten meiner ehelichen und später mütterlichen Pflichten zurückstellen. Mich hätte dieser Ehevertrag also in eine totale Abhängigkeit von meinem Ehemann und im Fall der Scheidung in die Armut gestürzt. Du erinnerst dich: Wer nicht arbeitet, soll angeblich auch nicht essen. Mein Verlobter war davon offensichtlich überzeugt – genau wie von der Haltung, Care-Arbeit sei keine Arbeit. Ich war schockiert: Wieso hatte ich nicht gemerkt, welches Weltbild der Mann vertrat, den ich liebte? Er war der Ansicht, seine Arbeit als Zahnarzt sei mehr wert als meine als Literaturwissenschaftlerin, weil sie mehr Geld einbrachte. Er fand, wenn ich nicht so viel Einkommen wie er erwirtschaftete, sollte ich meinen Beruf doch lieber an den Nagel hängen und mich um Haushalt und Kinder kümmern. Hausarbeit und Kindererziehung aber seien nichts wert, weil sie nichts kosteten, sagte er. Also stünde mir auch keine Kompensation dafür zu.

Ich musste einsehen, dass diese Beziehung keine Zukunft hatte, und sagte acht Tage vor der Hochzeit alles ab: standesamtliche und kirchliche Trauung, Feier, Band, DJ, Catering und natürlich unseren Gästen. Entsetzt von den frauenfeindlichen und ultrakapitalistischen Überzeugungen meines Verlobten beendete ich die Beziehung und zog aus.

Was ich mitnahm, war erstaunlicherweise eine Faszination für Finanzen. Ich hatte nämlich verstanden, was Geld für ein mächtiges Werkzeug war. Als Tochter zweier im Sozialismus aufgewachsener Menschen war mir Geld, vor allem viel Geld, immer irgendwie als etwas Anrüchiges erschienen. Geld hatten die, die es anderen weggenommen oder »krumme Dinger gedreht« hatten, glaubte ich; und Geld benutzten die Reichen, um die Armen zu unterwerfen (was mein Verlobter ja tatsächlich mit mir versucht hatte). Ich war aufgewachsen mit der Überzeugung, Geld sei die Wurzel allen Übels. Und, so hatte ich als Kind festgestellt: Geld war der Grund, warum Menschen sich in einem Job versklavten, der sie ausbrannte. Je intensiver ich mich aber mit Finanzen beschäftigte, um einzuordnen, was mir gerade mit besagtem Ehevertrag widerfuhr, desto mehr verstand ich, dass Geld selbst weder gut noch böse war, man aber sehr wohl Gutes und Böses mit Geld bewirken konnte. Geld, so erkannte ich, ist in einer kapitalistischen Gesellschaftsordnung das mächtigste Werkzeug überhaupt. Geld macht Dinge möglich. Und welche Dinge möglich werden, entscheiden wiederum die, die das Geld haben. Ich sah, dass das vorwiegend (alte, *weiße*) Männer waren, und verstand: Viele Themen, die Frauen betreffen, werden vernachlässigt, weil sie den Entscheidern, den Männern mit Geld, nicht wichtig sind. Frauenthemen sind in Politik und Gesellschaft unterrepräsentiert und unterfinanziert: Frauengesundheit, Kinderbetreuung, Care-Arbeit, Gewalt gegen Frauen, Diskriminierung von Frauen auf dem Arbeitsmarkt.

Für mich war es ganz klar: Weil Frauen weniger Geld verdienen und besitzen als Männer, haben sie weniger wirtschaftlichen, gesellschaftlichen und politischen Einfluss. Und plötzlich hatte ich eine Vision – MEINE Vision: die Gleichberechtigung von Männern und Frauen durch die ökonomische Gleichstellung der Geschlechter. Ich wollte wissen, wie unsere Gesellschaft, unser (Zusammen-)Leben aussähe, wenn Frauen finanziell nicht mehr von ihren Männern abhängig wären, wenn mindestens die Hälfte aller Unternehmen Frauen gehörte oder von Frauen geführt würde, wenn Frauen Geld lockermachen könnten für Frauenthemen, wenn Frauen so viel Geld verdienten und besäßen wie Männer. Ich vermutete: Dann würden viel mehr Frauen sich aus gewaltvollen

Beziehungen befreien. Dann würden Frauen verlangen, dass ihre Männer genauso viel Care-Arbeit leisten wie sie. Dann würde mehr in Forschung über Frauengesundheit investiert und Krankheiten wie etwa Endometriose oder Herzinfarkte bei Frauen früher entdeckt. Dann würde unsere Wirtschaft nicht nur sozial- und umweltverträglicher, sondern auch stärker. Die Kinderbetreuung würde endlich ausreichend und die Bildungsangebote besser sein. Frauen würden anderen Frauen Karrierechancen ermöglichen.

Ob es tatsächlich so sein würde, wusste ich nicht, aber vieles, was ich gelesen hatte, deutete darauf hin, und ich wollte es herausfinden.

Also beschloss ich, meinen Teil zum Wahrwerden dieser Vision beizutragen und Frauen das Wissen und Selbstvertrauen zu geben, um finanziell unabhängig und stark zu werden. Aus meiner Vision von einer Gleichberechtigung durch ökonomische Gleichstellung der Geschlechter wurde meine Mission, mein ganz konkreter Auftrag: Frauen in Sachen Finanzen bilden und ihnen Mut machen, ökonomisch unabhängig zu werden.

Meine Vision und Mission treiben mich jeden Tag an, weil sie starke Emotionen in mir wecken. Ich werde traurig, wenn ich daran denke, wie viele Frauen ihre prügelnden Ehemänner nicht verlassen können, weil sie finanziell von ihnen abhängig sind. Ich werde wütend, wenn ich mir klarmache, dass Frauen ihre Karrieren aufgeben müssen, weil sie mit der Care-Arbeit allein gelassen werden. Ich werde euphorisch, wenn ich mir vorstelle, was möglich wäre, wenn Frauen mehr Geld und damit mehr Macht besäßen. Diese Emotionen wecken wahre Superkräfte in mir. Ich fühle mich dann, als könnte ich Bäume ausreißen. Die Ideen sprudeln nur so, und ich habe richtig Lust, loszulegen.

Kevads Vision: Kaffeetrinken als Wellness-Ritual

Eine Frau, die mich mit ihrer Vision sehr beeindruckt hat, ist Kevad Belle Saarepera aus Estland. Sie hat schon als Teenager zu einer Vision gefunden, die sie bis heute antreibt und das Fundament ihres erfolgreichen Kaffee-Unternehmens *Not Your Average Co*. bildet. Kevads Vision ist es, so vielen Menschen wie möglich ein Leben in guter Gesundheit zu ermöglichen. Ein Podcast über Biohacking stiftete dazu die Initialzündung: »Gesundheit interessiert mich schon seit Langem wahnsinnig. Besonders gepackt hat mich das Thema aber auf einem Roadtrip durch Kanada in meiner frühen Jugend. Ich war etwa elf oder zwölf Jahre alt, als meine Tante und mein Onkel mich auf eine Reise durch Kanada einluden. Die beiden beschäftigten sich damals viel mit Biohacking.* Auf unserem Roadtrip durch Kanada hörten wir einen Podcast des berühmten US-amerikanischen Biohackers Dave Asprey. Asprey sprach über Vitamine, Mineralstoffe und Lektine. Lektine sind Abwehrstoffe in Pflanzen, mit denen sie sich etwa vor Insekten schützen. Auch für den Menschen können beispielsweise die Lektine mancher Gemüsesorten giftig sein. Das faszinierte mich total. Ich erinnere mich noch genau, wie ich auf dem Rücksitz des Autos saß, und sich mit jeder weiteren Podcast-Folge die Welt für mich ein bisschen weiter öffnete. Ich erkannte, dass Essen nicht

---

* Biohacking ist der Versuch, Körper und Geist maximal leistungsfähig zu machen, etwa durch spezielle Ernährung, Sport und Therapien. Biohacking beruft sich dabei auf wissenschaftliche Erkenntnisse und möchte Wissenschaft und Forschung für alle Menschen zugänglich machen. Durch Biohacking sollen alle die Möglichkeit bekommen, ihren eigenen Körper besser zu verstehen und anzupassen, um ihn gesünder und leistungsfähiger zu machen. Die Wirksamkeit von Biohacking ist allerdings nicht vollständig wissenschaftlich belegt.

nur satt machen konnte, sondern auch kränker oder gesünder. Und dass gesunde Ernährung sehr komplex und individuell sein konnte.«

Gesunde Ernährung wurde also zum Mittel der Wahl für Kevad, um ihrem Ziel, besserer Gesundheit, näher zu kommen. Nachdem sie viele Biohacks an sich selbst ausprobiert hatte und von deren Wirkung überzeugt war, wollte sie auch anderen die Erfahrung ermöglichen, sich durch gute Ernährung wohler, leistungsfähiger und lebendiger zu fühlen: »Weil ich diese beeindruckende Erfahrung selbst gemacht hatte, glaubte ich, dass wohl die meisten Menschen ihr Gesundheitspotential noch nicht ausschöpften. Ich wünschte, alle würden spüren, wie es sich anfühlt, wenn sie maximal gesund und leistungsfähig sind.« Schon mit 14 Jahren gründete sie deshalb ihr erstes eigenes Unternehmen, eine Schülerfirma, mit der sie an ihrer Schule zweimal pro Woche während der Unterrichtspausen gesunde Snacks sowie erläuternde Infobroschüren anbot. Zwar erforderte die Arbeit neben der Schule eine Menge Organisationsaufwand und war immer etwas stressig, aber Kevad machte sie so viel Spaß, dass sie mit 16 ihr zweites Unternehmen gründete: eine Smoothie-Bowl-Bar. Nachdem sie damit zwei Jahre lang weitere Erfahrungen als Gründerin im *Food*-Bereich gesammelt hatte, gründete sie mit 18 Jahren zusammen mit einer Freundin ihr heutiges Unternehmen: *Not Your Average Co.*

Kevad erzählt: »Zusammen mit meiner Schulfreundin Anna habe ich überlegt, wie wir einen gesunden Lifestyle so einfach wie möglich machen könnten. Während wir uns die Köpfe heiß redeten, tranken wir mehrere Tassen Kaffee. Dann sind wir darauf gekommen: So gut wie jede*r trinkt Kaffee. Warum also nicht das Kaffeetrinken zu einer wirklich gesunden Sache machen? Kaffee als Gesundheitsgetränk gab es damals in Estland nicht. Wir waren also auf eine Marktlücke gestoßen. Ich bin voll in die Welt des Kaffees eingetaucht. Dabei habe ich entdeckt, dass mehr als die Hälfte aller Kaffees weltweit mit Giftstoffen und Schimmel belastet sind. Deswegen werden viele Leute nach dem Genuss von Kaffee auch zitterig, bekommen Kopfschmerzen oder einen ›Koffein-Crash‹, werden also ein paar Stunden, nachdem sie Kaffee getrunken haben, besonders müde. Diese Symptome stammen vielleicht nicht ausschließlich von dem in Kaffee enthaltenen Koffein, sondern von den Giftstoffen und dem Schimmel. Es ist ja auch keine Überraschung, dass der Körper heftig reagiert, wenn man ihm täglich Gift einflößt – auch wenn es nur eine sehr kleine Menge ist. Mit *Not Your Average* wollen wir deshalb endlich durch und durch gesunden Kaffee anbieten, der zudem auch wirklich lange wach macht. Wir beziehen unsere Kaffeebohnen von Bio-Kaffeefarmen, auf denen auch die Kaffeebauern fair bezahlt werden. Bevor wir die Kaffeebohnen rösten und weiterverarbeiten, schicken wir sie ins Labor und lassen sie auf Gifte, z. B. aus Pflanzenschutzmitteln oder verunreinigten Böden, sowie Schimmel testen. Um zu lernen, wie wir aus unseren erstklassigen, lupenreinen Kaffeebohnen nun auch echt schmackhaften Kaffee machen, haben Anna und ich uns durch die besten Cafés von Estland getrunken und den Röstern über die Schulter geschaut. Und schließlich haben wir unserem Kaffee unsere ganz eigene Note hinzugefügt: Superfoods, die den Genuss gesund machen. Ich hatte bis zu diesem Zeitpunkt ja bereits viel über Biohacking gelernt und mit verschiedenen Zutaten experimentiert. Meinen eigenen Kaffee mischte ich immer mit Kollagen, Maca-Wurzel-Pulver und Kokosnussöl. Aber das war immer eine ziemliche Sauerei und sehr aufwändig. Deswegen haben wir diese Zutaten direkt, in pulverisierter oder kristalliner Form, unserem Kaffeepulver hinzugefügt. Man kann den Kaffee nun wie gewohnt zubereiten, und Kollagen, Maca und Kokosnussöl sind schon drin. Kollagen macht Haut und Haare schön, Maca stärkt das Immunsystem, und Kokosnussöl verhindert einen Koffein-Crash, weil das Fett die Aufnahme des Koffeins ins Blut verlangsamt und so über einen längeren Zeitraum den Koffeinspiegel stabil hält. Ich finde wirklich faszinierend, wie so kleine Veränderungen in der Gewohnheit eine große Wirkung erzielen können – weil wir sie täglich wiederholen. Deswegen sehe ich in der Verbesserung von Gewohnheiten auch so ein großes Potential. Die Menschen, die unseren Kaffee trinken, hören nicht nur auf, mit dem Kaffee auch täglich Gifte in sich hineinzuschütten. Sie nehmen außerdem besonders wertvolle Nährstoffe zu sich. Wir haben also die Gewohnheit des Kaffeetrinkens genommen und sie von einer potentiell schädlichen in eine sehr gesunde Sache verwandelt.«

So hat Kevad ihre ganz persönliche Vision in ein profitables und stetig wachsendes Unternehmen verwandelt. Sie macht keinen Hehl daraus, dass der Weg dorthin nicht leicht war, erzählt von harter Arbeit, kaum Gewinnen in der Anfangszeit und der nervenaufreibenden Suche nach Investor*innen. Doch ihre Vision schenkt ihr so viel Energie und Zuversicht, dass sie sie auch durch solche Krisen trägt. Eine Vision macht harte Arbeit leichter, Routinen erfreulicher und sehr wahrscheinlich auch erfolgreicher, weil sie in uns Liebe zum Detail weckt, die unserer Arbeit das i-Tüpfelchen aufsetzt.

Eine starke Vision verleiht unserem Leben und Tun Sinn und Freude. Ich behaupte, dass eine Vision nicht nur unverzichtbar am Anfang jeder Unternehmensgründung stehen sollte, sondern auch jede Angestelltentätigkeit und das Leben überhaupt bereichert. Oft werde ich darum beneidet, dass ich diese Vision und damit meine Berufung gefunden habe. Allzu viele Menschen empfinden keinerlei Sinn in ihrem Beruf – abgesehen davon, dass sie damit

Geld verdienen und ihren Arbeitgeber*innen nützen. Das kommt mir unheimlich traurig vor. Schließlich verbringen wir einen nennenswerten Anteil unseres Lebens mit Arbeit. Arbeitszeit ist Lebenszeit. Und wer Freude und Sinn bei der Arbeit empfindet, wird ein glücklicheres Leben führen. Um dir zu zeigen, wie du eine Vision für deine Arbeit finden kannst, möchte ich dich mit dem japanischen Konzept des Ikigai vertraut machen.

Ikigai: Finde deine Berufung!

Der japanische Neurowissenschaftler und Autor Ken Mogi erklärt Ikigai, das sich nicht direkt ins Deutsche übersetzen lässt, in seinem gleichnamigen Bestseller sehr verständlich und nachvollziehbar für eine westliche Leserschaft. Das japanische Wort Ikigai besteht aus zwei Teilen: iki, was »leben« bedeutet, und gai, was übersetzt »Sinn« heißt. Ikigai bedeutet also, sinnerfüllt zu leben, es beschreibt den Sinn des Lebens, beziehungsweise das, wofür es sich zu leben lohnt.[1] Wenn du dein Ikigai kennst, weißt du, was dich im Leben antreibt, was dich wirklich interessiert und begeistert. Du lernst deine Werte kennen. Und von dort ist es nur noch ein Katzensprung zu einer Vision für deine Arbeit. Ikigai hilft dir, deine Berufung und damit den Sinn in deiner Arbeit zu finden.

Ikigai ist eine sehr individuelle Sache, und Ken Mogi räumt ein, als Sinn des eigenen Lebens könne man sogar etwas betrachten, das für andere mühsam oder überflüssig sei.[2] Er schreibt auch, dass Ikigai keineswegs mit dem Beruf verbunden sein müsse. Entscheidend sei lediglich, dass man sein Ikigai mit Hingabe verfolge und es um seiner selbst willen tue – ohne Absicht auf Lob, Belohnung oder Erfolg.[3] Ikigai ist also ein bisschen l'art pour l'art, das reine, sich selbst genügende Tun und die ganz persönliche Freude daran. Ikigai bezieht sich im Japanischen sowohl auf Alltagsdinge als auch auf große Ziele und ist nicht auf eine Sache limitiert. Du kannst mehrere Ikigai haben. Du musst in etwas auch nicht gut oder erfolgreich sein, um es dein Ikigai zu nennen. Umgekehrt kann dein Ikigai dich aber zum Erfolg führen.[4] Das halte ich sogar für sehr wahrscheinlich. Denn wenn man eine Sache gerne und mit Hingabe tut, wird man darin nahezu unweigerlich zur Expertin. Trotzdem ist die Absicht, Erfolg zu haben, eher hinderlich dabei, dein Ikigai zu finden, weil sie eine extrinsische, also äußere Motivation ist. Dein Ikigai findest du aber nur, wenn du deiner intrinsischen, also inneren Motivation auf die Spur kommst.

Ich hätte beispielsweise Ärztin werden und die Praxis meiner Mutter übernehmen können. Das wäre bequem gewesen, und ich hätte die Aussicht auf ein sicheres und einigermaßen hohes Einkommen gehabt. Aber ich habe mich nicht für Medizin interessiert, sondern für Literatur, die alle eine »brotlose Kunst« nannten. Heute bin ich froh, dass ich mich für ein Literaturstudium entschieden habe. Zwar musste ich mir meine Selbständigkeit ganz allein und von Grund auf aufbauen und arbeite heute auch in einer Branche, in der nicht gerade die üppigsten Honorare gezahlt werden. Außerdem mögen manche behaupten, Literatur werde nicht so gebraucht wie Medizin (ich sehe das anders). Aber Hürden hätte ich auch als Ärztin überwinden müssen: die psychische Belastung durch Krankheit oder sogar den Tod mancher Patient*innen, wahnsinnig viel Bürokratie, sehr frühes Aufstehen, Nachtdienste, einen stressigen Arbeitsalltag. Ein gemachtes Nest und hohes Einkommen hätten da nicht viel geholfen. Was aber hilft, Hürden zu überwinden, ist die Begeisterung für die Sache an sich. Ein Ikigai macht widerstandsfähig.

Und weil wir für etwas, das uns begeistert, uns interessiert, gerne und viel Zeit und Energie aufwenden, führt Ikigai oft zum

Erfolg. Doch Erfolg sollte niemals das Ziel sein, denn das erzeugt unheimlich viel Druck, wie Ken Mogi schreibt: »In einer Welt, in der es vor allem unser Erfolg ist, der unseren Wert und unser eigenes Selbstwertgefühl bestimmt, stehen viele Menschen unter unnötigem Druck. Sie haben manchmal das Gefühl, das eigene Wertesystem sei nur dann gerechtfertigt, wenn es zu konkreten Erfolgen führt – beispielsweise zu einer Beförderung oder einer lukrativen Investition. Entspannen Sie sich! Sie können Ikigai haben – ein Wertesystem, nach dem Sie leben können –, ohne sich unbedingt auf solche Art beweisen zu müssen.«[5]

Auf der Suche nach deinem Ikigai kannst du dich von den fünf Säulen, auf denen das Konzept beruht, leiten lassen:

1. Klein anfangen
2. Loslassen lernen
3. Harmonie und Nachhaltigkeit leben
4. Die Freude an den kleinen Dingen entdecken
5. Im Hier und Jetzt sein[6]

Klein anfangen

Wenn du darüber nachdenkst, was dein berufliches Ikigai sein könnte, hilft dir das Kleinanfangen, Druck rauszunehmen. Du darfst dir selbstverständlich erträumen, die Abteilung zu leiten, in der du arbeitest, oder ein absolut revolutionäres Produkt auf den Markt zu bringen, aber du musst es nicht. Vielleicht schüchtert dich das ein. Dann fang klein an und gehe von da aus weiter. Gerade wenn du ein eigenes Business aufbauen willst, kommt dir das sehr entgegen, weil du vielleicht nicht viel Startkapital aufwenden kannst oder willst. Dann fange klein an und nimm Schritt für Schritt Verbesserungen vor. Bevor ich mich selbständig gemacht habe, habe ich erst mal nur einen kleinen Teil, etwa 30 Seiten, meines ersten Buches geschrieben und bei Literaturagenturen eingereicht. Erst als eine Literaturagentur mich unter Vertrag genommen und mein Manuskript an einen Verlag verkauft hatte, habe ich das Buch zu Ende geschrieben. Als das Buch dann erschienen war und ich immer wieder gefragt wurde, ob ich nicht neben Lesungen aus meinem Buch auch Vorträge und Workshops anbieten könnte, habe ich peu à peu Vorträge und Workshops konzipiert und mir so ein zweites Standbein als Speakerin aufgebaut. Dann ist mir irgendwann aufgefallen, dass ich neben meinem Buch auf meinen Veranstaltungen ja auch Merchandise-Artikel verkaufen könnte. Ich habe also ein Gewerbe angemeldet und von da an neben meinen Büchern auch Portemonnaies, Sticker, Pins, Poster und Bügelpatches mit feministischen Botschaften verkauft. Der Verkauf von Produkten ist also mein drittes Standbein. Nach meinen Vorträgen wurde ich immer häufiger gefragt, ob ich auch Mentorings anbiete. »Warum nicht?«, habe ich mir gedacht und ein Mentoring-Programm entworfen. Das ist heute mein viertes Standbein. Hätte ich mir all das zu Anfang meiner Selbständigkeit vorgenommen, wäre ich wohl ziemlich überfordert und überlastet gewesen. Ich habe stattdessen klein angefangen und immer wieder Verbesserungen und Erweiterungen meines Angebots vorgenommen. Heute steht meine Selbständigkeit auf soliden Füßen. Viele kleine Schritte führen zum Ziel.

Auch Maria Obermeier aus Bayern, die als sehr junge Frau den Baumaschinenverkauf und -verleih *OBM* ihres Vaters übernommen hat, erzählt mir: »Ich glaube, man macht sich – ich selbst auch – so viel Druck, dass es was werden muss, dass ich erfolgreich sein muss. Das würde ich weglassen und versuchen, vielleicht sogar mit der Einstellung ranzugehen: Ich darf scheitern. Ich will das einfach probieren, und wenn es nichts wird, ist es okay. Ich gehe mit dem Mindset rein: Ich muss nicht wer weiß wie erfolgreich werden, was sowieso nur ganz Wenige schaffen. Ich habe immer versucht, mir zu sagen: Wenn's nicht klappt, ich hab's probiert, dann ist es halt so. Das hat mir gutgetan, dass ich mir nicht von Anfang an so hohe Ziele gegeben habe, nach dem Motto: »Jetzt muss ich den Umsatz schaffen, dann den.« Ich habe mir immer gedacht, ich probiere das und schaue mal, wie es funktioniert. Wenn es nicht klappt, dann habe ich ja auch noch eine andere Ausbildung. Wir sind ja in Deutschland, und da ist eh alles *safe*. Man denkt immer, wenn man pleitegeht, wäre das ganz, ganz schlimm, aber eigentlich wäre es wahrscheinlich gar nicht so schlimm. Natürlich, wenn man so viel Zeit mit einer Sache verbringt, hofft man, dass es weitergeht und dass die Arbeit einen Sinn gehabt hat. Mein Ziel ist schon, das Geschäft irgendwann übergeben zu können, vielleicht ohne großen Gewinn daraus zu schöpfen; einfach, damit der Mehrwert, den ich geleistet habe, nicht umsonst war. Wenn man anfängt, sich vorzustellen, dass man auch scheitern darf und dass man es einfach mal probiert, nimmt das Druck raus.«

Klein anzufangen, das zeigt diese Schilderung ganz deutlich, bedeutet auch, ohne Absicht auf Erfolg anzufangen, einfach aus Lust am Ausprobieren.

Loslassen lernen

Die zweite Säule des Ikigai fordert: Lerne, dein Ego loszulassen. Denke nicht darüber nach, was andere von dir halten, wenn du deinem Ikigai folgst, und ob du Wertschätzung oder sogar eine Belohnung erhalten wirst. Spätestens als Erwachsene spüren wir soziale Normen und Werte, die unseren Status definieren, sehr deutlich. Dieses enge Korsett hindert uns oft daran, uns selbst treu zu bleiben. Ken Mogi schreibt: »Um sein Ikigai zu finden, muss man Klischees überwinden und auf die eigene Stimme hören.«[7] Ich versuche beispielsweise, wenn ich schreibe, den Gedanken an Kritik auszublenden, damit ich mich nicht permanent selbst zensiere. Wenn ich meine Erfahrungen und Haltungen in einem Text teile, gebe ich etwas sehr Persönliches preis und mache mich verletzlich. Ich weiß aber, dass mein Text nur dann wirklich originell ist und meine Leser*innen berührt, wenn ich unzensiert und offenherzig schreibe, was ich denke und fühle. Natürlich laufe ich Gefahr, dafür auch kritisiert zu werden. Aber mir ist mittlerweile klar, dass wir es sowieso nie allen recht machen können. Manche Menschen werden großartig finden, was du machst, was dich interessiert und beschäftigt. Andere werden es langweilig oder schrecklich finden. So ist das eben. Wenn du dir aber selbst treu bleibst und dich nicht um die Meinung der anderen scherst, wirst du ganz automatisch Gleichgesinnte finden, weil du sie anziehst. Du wirst Menschen kennenlernen, die deine Begeisterung teilen.

Dem eigenen Ikigai geht man also nicht nach, weil man sich erhofft, dafür Anerkennung oder Lob zu bekommen, sondern aus reiner Freude an der Sache. Dabei entwickelt man nicht selten etwas, das die Japaner*innen »kodawari« nennen. Ken Mogi beschreibt es als »Engagement« oder »Beharrlichkeit«, als einen besonders hohen persönlichen Standard, der oft ein ganzes Leben lang aufrechterhalten wird.[8] Kodawari ist so etwas wie die Liebe zum Detail, das persönliche Arbeitsethos oder ein Gebot der eigenen Ehre. Es ist die Suche nach Perfektion in einem kleinen Aspekt des eigenen Hobbys oder der eigenen Arbeit. Damit ist kodawari auch eine Quelle außergewöhnlicher Qualität, wie Ken Mogi beschreibt: »Ab einem bestimmten Punkt könnte ein zufälliger Beobachter den Eindruck gewinnen, dass diese Perfektionssucher übertreiben, dass ihre Anstrengung zu groß wird. Und genau an diesem Punkt passiert etwas Wunderbares: Man erkennt, dass die Qualität, hinter der man her ist, tatsächlich noch eine weitere Dimension hat. Es kommt zu einem Durchbruch, zur Produktion von etwas vollkommen anderem. Mit der Erschaffung einer neuen Art von Produkten entsteht ein ganz neuer Markt, auf dem Menschen bereit sind, Preisaufschläge für Qualitäten zu zahlen, die vorher nicht vorstellbar waren.«[9] Auch hier zeigt sich wieder, dass Ikigai zwar jenseits jedes Erfolgsstrebens zu finden ist, aber durchaus – quasi nebenbei – zum Erfolg führen kann.

Harmonie und Nachhaltigkeit leben

Ob privat oder beruflich, ob als Angestellte oder Selbständige: Wir bewegen uns nicht im luftleeren Raum. Deshalb besagt das Konzept von Ikigai, dass wir in Harmonie und Nachhaltigkeit leben sollen – mit den Menschen und der Natur. Für mich als Selbständige ist das ganz essentiell. Ich bemühe mich um Harmonie mit den Menschen, mit denen ich zusammenarbeite: die Mitarbeiter*innen meiner Literaturagentur, meines Verlages, die Veranstalter*innen, bei denen ich als Speakerin zu Gast sein darf, und die Journalist*innen, die mich interviewen. Ich bleibe offen für sie und dafür, was sie persönlich einbringen, um unsere Zusammenarbeit zum Erfolg zu führen: ihre Ideen, Gedanken, ihre Wünsche und Kritik. So baue ich mir Stück für Stück ein Netzwerk auf, das mich nicht nur immer wieder mit neuen Aufträgen versorgt, sondern das ich auch menschlich als Bereicherung empfinde. Ich freue mich auf und über die allermeisten Menschen, mit denen ich zusammenarbeiten darf, denn ein stabiles und lebendiges Netzwerk ist wichtig für die langfristige berufliche Entfaltung und Erfüllung. À propos langfristig: Nachhaltigkeit ist etwas, das immens wichtig ist, wenn wir uns lange und erfolgreich mit einer Sache beschäftigen wollen: Nur wer nachhaltig wirtschaftet und handelt, wird langfristig wachsen. Ich achte beispielsweise darauf, meine Kraft, Zeit und auch mein Geld gut einzuteilen, damit sie lange reichen. Eine berufliche Laufbahn ist ein Marathon, kein Sprint. Auf sich und die eigenen Ressourcen, aber auch auf die Ressourcen des (eigenen) Unternehmens und der Umwelt zu achten, ist enorm wichtig, damit einem nicht auf halber Strecke die Puste ausgeht.

Die Freude an den kleinen Dingen entdecken

Die vierte Säule des Ikigai lädt dazu ein, die Freude an den kleinen Dingen zu entdecken und so im Alltag motiviert zu bleiben. Obwohl ich für die Vision einer Gesellschaft brenne, in der Frauen Männern ökonomisch ebenbürtig sind, bin ich auch nur ein Mensch, und es fällt mir manchmal schwer, morgens aufzustehen oder mich aufzuraffen, besonders schwierige oder vielleicht etwas langweilige Aufgaben zu erledigen, die natürlich jede Berufstätigkeit mit sich bringt. Ken Mogi ist Neurowissenschaftler und erklärt, wie kleine Dinge, die uns im Alltag Freude machen, uns motivieren, wenn wir sie gezielt als Belohnungen einsetzen.[10] Ich habe, bewusst oder unbewusst, viele solcher Belohnungen in meinen Arbeitsalltag eingebaut. Ich motiviere mich zum Aufstehen, indem ich mir gleich morgens zwei Stunden *Me-Time* gönne: Eine ausgiebige Dusche, ein Spaziergang und ein gemütliches Frühstück. Dann arbeite ich drei Stunden und belohne mich dafür mit einer ausgiebigen Mittagspause. Entweder koche ich selbst oder gehe essen. Während der Arbeit schaffe ich mir eine besonders angenehme Atmosphäre. Ich habe viel Zeit und Aufmerksamkeit auf die Einrichtung meines Arbeitsplatzes verwendet, und halte mich mit besonders leckeren Tees, Kaffee und Snacks bei Laune. Nach weiteren Arbeitsstunden am Nachmittag belohne ich mich abends mit Yoga, Tanzen, einem Film oder einem guten Buch und sehr oft mit gemeinsamer Zeit mit Freund*innen und Familie.

Im Hier und Jetzt sein

Die fünfte Säule des Ikigai gemahnt zur Achtsamkeit: Wir sollen im Hier und Jetzt sein. Das passiert jedoch nahezu zwangsläufig, wenn wir die übrigen vier Säulen des Ikigai beherzigen. Wenn wir klein anfangen, uns auf die kleinen Dinge konzentrieren, dabei ohne Absicht auf Anerkennung oder Belohnung, allein getrieben von unserem persönlichen Anspruch und in Harmonie mit unserem Umfeld tätig sind, sind wir im Hier und Jetzt. Doch so einfach es klingt, es ist nicht so leicht, sich vom eigenen Ego, von Raum und Zeit, von äußeren Begrenzungen und Ansprüchen frei zu machen. Wir alle kennen sicher Erwartungsdruck, Zukunftsangst oder Zeitnot. Doch wenn wir es schaffen, uns einzig und allein auf die Tätigkeit, die wir gerade ausüben, zu fokussieren, und uns von allem anderen zu befreien, geraten wir in einen besonderen Geisteszustand, der uns Leichtigkeit und Freude schenkt: Der Flow. Wie Ken Mogi richtig erkennt, ist der »Flow«, wie ihn der amerikanische Psychologe Mihály Csíkszentmihályi[*] beschrieben hat, eng mit dem Konzept des Ikigai verwandt. Der Flow ist ein Zustand, in dem Menschen so in ihre Tätigkeit versunken sind,

---

* Sprich: Mi-hai Tschik-sent-mi-hai-ji

dass alles andere nebensächlich wird. Arbeit wird so zum Selbstzweck statt zur erduldeten Qual, um den eigenen Lebensunterhalt zu verdienen. Das Einkommen ist dann nicht mehr die stärkste Motivationsquelle, sondern eher der Bonus für eine Arbeit, die einfach Freude bereitet.[11] Die Brautmoden-Designerin Anne Wolf hat das im Interview auf den Punkt gebracht: »Auch wenn es nicht mein Job wäre, würde ich ja trotzdem irgendwas anfertigen. Und dafür aber auch noch bezahlt zu werden, ist total cool.«

Visionen schenken Sinn, Erfüllung und Freude

Viele Menschen wünschen sich mehr Sinn in ihrer täglichen Arbeit. Ich vermute einen Grund für diesen mangelnden Sinn darin, dass sich wohl die wenigsten fragen, zu welchem übergeordneten Ziel sie ihren Beruf ausüben, welche Vision sie damit verfolgen. Klar, es gibt Berufe, die bringen eine gewisse Sinnhaftigkeit schon mit: Ärzt*innen sind der Gesundheit verpflichtet und Anwält*innen der Gerechtigkeit. Aber eine Büroangestellte, eine Rezeptionistin oder eine Verkäuferin? In den allermeisten Berufen sind die Angestellten gefordert, den Sinn in ihrer Arbeit selbst zu finden. Eine Vision zu entwickeln, die dir als Leitstern in deinem täglichen Tun dient, kann dir dabei helfen. Wozu möchtest du mit deiner Arbeit auf dieser Welt beitragen? Wie kannst du dich dieser Vision in deinem Beruf widmen? Um eine Vision zu entwickeln, musst du dir über deine Werte und Leidenschaften klarwerden.

Bei Ikigai geht es darum, Freude und Erfüllung auch in den banalsten, alltäglichsten Dingen zu finden. Ich halte das für sehr sinnvoll, denn immerhin besteht unser Leben wahrscheinlich zu 95 Prozent aus Alltag. Warum sollten wir diesen also nicht in vollen Zügen genießen? Ikigai bietet dafür eine gute Anleitung. Und es erlaubt auch, Freude dort zu finden, wo die Umstände vielleicht widrig sind. Ikigai ist eine Verschiebung der Perspektive vom Sein auf das Tun, eine Aufwertung des Alltäglichen, eine Befreiung vom Erfolgsdruck und ein Einlassen auf den Moment. Ken Mogi schreibt, »[d]ass Ikigai eine Anpassung an die Umwelt ist, egal, wie diese Umwelt aussieht. […] Menschen, die ihr Ikigai finden, erleben Freuden jenseits der allzu simplen Werte des Gewinnens oder Verlierens. Ikigai trägt dazu bei, das Beste aus Umständen zu machen, die ansonsten schwierig wären – unabhängig von der Tatsache, dass sie vielleicht schwierig sind.«[12]

Wenn du dich mit Ikigai beschäftigst, wird es dir gelingen, mehr Sinn und Freude in deinem Berufsalltag zu finden. Entscheidend ist, dass du verstehst, dass du selbst dafür sorgen musst. Niemand außer dir kann Sinn und Freude in deinem Beruf kreieren. Diese Aufgabe haben wir alle im Leben. Wenn dir das gelingt, wird sich deine Arbeit nicht mehr fremdbestimmt, sondern selbstgewählt anfühlen. Die Designerin Anne Wolf beschreibt den Antrieb in ihrer Arbeit so: »Es ist einerseits ein Drang oder ein Bedürfnis, kreativ zu sein und sich damit auszudrücken. Meine Arbeit ist einfach ein Mittel, mich auszudrücken. Und das muss raus. Das ist der Teil, der ganz eigennützig ist. Andererseits interessieren mich Menschen. Ich finde es immer gut, Alternativen zu zeigen, und bin gerne ein bisschen anti – auch um die mitzunehmen, die das vielleicht genauso fühlen, und um ihnen zu sagen, ja, das ist okay.«

Wenn du unglücklich in deinem Beruf bist, versuche, etwas zu verändern und gezielt mehr von dem in deinen Alltag zu holen, was dir Freude macht. Setze dir selbst einen Standard, den du in deiner Arbeit erfüllen möchtest. Treibe das, was dir wichtig erscheint, voran, ungeachtet dessen, was andere davon halten. Stecke deine Energie in das, was dir Freude macht, und nicht in das, wovon du dir Ruhm und Geld versprichst. So wird dir deine Arbeit mehr Spaß machen und leichter von der Hand gehen.

Meine Buchtipps zum Thema Ikigai und Flow

Ken Mogi: *Ikigai. Die japanische Lebenskunst*
Mihály Csíkszentmihályi: *Flow. Das Geheimnis des Glücks*
Mihály Csíkszentmihályi: *Flow im Beruf. Das Geheimnis des Glücks am Arbeitsplatz*

Neugierig werden und bleiben

Auf meine Frage, wie sie das Selbstvertrauen aufgebracht haben, ihr eigenes Unternehmen zu gründen, antworteten mir nicht wenige meiner Interviewpartnerinnen ähnlich wie Ingrid Lang: »Spontan denke ich: ›Hä? Du brauchst doch kein Selbstvertrauen fürs Gründen!‹ Bei mir ist es tatsächlich eher die Neugier: Welche Erfahrungen verbergen sich dahinter? Was kann vielleicht dadurch noch entstehen? Oder wie fühlt es sich an, wenn man den Weg geht? Wie kann ich das Leben anderer zum Positiven beeinflussen? Ich finde sogar, dass ich nicht unbedingt das größte Selbstvertrauen habe, aber für mich müssen Selbstvertrauen und Gründen gar nicht in einen Topf geworfen werden, sondern es kann genauso die Neugierde auf die damit verbundene Erfahrung sein.«

Neugier ist ein extrem starker intrinsischer Motivator, ein angeborener Wissens- und Lerntrieb. Wenn wir auf etwas neugierig sind, können wir uns leicht stundenlang darin verlieren. Ob Börsen-News, veganes *Meal Prep* oder Mode-Trends – einmal losgegoogelt, ist schnell eine Stunde vergangen, ohne dass wir es so richtig merken. Was währenddessen passiert: Wir lernen, und zwar leicht und nachhaltig.

Warum weiß ich, wo es den leckersten Brunch im Kiez gibt, aber nicht, wo sich die nächste Polizeistation befindet? Weil das eine mich interessiert, das andere nicht. Dass es gegebenenfalls entscheidender sein kann, zu wissen, wo die nächste Polizeistation ist, spielt für mein Gehirn keine Rolle: Ich bin eben neugieriger auf gastronomische als auf kritische Infrastruktur. Wenn wir neugierig sind, richtet sich unsere Aufmerksamkeit auf eine bestimmte Sache um ihrer selbst willen.

Neugier ist nicht nur ein starker Motivator, der uns leichter und schneller lernen lässt. Sie macht auch zufriedener, weil das Belohnungszentrum im Gehirn aktiviert und Dopamin ausgeschüttet wird, wenn etwas unsere Neugier weckt. Neugier erhöht zudem die Arbeitsleistung und die Qualität, weil sie uns aufmerksamer, schneller und ausdauernder arbeiten lässt. Wer neugierig ist, trifft bessere Entscheidungen, weil er oder sie weniger voreingenommen und offener für Alternativen ist.[1] Neugier ermöglicht persönliches Wachstum und Fortschritt, weil sie uns dazu antreibt, unsere Komfortzone zu verlassen und Neues zu wagen. Außerdem stärkt und intensiviert Neugier unsere Beziehung zu anderen, weil wir nur dann, wenn wir uns ehrlich für unser Gegenüber interessieren, wirklich empathisch sein können. Und Empathie ist ganz entscheidend in der Beziehung zu Vorgesetzten, Kolleg*innen, Kund*innen und Geschäftspartner*innen. Darüber hinaus haben Studien herausgefunden, dass Neugier uns geistig fit hält, beliebter macht und kompetenter erscheinen lässt.

Doch sie kann noch mehr: Neugier macht uns kreativ, anpassungsfähig und lösungsorientiert. Drei Aspekte, die absolut zentral für unternehmerisches Denken und Handeln sind. Die Neugier ist die Gegenspielerin der Angst. Wer Herausforderungen mit Neugier begegnet, sieht in ihnen keine Bedrohung, sondern eine Möglichkeit, zu wachsen. Wer neugierig bleibt, denkt angesichts einer Hürde nicht: »Das schaffe ich nicht«, sondern: »Wie kann ich das schaffen?« Der oder die Neugierige wird kreativ, sucht nach Lösungen und wächst an Herausforderungen.

Neugier ist eine echte *Super Power*, und es lohnt sich zu verstehen, was sie *killt* und was sie nährt, damit wir sie für unsere Arbeit nutzen können. In diesem Kapitel erzählen die Schriftstellerin Mirna Funk, die Tänzerin Claire Chen, die Baumaschinen-Unternehmerin Maria Obermeier, die Einzelhandels-Expertin Ingrid Lang und die Finfluencerin Camilla Sohn, welche Rolle Neugier für ihre Arbeit spielt. Du erfährst, wie du Neugier für dich im Arbeitskontext nutzen und sie entfachen und nähren kannst, falls sie dir abhandengekommen ist.

Neugier: die Lust am Lernen

Viele meiner Interviewpartnerinnen haben mir von ihrer Lust am Lernen erzählt. Mehr über sich selbst und die Welt zu erfahren, ist ein starker Antrieb für sie.

Die Schriftstellerin Mirna Funk etwa nährt ihre Kreativität dadurch, dass sie neugierig durch die Welt geht und so Erkenntnisse sammelt: »Ich bin super neugierig, und ich interessiere mich für alle möglichen Dinge. Ich interessiere mich besonders für Menschen. Ich interessiere mich dafür, wie Menschen denken. Ich stelle deshalb viele Fragen. Wenn ich mit jemandem essen gehe, dann weiß ich immer am Ende des Abends mehr über diese Person, als sie über mich. Ich würde sagen, es ist so ein bisschen Nora-Ephron-mäßig: ›*Writers are cannibals.*‹ Ich gehe schon als Schriftstellerin durchs Leben. Ich begegne auch Menschen als Schriftstellerin.« Indem Mirna neugierig durch die Welt geht, saugt sie sie förmlich auf. Aus diesem Fundus an Geschichten, Eindrücken und Erkenntnissen kann sie dann in ihrer kreativen Arbeit als Autorin schöpfen.

Auch Maria Obermeier, die *OBM Baumaschinen* von ihrem Vater übernommen hat, als dieser überraschend verstarb, erzählt, dass die Lust am Erkenntnisgewinn eng mit ihrer Arbeit verbunden ist: »Insgeheim habe ich die Firma übernommen, weil mein Papa sich das zehn Jahre lang hart erarbeitet hat. Er ist zweigleisig gefahren. Er war im Kuhstall und hat gemolken und gleichzeitig ein Unternehmen aufgebaut. Weil er da so viel Herzblut reingesteckt hat, wollte ich das erhalten. Aber mir hat es auch einfach Spaß gemacht. Ich habe selber so viel gelernt und so viel Freude empfunden. Mir hat es Spaß gemacht, mit den Leuten zu arbeiten, mit den Kunden. Was so in der Wirtschaft passiert, was gebraucht wird, wie solche Hallen und Häuser entstehen und was alles dazu nötig ist, interessiert mich einfach.«

Indem du wie Maria Obermeier neugierig auf die Kund*innen und Geschäftspartner*innen, auf die Branche und den Markt bist, setzt du deinen Arbeitsalltag in einen größeren Kontext. So kannst du nicht nur deine täglichen Abläufe und Routinen sehen, sondern blickst über deinen Tellerrand hinweg. Dadurch kannst du zum Beispiel erkennen, welche Relevanz deine persönliche Arbeit für einen ganzen Wirtschaftszweig hat, und dadurch deine Wirksamkeit spüren.

Wenn du dich für das große Ganze interessierst, kannst du aber auch Entwicklungschancen entdecken, etwa, wenn du dir ansiehst, wie deine Branche in einem anderen Land funktioniert, oder du Probleme und Bedürfnisse deiner Kund*innen erkennst. Unternehmerinnen wie Maria Obermeier fragen sich: Was gibt es noch so da draußen?, und verbinden sich in ihrem Arbeitsalltag auf diese Weise mit der Welt.

Andere Unternehmerinnen, wie etwa die Tänzerin Claire Chen, richten ihre Neugier eher auf sich selbst und das, was sie an sich noch entdecken können: »Ich glaube, am Anfang war es wirklich Interesse und Neugier. Ich konnte nichts. Deswegen habe ich alle Jobs rund ums Tanzen angenommen. Ich wollte gucken: Kann ich das? Kann ich das gut? Wie gut kann ich das? Bin ich besser als die anderen? Ich wollte erst mal Erfahrungen sammeln. Ich habe am Anfang eigentlich nie Nein gesagt. Ich hab alles gemacht, auch wenn die Bezahlung nicht hoch war. Das war mein Lernprozess.«

Ihr eigenes Potential zu erforschen, ist für Claire ein großer Antrieb, sich beruflich weiterzuentwickeln. Sie fürchtet berufliche Veränderung nicht, sondern sucht sie sogar, um durch neue Herausforderungen Seiten an sich zu entdecken, die ihr bisher verborgen geblieben sind. Diese Neugier beschreibt sie als einen Motivator, der so stark ist, dass die Bezahlung während des Lernprozesses eher zur Nebensache wird: »Wenn ich was bewiesen habe, dann suche ich die nächste Herausforderung. Was könnte mich noch interessieren? Was könnte ich noch im Leben schaffen?«

Claires Haltung hat drei Vorteile: Erstens entwickelt sie sich auf diese Weise immer weiter, weil sie immer neue Herausforderungen überwindet. Zweitens durchbricht sie immer wieder das Gewohnte und bewahrt auf diese Weise die Spannung in ihrem Berufsalltag. Und drittens integriert sie ein spielerisches Element in ihren Beruf, indem sie ihn zu ihrem persönlichen Abenteuerspielplatz macht.

Diese spielerische Dimension des Unternehmertums beschreibt auch Ingrid Lang. Sie hat zuerst einen eigenen *Concept Store* namens *ila ila* eröffnet und sich später als Beraterin mit dem Namen *FrauEinzelhandel* selbständig gemacht. Im Interview erzählt sie mir:

»Mit *ila ila* habe ich erfahren, dass man aus einer Idee, die bislang nur im Kopf geschwirrt hat, eine Entscheidung treffen und diese Idee physisch werden lassen kann, um damit andere Menschen zu erreichen. Diese Erfahrung war wertvoll, hat mir aber nicht gereicht, weil ich mehr kreative Freiheit im Berufsalltag brauchte, um Neues zu lernen oder zu kreieren. Bei *ila ila* hätte ich weitere Läden eröffnen oder meinen Onlineshop weiter ausbauen können. Bei *FrauEinzelhandel* baue ich nun meinen Onlineshop mit physischen und digitalen Produkten aus und kann genauso außerhalb von Social Media über Themen, die mit Einzelhandel, Business oder Technik zu tun haben, was machen. Das Spielfeld oder den Spielplatz zu erweitern, ohne den Job komplett wechseln zu müssen, das finde ich sehr befriedigend. Wenn man in einem großen Unternehmen angestellt ist, kann man sich hocharbeiten oder die Abteilung wechseln. Als Selbständige muss ich mir neue Spielplätze selbst schaffen, um mich weiterzuentwickeln und die Karriereleiter hochzugehen.«

Auch mir ist diese Haltung sehr vertraut. Ich habe schon früh gelernt, dass ich mich sehr schnell langweile und mir immer neue Herausforderungen suchen muss, um bei der Sache zu bleiben. Als Angestellte habe ich das gemacht, indem ich mich beispielsweise auf Jobs beworben habe, deren Anforderungen ich in Wirklichkeit nur zu einem geringen Teil erfüllt habe. Ich habe trotzdem einfach behauptet, dass ich kann, was in der Stellenausschreibung gefordert ist. Habe ich den Job dann bekommen, musste ich die geforderten *Skills* schnell lernen, um nicht »aufzufliegen«. Das fand ich immer sehr aufregend und befriedigend, weil ich das Gefühl hatte, nicht nur für Geld zu arbeiten, sondern eher fürs Lernen bezahlt zu werden. Und natürlich hat diese Vorgehensweise auch immer eine mehr oder weniger große Portion Abenteuer in meinen Berufsalltag gebracht.

Ein Stück weit habe ich damit auch auf spielerische Weise meine eigene Neigung zum Hochstapler-Syndrom (dazu später mehr) herausgefordert, indem ich wirklich hochgestapelt habe – bis zu dem Punkt, an dem ich mich einmal erfolgreich auf einen Job als Social-Media-Mitarbeiterin beworben habe, ohne jemals

Instagram, Twitter oder TikTok genutzt zu haben. Das habe ich dann in den Wochen vor meinem ersten Arbeitstag schnell nachgeholt, und es hat sich niemand über meine Kompetenz beschwert.

Ich möchte damit nicht angeben, sondern dir Mut machen, Herausforderungen mit mehr Lust und weniger Frust zu begegnen. Ich weiß, dass vielen der Gedanke Unbehagen bereitet, sich auf eine Stelle zu bewerben, deren Anforderungen sie nicht vollkommen erfüllen oder ein Projekt zu übernehmen, ohne bis ins Detail zu wissen, wie sie das stemmen können. Du kannst unterwegs mehr lernen und dich stärker entwickeln, als du denkst. Wichtig ist, dass du erst mal losläufst. Sonst verharrst du auf der Stelle, und da wird es früher oder später langweilig. Ein bisschen *thrill* brauchen wir – die eine mehr, die andere weniger –, um weiter Lust auf unsere Arbeit zu haben. Und den kannst du dir schaffen, indem du neugierig auf Neues, auf Wachstum und Veränderung bleibst.

Die Influencerin, Autorin und Illustratorin Florence Given hat in einem Reel auf Instagram gesagt: »Ich bin so fasziniert und angeturnt von dem Gedanken an die Frau, die ich erst noch werde. Dieses Potential! Wer ist diese Frau? Ich habe sie ja noch nie getroffen. Es gibt so viel in meinem Leben, worin ich noch besser werden kann. Ist das nicht aufregend? Wer weiß, wozu ich fähig bin!«[2] Ich wünsche dir, dass du diese Lust daran, durch berufliche Herausforderungen dein Potential zu erkunden, spüren und für dich nutzen kannst. Du wirst dadurch nicht nur mehr Freude und Interesse an deiner Arbeit entwickeln, sondern vermutlich auch erfolgreicher werden, weil du immer mehr lernst, immer besser wirst, in dem, was du tust, und auf immer neue Ideen kommst, die vor dir vielleicht noch niemand hatte.

Neugier: leicht und spielerisch arbeiten

Wer ist besonders neugierig? – Genau, Kinder. Sie fragen eine Million Mal pro Tag, warum etwas wie ist. Sie fassen alles an, stecken alles in den Mund und nehmen alles ganz genau unter die Lupe. Hier was schütteln, da was anschlecken, dort was auseinanderzupfen. Auf diese Weise machen sich Kinder die Welt zu eigen. Sie lernen in einem rasenden Tempo alles, was es zu wissen gilt: dass die Herdplatte heiß ist, das Glas kaputtgeht, wenn man es runterwirft, und dass Schokoeis oberlecker schmeckt. Finden Kinder es anstrengend, auf diese Weise Neues zu lernen? – Nein, sie haben Lust darauf und Spaß dabei. Leider geht uns eine große Portion Neugier und damit auch Leichtigkeit verloren, je älter wir werden. Das hat zum einen damit zu tun, dass all die Dinge, die für ein Kind noch neu sind, irgendwann normal und zum Alltag werden. Andererseits wird insbesondere Lernen mit dem Eintritt in unser Schulsystem auch mehr zu einer Pflicht als zu einer Freude. In der Schule dürfen wir uns nicht mehr davon leiten lassen, was uns interessiert, sondern müssen uns einem Lehrplan unterwerfen, der Wissen für uns vorsieht, das als nützlich gilt. Ich denke, wir alle haben uns an irgendeinem Punkt in der Schule gefragt, wozu wir das, was wir da gerade mühsam auswendig lernen sollen, jemals brauchen werden. Bei mir war es – nicht nur – der Zitronensäurezyklus. Ohne Neugierde ist das Lernen schwer und langweilig. Es dauert lange, und wir vergessen wieder alles, kaum dass das Wissen in einem Test abgefragt wurde.

Ich selbst war eine sehr fleißige Schülerin. Aber kurz vorm Abitur hatte ich die Nase voll. Ich wollte keine einzige Stunde mehr lernen. Also ging ich gänzlich unvorbereitet in die Abitur-Prüfung meines Englisch- Leistungskurses. Im Teil »Hörverstehen« sollten wir uns eine *BBC*-Radiosendung anhören und im Anschluss Fragen dazu beantworten. Ich war das Englisch mit deutschem Akzent meiner Lehrerinnen gewöhnt und verstand kein einziges Wort des Radiomoderators, der lupenreines *British English* sprach. Ich schnappte aber auf, worum es in der Sendung ging: Eine Armee aus antiken chinesischen Terrakotta-Figuren. Damals interessierte ich mich sehr für Kunst. Weil mir die Inhalte des Kunstunterrichts in der Schule nicht genügten, las ich in meiner Freizeit diverse Kunstzeitschriften und -bücher, ging in Museen und sah mir Dokumentationen an. In einer dieser Zeitschriften hatte ich zufällig über besagte chinesische Terrakotta-Armee gelesen und konnte deshalb alle Fragen in der Prüfung beantworten, auch ohne die Radiosendung zu verstehen. Ich hatte aus eigenem Antrieb, aus Neugier von der Terrakotta-Armee erfahren, über sie gelesen und mir das Gelesene ganz ohne Mühe gemerkt. So hat mir die Lektüre einer Kunstzeitschrift in dieser Englisch-Prüfung mehr geholfen als jahrelanges, mühsames Vokabellernen.

Auf so ein *match made in heaven* zwischen persönlichem Interesse und Prüfungsinhalten kann man sich natürlich nicht verlassen. Was ich erlebt habe, war reiner Zufall. Aber er zeigt eindrucksvoll, wie mühelos und langfristig wir lernen, wenn wir aus Neugier lernen.

Wenn du deiner Neugier folgst, lernst du spielerisch, leicht und nachhaltig. Gleichzeitig bleibst du deiner Leidenschaft auf der Spur, die dich sehr wahrscheinlich zu beruflicher Erfüllung führen wird. Es verwundert nicht, dass Neugier auch in dem japanischen Konzept des *Ikigai* eine Rolle spielt, wie Ken Mogi in seinem gleichnamigen Buch erklärt. Er schildert, wie auch ein Neuanfang leichter fällt, wenn Neugier im Spiel ist: »Das Kleinanfangen ist das Markenzeichen der Jugend, das ist ganz entscheidend. Wenn wir jung sind, können wir gar nichts im großen Stil beginnen. Was immer wir tun, macht für die Welt keinen großen Unterschied. Wir müssen klein anfangen. Und wir verfügen über reichlich Offenheit und Neugier, den besten Treibstoff für die eigene Sache. Kinder sind immer wissbegierig, daran erkennt man die Verbindung zwischen Neugier und Ikigai.«

Neugier ist »ein Plus im Leben«, weil sie uns ermöglicht, alles etwas spielerischer anzugehen und nicht so ernst zu nehmen. In deinem Beruf kannst du dir mit dieser Geisteshaltung Druck nehmen und Lust am Ausprobieren schenken – egal ob bei deinen täglichen Routinen, der Übernahme eines neuen Aufgabenbereichs, der Qualifizierung für eine Beförderung oder sogar der Gründung eines eigenen Unternehmens.

Neugier: FOMO statt Versagensängsten

Wenn du mit Unsicherheit konfrontiert bist, kannst du auf zwei vollkommen gegensätzliche Arten darauf reagieren: Entweder du fürchtest dich vor der Ungewissheit, oder sie macht dich neugierig. Insofern sind Angst und Neugier Antagonistinnen. Was die Unternehmerinnen, mit denen ich für dieses Buch gesprochen habe, auszeichnet, ist, dass sie tendenziell mit Neugier auf Unsicherheit reagieren. Sie sehen in Unbekanntem eher die Chance auf etwas Gutes als die Gefahr von etwas Schlechtem. Sie sind neugierig und wollen wissen: Was passiert, wenn ich diesen Schritt gehe? Die Neugier auf das, was sie durch den Schritt aus ihrer Komfortzone entdecken oder erringen könnten, ist größer als die Angst vorm Scheitern. So hat mir Ingrid erzählt: »Ich glaube, die Neugierde versteckt sich auch hinter meinem Umgang mit Fehlern. Fehler zu machen, empfinde ich beispielsweise als weniger schlimm als etwas zu verpassen. Ich geh also vielmehr dieser Neugierde nach und will später nicht dieses FOMO-Gefühl haben von ›Mensch, hätte ich das doch bloß damals gewagt.‹«

Was, glaubst du, bringt dich weiter: Einen Schritt nicht zu gehen, um damit potentielle Fehler zu vermeiden, oder einen Schritt zu gehen und zu lernen, mit den Fehlern umzugehen? Ich denke, es ist wichtiger, zu lernen, wie du wieder aufstehst, wenn du hinfällst, als gar nicht erst loszugehen. Dabei kann es helfen, sich vor Augen zu halten, was man verpasst, wenn man es nicht versucht.

Auch Camilla Sohn, die als *caminvesta* auf Instagram und TikTok über Finanzen aufklärt, hat etwa den Schritt in die Selbständigkeit gewagt, weil sie sich vor Augen geführt hat, was sie verpassen könnte, wenn sie dieses Wagnis nicht eingeht: »Die Entscheidung für die Selbständigkeit ist schrittweise gekommen. Ich habe gemerkt, es ist schwierig, neben meiner damaligen Beratertätigkeit, wo ich schon mehr als 40 Stunden gearbeitet habe, noch *caminvesta* zu haben. Da habe ich wirklich gar keine Work-Life-Balance mehr gehabt und stand wohl oder übel vor der Entscheidung, bei *caminvesta* ein bisschen zu reduzieren – was schade gewesen wäre, weil da total Potential ist – oder *all in* zu gehen, das Risiko einzugehen und die Chance zu nutzen. Da hat mir auch ein Buch sehr geholfen, in dem es um die fünf Dinge ging, die Sterbende am meisten bereuen. Das sind immer die Dinge, die man eben nicht gemacht hat. Ich wollte am Ende nicht sagen müssen: »Was wäre passiert, wenn ich das gemacht hätte, wenn ich dieses Risiko eingegangen wäre.« Im Endeffekt wollte ich lieber bereuen, das Risiko eingegangen zu sein und mich am Ende vielleicht wieder anstellen lassen zu müssen, als es nicht probiert zu haben.«

Was möchtest du nicht bereuen? Wo verbirgt sich vielleicht doch eher eine Chance als ein Risiko in der Unsicherheit? In welcher Entscheidung wirst du Neugier über Angst siegen lassen? Wenn du dabei klein anfängst, wie das Ikigai es vorschlägt, steht noch nicht viel auf dem Spiel. Du kannst dich ausprobieren und darfst es leichtnehmen.

Neugier wecken und erhalten

Wenn du neugierig bleiben oder wieder neugieriger werden möchtest, können dir die vier folgenden Impulse dabei helfen.

1. Am meisten Neugier entsteht bei einem mittleren Wissensstand. Wenn du nichts oder kaum etwas über ein Thema weißt, wird deine Neugier dadurch gebremst, dass du nicht weißt, wo du anfangen und welche Fragen du stellen sollst.[3] Hier kann es helfen, nach dem Motto »Der Hunger kommt beim Essen« vorzugehen und einfach erst mal mit irgendetwas anzufangen. Sieh dir eine Doku zu dem Thema an, in das du dich einarbeiten willst, oder hör einen Podcast dazu. Wenn du auf diese Weise »nebenbei« etwas darüber erfährst, hast du bald ein paar Anknüpfungspunkte, an denen deine Neugier wachsen kann.
2. Der Linguist und Psychologe Carl Naughton erklärt in seinem Buch *Neugier*, dass unser Gehirn mit zunehmendem Alter träge und unsere Denkstrukturen eingefahren werden. Aber unser Gehirn ist anpassungsfähig, und wir können es mit gezielten neuen Reizen aus der Komfortzone locken. So schlägt Carl Naughton vor, eine Liste mit fünf Dingen anzulegen, die du niemals machen würdest – und dann genau diese Dinge zu tun. Wo würdest du niemals Urlaub machen? Welchen Kurs würdest du niemals belegen? Welchen Film würdest du dir niemals ansehen?[4] Überwinde deine Bequemlichkeit und wecke deine Neugier!

3. Steig immer mal wieder aus dem Hamsterrad aus und durchbrich bewusst deine Routinen. Das Streben nach größtmöglicher Effizienz hemmt unseren Forschergeist. Sobald Arbeitnehmer*innen so in Arbeitsabläufe eingebunden sind, dass sie nur noch möglichst effizient den Aufgabenberg, unter dem sie begraben werden, abarbeiten, verlieren sie den Blick fürs große Ganze, und ihre Neugier schwindet.[5] Bewusste Pausen von diesem Hamsterrad – ob stunden- oder tageweise – sind wichtig, um wieder Neugier für alles jenseits des täglichen Kleinkleins aufkommen zu lassen. Außerdem solltest du ab und zu ganz bewusst deine Routinen durchbrechen, um deinen Geist anzuregen, auf unbekannten Wegen zu wandeln. Nimm einen anderen Weg zur Arbeit, arbeite mal zu einer anderen Uhrzeit und an einem neuen Ort, wenn möglich. Erledige eine Aufgabe mal auf eine andere Weise als sonst immer.
4. Der letzte Impuls stammt von dem japanischen Unternehmer Toyoda Sakichi und nennt sich 5-*Why*-Methode. Eigentlich dient diese Methode dem Ziel, die Ursache eines Problems zu finden, aber sie kann auch wunderbar angewendet werden, um die Neugier zu wecken. Wie Kinder, die immer wieder »Warum?« fragen, fragt man bei dieser Methode immer wieder (fünfmal oder mehr) nach dem Warum. Etwa so: (1) Warum fühle ich mich gerade gestresst? – Weil ich meine Mailbox geöffnet habe und 40 neue E-Mails gesehen habe. – (2) Warum habe ich 40 neue E-Mails? – Weil ich viele Newsletter abonniert habe. – (3) Warum habe ich so viele Newsletter abonniert? – Weil ich nichts verpassen will. – (4) Warum will ich nichts verpassen? – Weil ich so wenig Freizeit habe und sie möglichst gut nutzen möchte. – (5) Warum habe ich so wenig Freizeit? – Weil ich so viele Überstunden mache. –

(6) Warum mache ich so viele Überstunden? – Weil ich mich im Büro nicht gut konzentrieren kann. – (7) Warum kann ich mich im Büro nicht gut konzentrieren? – Weil meine Kollegin den ganzen Tag telefoniert. Auf diese Weise wird deutlich, dass Dinge nicht so sein müssen, wie sie sind. Neugierig wird der Status quo hinterfragt, und es tun sich Alternativen auf. Ich könnte mich von den Newslettern abmelden, vorschlagen, einen schalldichten Raum zum Telefonieren einzurichten, oder in ein ruhigeres Büro umziehen. Ich könnte auch den Druck aus meiner Freizeitgestaltung nehmen oder mich bemühen, weniger Überstunden zu machen.

Neugier stiftet Sinn, Verbindung, Leichtigkeit und Kreativität

Neugier ist eine enorm starke Triebfeder und eng verknüpft mit anderen Aspekten, die unternehmerisches Denken und Handeln ausmachen. Sie ist gewissermaßen die Voraussetzung für Empathie sowie authentische und intensive Verbindungen zu anderen. Wenn du ehrliches Interesse an anderen zeigst und ihnen aufmerksam zuhörst, kannst du sie besser verstehen. Das hilft dir etwa, wenn du herausfinden willst, was deine Zielgruppe sich wünscht oder wie dein*e Chef*in tickt. Gegenseitiges Verständnis reduziert aber auch Konflikte mit deinen Kolleg*innen und sorgt für ein angenehmes Arbeitsklima. Als neugierige und empathische Führungskraft wiederum wirst du von deinen Angestellten respektiert und gemocht, weil du dich einerseits ehrlich für sie interessierst und andererseits nicht so tust, als wüsstest du alles, sondern vielmehr vorlebst, dass es positiv ist, sich von seinen Fragen leiten zu lassen.[6] Neugier geht außerdem Hand in Hand mit

Serendipität (dazu später mehr), denn nur wenn du offen für Neues bist, kannst du Chancen, die sich dir bieten, überhaupt wahrnehmen. Neugier ist der Ursprung von Kreativität und Innovation,[7] von lösungsorientiertem Denken und Resilienz. Wer Unbekanntem, Herausforderungen und Schwierigkeiten mit Neugier begegnet, kommt auf originelle Ideen, ungewöhnliche Ansätze und unkonventionelle Lösungen. Und das Beste: Dabei nimmt Neugier allem die Schwere und Ernsthaftigkeit und bringt eine spielerische Note ins Business – egal, ob du angestellt oder selbständig arbeitest.

Wenn du deinen Berufsalltag langweilig, deine täglichen Aufgaben belanglos und deine Arbeit sinnlos findest, kann dir Neugier helfen, wieder mehr Freude und Sinn in deinem Beruf zu finden. Weil Neugier und Kreativität eng miteinander verknüpft sind, schreibt auch Mihály Csíkszentmihályi in seinem Buch *Flow und Kreativität* darüber und bringt auf den Punkt, wie Neugier ein bisschen *spice* in die Arbeit bringt: »Mit zunehmendem Alter verlieren die meisten Menschen die Fähigkeit zum Staunen, die ehrfürchtige Scheu vor der Majestät und Vielfalt des Lebens. Aber ohne Staunen bekommt das Leben etwas Mechanisches. Kreative Individuen sind kindlich in dem Sinne, dass sie sich diese Neugier bis ins hohe Alter bewahren. Sie freuen sich am Fremden und Unbekannten. Und weil das Unbekannte kein Ende nimmt, nimmt auch die Freude kein Ende.«[8]

Mein Buchtipp zum Thema Neugier

Carl Naughton: *Neugier. So schaffen Sie Lust auf Neues und Veränderung*

Die Kraft deines Selbstwertgefühls

Als ich meinen letzten Job als Angestellte wegen Mobbing kündigte, ohne bereits einen neuen Arbeitsvertrag unterschrieben zu haben, sagte die HR-Person zu mir: »Du musst ja ganz schön verzweifelt sein, dass du einen unbefristeten und gut bezahlten Job wie diesen hier kündigst, um in die Arbeitslosigkeit zu gehen.« Bis heute weiß ich nicht, ob sie das aus Mitleid oder Hohn zu mir sagte. Was mich aber noch viel mehr irritierte, war, dass sie glaubte, ich sei verzweifelt. Ich war überhaupt nicht verzweifelt, sondern absolut entschlossen, das Richtige zu tun.

Ich war nicht verzweifelt, sondern überzeugt, dass ich es verdiente, als Mensch respektiert und für meine Leistung wertgeschätzt zu werden. Außerdem hatte ich einmal mehr gelernt, wie wichtig mir Autonomie und Sichtbarkeit in meinem Beruf waren, und dass ich beides auch in dieser Anstellung nicht bekommen würde. Ich kündigte nicht aus Verzweiflung, sondern aus der Erkenntnis, dass dieser Job nicht meinen Werten entsprach. Ich sagte Nein zu Mobbing, Langeweile, Unsichtbarkeit und Sinnlosigkeit und Ja zu einem neuen Versuch, Erfüllung, Freude, Leichtigkeit und Wertschätzung in meinem Beruf zu finden. Ich war nicht verzweifelt, sondern zuversichtlich, einen weiteren Schritt in die richtige Richtung zu gehen. Ich kannte meinen Wert. Das Unternehmen, bei dem ich kündigte, kannte ihn nicht. Ich hatte keine Angst vor der Zukunft, sondern Lust auf was Neues. Heute weiß ich, dass ich dank meines starken Selbstwertgefühls in dieser Situation statt Verzweiflung Hoffnung empfunden habe.

Dein Selbstwertgefühl ist Anfang und Ende vieler Prozesse, die entscheiden, wie dein Berufsweg verläuft und wie du ihn erlebst. Laut Nathaniel Branden, Psychotherapeut und Autor des Buches *Die 6 Säulen des Selbstwertgefühls* besteht das Selbstwertgefühl aus »zwei Komponenten, die wechselseitig miteinander zusammenhängen. Die eine ist die Selbstwirksamkeit – ein Gefühl von Urvertrauen angesichts der Herausforderungen des Lebens. Die andere ist die Selbstachtung – ein Gefühl, dass man es wert ist und verdient, glücklich zu sein.«[1] Menschen mit einem hohen Selbstwertgefühl sind mutig, neugierig, ehrgeizig, zuversichtlich, resilient und aufgrund dessen oft auch sehr erfolgreich und glücklich in ihrem Job. Ein gesundes und stabiles Selbstwertgefühl sorgt zudem dafür, dass wir gut für uns sorgen, während wir neue Abenteuer wagen. Es ist sicher nicht die Bedingung für Erfolg, aber es macht ihn wahrscheinlicher und den Weg dorthin zu einem Genuss.

In diesem Kapitel erfährst du, was ein starkes Selbstwertgefühl ausmacht und wie ein schwaches Selbstwertgefühl dich im Job sabotieren kann. Du erhältst Impulse von Expertinnen, wie du dein Selbstwertgefühl stärken kannst, und erfährst, wie ein starkes Selbstwertgefühl dich im Beruf nach vorn bringt.

Das Hochstapler-Syndrom

Wenngleich ein hohes Selbstwertgefühl uns zu Erfolg und Freude im Beruf verhelfen kann, gibt es auch viele erfolgreiche Menschen, die ein geringes Selbstwertgefühl haben – sehr viele sogar. Und sie zahlen einen hohen Preis. Hast du schon mal vom »Imposter-«

oder »Hochstapler-Syndrom« gehört oder bist sogar selbst davon betroffen? Die meisten haben zumindest phasenweise bereits damit Bekanntschaft gemacht. Menschen mit dem Hochstapler-Syndrom haben das Gefühl, dort, wo sie sind – sei es eine berufliche Position, ein Studiengang oder ein Verein – nicht hinzugehören, weil sie anderen etwas vorgemacht haben und diese sie daher für kompetenter halten, als sie wirklich sind. Wer vom Hochstapler-Syndrom betroffen ist, lebt in der Angst, dass herauskommen könnte, dass er oder sie in Wirklichkeit gar nicht so fähig ist, wie alle denken. Das Verrückte ist: Objektive Beweise – Zertifikate, Abschlüsse, Preise, Beförderungen, Geld – können das Hochstapler-Syndrom noch verschlimmern, weil die Betroffenen dann mehr zu verlieren und damit eine größere Fallhöhe haben. Die Unternehmerin, Investorin und Influencerin Tijen Onaran etwa schreibt in ihrem Buch *Be your own f*cking hero*: »Heute weiß ich vieles besser als früher und möchte dennoch manchmal wegrennen, weil mich in manchen Momenten das Hochstapler-Syndrom begleitet. Es lässt Selbstzweifel in mir wachsen, und immer wieder komme ich in die Situation, mich nicht gut zu fühlen, weil meine Herkunft eine andere ist.* Wenn sich auf Events die Hitparade der deutschen Wirtschaft trifft, dann weiß ich im Grunde meines Herzens, dass ich vom Level her mitspielen kann, und trotzdem kommen auch bei mir noch Unsicherheiten hoch.«[2]

Menschen mit dem Hochstapler-Syndrom sind durchaus sehr erfolgreich, schreiben ihren Erfolg aber nicht eigenem Talent oder eigener harter Arbeit, sondern äußeren Faktoren wie Glück zu. Die Sozialpsychologin Amy Cuddy erklärt: »Anstatt unsere Erfolge für uns zu beanspruchen, distanzieren wir uns von ihnen. So

* Tijen Onarans Eltern sind aus der Türkei nach Deutschland eingewandert.

versagen wir uns genau die Unterstützung, die wir brauchen, um aufzublühen.«[3] Das mindert die Lebensqualität von Betroffenen erheblich. Sie können sich nicht nur nicht über ihre Erfolge freuen, sondern fühlen sich durch ihre starken Selbstzweifel auch minderwertig.[4] Falls du zwar erfolgreich, aber nicht glücklich in deinem Beruf bist, könnte das Hochstapler-Syndrom schuld sein. Du nimmst dich selbst dadurch auf eine verzerrte Weise wahr.

Lähmend: ein geringes Selbstwertgefühl

Während Menschen mit einem hohen Selbstwertgefühl eher zuversichtlich sind, haben Menschen mit einem geringen Selbstwertgefühl Angst vor Fehlern. Sie wollen nicht *erleben*, sondern den Zumutungen des Lebens entkommen. Sie suchen nicht das Abenteuer, sondern die Sicherheit. Sie sind nicht auf authentische Begegnungen aus, sondern wollen um jeden Preis gemocht, beschützt und akzeptiert werden.[5] Menschen mit einem geringen Selbstwertgefühl neigen dazu, sich alles gefallen zu lassen, sich für ein Opfer zu halten und anderen die Schuld zu geben. Sie übernehmen weniger Verantwortung für ihr Leben und lassen mehr einfach nur geschehen.

Es mag bequem sein, sich auf die Opferposition zurückzuziehen und keinerlei Verantwortung zu tragen, aber auf die Dauer richtet diese Haltung eine Menge Schaden an. Florence Given, die ich für ihre passionierten *teachings* auf Instagram liebe, erzählt, was passiert, wenn wir nicht für uns einstehen, weil wir ein zu geringes Selbstwertgefühl haben: »[W]enn wir uns nicht mitteilen [...] gehen [wir] der Kritik aus dem Weg, aber wir sehen nicht, was es kostet, klein zu sein, sich nicht auszudrücken. Wenn du dich nicht ausdrückst, wirst du nachtragend, du wirst verbittert, du fängst an, über andere Menschen zu lästern und sie zu verurteilen, weil sie diese Gefühle der Unsicherheit in dir hervorrufen. Das ist hässlich! Und wenn du nicht die Person bist, die unsicher ist und über andere Menschen urteilt, sondern die unsichere Person, die sich selbst so sehr unter Druck setzt und sich selbst herabsetzt, dann kostet dich das deine Freude, es kostet dich dein Leben.«[6]

Das Selbstwertgefühl – ob hoch oder gering – funktioniert wie eine sich selbst erfüllende Prophezeiung, denn welches Ergebnis wir erwarten, beeinflusst, wie motiviert wir an eine Sache herangehen. Was wir für möglich und angemessen halten, bestimmt unsere Ambitionen und Leistungen.[7] Das heißt, wenn wir ein hohes Selbstwertgefühl haben, erreichen wir viel, weil wir uns entsprechend ambitioniert und selbstsicher verhalten, was wiederum unser Selbstwertgefühl stärkt. Andersherum können wir uns auch ganz schön selbst im Weg stehen, wenn wir glauben, dass wir etwas sowieso nicht draufhaben, weil wir uns dann vermutlich weniger Mühe geben und weniger selbstsicher auftreten werden, sodass wir wenig(er) erreichen und dadurch unsere initiale Annahme bestätigt sehen, dass wir Versagerinnen sind.* Genauso ist auch der Umgang, den wir von anderen akzeptieren – ob wertschätzend oder respektlos – ein Spiegel dessen, was wir glauben, verdient zu haben.[8]

Ein geringes Selbstwertgefühl hemmt dich und sorgt dafür, dass du unter deinen Möglichkeiten bleibst. »Um unsere Möglichkeiten optimal verwirklichen zu können, müssen wir uns selbst vertrauen, und wir müssen uns bewundern. Und dieses Vertrauen und diese Bewunderung müssen in der Realität verankert und dürfen nicht das Ergebnis unserer Phantasie oder einer Selbsttäu-

---

* Oder wir sind trotzdem erfolgreich, fürchten aber, dass unsere angenommene Inkompetenz entdeckt wird, wie beim oben genannten Hochstapler-Syndrom.

schung sein«,[9] schreibt Nathaniel Branden. Billige Affirmationen à la: »Ich verdiene das Beste«, die du dir jeden Tag vorsagst, tun es nicht. Du musst in deinem Inneren davon überzeugt sein, dass du Glück und Erfolg verdienst. Und um das zu erreichen, musst du dich selbst infrage stellen.

Übernimm Verantwortung für dein Leben und frage dich, welchen Anteil du selbst an deinem Leid trägst. Das ist keinesfalls leicht und wird auch schmerzen, aber das sind Wachstumsschmerzen. Am Ende des Prozesses wirst du stärker und auch glücklicher sein. Florence Given weist darauf hin, dass es möglicherweise gerade Frauen schwerfällt, zu sich und ihren Bedürfnissen zu stehen, denn das bedeutet auch, gelegentlich anzuecken: »Kannst du sehen, dass es besonders für Frauen schwer ist, selbstbewusst zu sein, wenn wir das tiefsitzende Bedürfnis haben, von allen gemocht zu werden, weil wir so sozialisiert wurden, nett zu sein, gute Mädchen zu sein?«[10] Du kannst nicht zugleich authentisch und *everybody's darling* sein. Wenn du ein starkes Selbstwertgefühl aufbaust, werden dich nicht alle mögen, sondern genau die Menschen, die wirklich zu dir passen, weil du weißt, wer du bist und das auch zeigst. Das Selbstwertgefühl ist durch unsere Gene und frühkindlichen Erfahrungen geprägt, aber wenn du bereit bist, dich auf eine neue Perspektive einzulassen und an dir zu arbeiten, kannst du es stärken.

Empowernd: ein starkes Selbstwertgefühl

Ein starkes Selbstwertgefühl ist die Grundlage vieler Aspekte, die dich im Beruf erfolgreicher und glücklicher machen. In den folgenden Beispielen kannst du gut erkennen, wie die zwei Komponenten des Selbstwertgefühls – Selbstwirksamkeit und Selbstachtung – ineinandergreifen. Rufen wir uns diese nach der Definition von Nathaniel Branden nochmal in Erinnerung: Selbstwirksamkeit bedeutet, dass du darauf vertraust, zu verstehen, was um dich herum passiert und alle Fähigkeiten besitzt, um damit umzugehen.[11] Die Gründerin Mona Ghazi beispielsweise wurde durch ihre Eltern mit einem starken Gefühl von Selbstwirksamkeit ausgestattet: »Meine Eltern haben mir schon immer gesagt, ich kann alles werden, alles von Bauarbeiterin bis Bundeskanzlerin. Ich glaube, daher kommt auch das Selbstbewusstsein. Daher habe ich nie daran gezweifelt, dass ich Unternehmerin werden kann, sondern ich habe mich einfach gefragt: Worauf habe ich am meisten Lust?« Mona hat also zu keinem Zeitpunkt daran gezweifelt, dass sie in der Lage ist zu erreichen, was sie sich vornimmt. Zwar hat sie Wirtschaftswissenschaften studiert, weil ihr das sinnvoll erschien, um Unternehmerin zu werden, ist aber letztendlich zu dem Schluss gekommen, dass sie alle relevanten Dinge, die sie für ihre Unternehmensgründungen brauchte, weniger im Studium und eher im Gründungsprozess gelernt hat. Gleichzeitig berichtet Mona, dass das Selbstwertgefühl auch eine Hürde im Beruf sein kann – nämlich dann, wenn man sich ausschließlich mit dem Beruf identifiziert: »Ich glaube, die größte Hürde in der Unternehmensgründung ist mein Ego – Ego im Sinne von Selbstwert. Ob der gut ist oder nicht gut, davon ist gefühlt alles in der Gründung abhängig. Wenn es dem Unternehmen schlecht geht und ich mich zu sehr mit dem Unternehmen identifiziere, dann geht's mir auch schlecht. Und andersrum: Wenn es dem Unternehmen gut geht, geht's mir gut. Weil ich jahrelang mit vielen Coaches gearbeitet habe, habe ich das mit der Zeit immer besser im Griff; ich habe immer mehr das Gefühl, das Unternehmen macht sein Ding und ich mach mein Ding. Ich helfe dem Unternehmen zu wachsen, aber mein Wert hat nichts mit dem Wert des Unternehmens zu tun. Emotionale Themen sind meistens die größere Hürde als irgendwelche *Skills*, weil man sich eigentlich alles beibringen kann.«

Auch Kevad Belle Saarepera drückt dieses Vertrauen, über die notwendigen Fähigkeiten zur Unternehmensgründung zu verfügen oder sich diese *on the fly* anzueignen, aus: »Ich habe mir übrigens alles selbst beigebracht, was ich für die Arbeit in und an meinem Unternehmen brauche. Ich habe grundsätzlich nichts gegen eine akademische Ausbildung, aber bisher hat mich noch kein Studienfach so interessiert, dass ich ihm drei Jahre widmen möchte. Außerdem finde ich die Inhalte von Bachelor-Studiengängen sehr allgemein und oberflächlich. Ich eigne mir lieber ganz spezifisches Wissen an, indem ich Bücher lese und Fortbildungen besuche, etwa in den Bereichen Gesundheit, Betriebswirtschaft oder Naturwissenschaft.«

»Die zweite Komponente des Selbstwertgefühls neben der Selbstwirksamkeit ist die Selbstachtung. Selbstachtung bedeutet, dass du dir deines Wertes sicher bist, deine Haltung vertrittst und erwartest, dass man dir mit Respekt begegnet und deine Anstrengungen zum Erfolg führen.«[12] Eine gesunde Selbstachtung ist die Überzeugung, dass du Gutes verdient hast und dieses auch einforderst. Wenn andere dir – ob beruflich oder privat – respektlos begegnen, dich demütigen und ausnutzen, dann ist Selbstachtung deine Baustelle. Achte dich selbst und fordere das auch von anderen ein. Florence Given spricht in diesem Zusammenhang von Krümeln (mangelnde Wertschätzung) und Kuchen (Wertschätzung): »Das nächste Mal, wenn wieder jemand sich anschickt, dir Krümel zuzuwerfen, sag klar und deutlich, dass du den ganzen Kuchen haben willst. [...] Wenn die Person sagt, dass sie dir den Kuchen leider nicht geben kann, dass sie noch nicht bereit dazu ist, dir den Kuchen zu geben oder dass sie dir den Kuchen irgendwann später geben wird, dann verschwende nicht länger deine

Zeit mit ihr und zieh weiter.«[13] Für mich war diese Person vor einigen Jahren der Arbeitgeber, bei dem ich mangelnde Wertschätzung und Mobbing erlebt habe. Wenn du in so einer Situation nicht »Ciao!« sagst, schadest du deinem Selbstwertgefühl enorm, weil du dir selbst signalisierst, dass es okay ist, so schlecht behandelt zu werden. Du achtest dich selbst nicht.

Die Sängerin Ana Rocha macht eindrucksvoll deutlich, wie ihre starke Selbstachtung sie davor beschützt, zu geringe Honorare zu akzeptieren: »Die größte Hürde ist, sich nicht unter Wert zu verkaufen, die eigene Arbeit wertzuschätzen und sich nicht dafür zu entschuldigen, dass man Geld dafür verlangt. Das klingt nach einer sehr niedrigen Schwelle, aber das ist sie leider nicht. Im Musikbusiness wird ständig von einem verlangt, dass man etwas umsonst tut, wofür man sich jahrelang ausgebildet hat, in einem sehr elitären System, wo keiner sonst reinkommt, nicht mal mit Geld, sondern nur mit Können. Trotzdem muss man die ganze Zeit verlangen, dass man bezahlt wird für das, was man tut. Auch wenn man erfolgreich ist, auch wenn man es sozusagen geschafft hat, arbeitet man unter sehr schlechten Bedingungen. Ich überwinde sie täglich. Das heißt, es ist nicht einfach überwunden, sondern es geht immer weiter. Ich kalkuliere, was ich zum Leben brauche. Da hilft es, einen Partner zu haben und eine Familie, eine Tochter, die ich finanziell mittragen muss. Und es hilft, zu wissen, dass ich unbedingt diesen Beruf ausüben möchte. Deswegen muss ich lernen, ihn profitabel zu gestalten. Ich weiß auch, was ich kann, ich weiß, wie gut ich das kann und wie ich anderen damit helfen kann.« In Anas Schilderungen wird aber auch der Kampf deutlich, den man mitunter ausfechten muss, um die Selbstachtung zu wahren.

Sie berichtet des Weiteren über Mikroaggressionen und Diskriminierung in ihrem Arbeitsalltag, derer sie sich nur dank ihres starken Selbstwertgefühls erwehren kann: »Mir begegnen immer noch Vorurteile. Außerdem werde ich als Sängerin (und Frau) viel mehr in die Repertoire-Auswahl miteinbezogen als meine männlichen Kollegen, die die Begleitmusik spielen. Normalerweise bekommt die Band die fertige Musik präsentiert. Ich wiederum werde schon bei der Liedauswahl gefragt: Was sollte man reinnehmen, was nicht? Dabei werde ich ausschließlich dafür bezahlt, dass ich singe. Der Mehraufwand wird einfach nicht entlohnt.

Das ist nicht das erste Mal, dass mir das passiert. Ich werde auch gerne mal von Männern nach dem Konzert gefragt, ob ich im Singen ausgebildet bin: ›Ach, Sie machen das so gut. Haben Sie das irgendwo gelernt oder können Sie das einfach?‹ Ich denke mir dann: ›Ja, ich habe das gelernt. Ich habe das sogar studiert.‹

Insgesamt begegne ich viel Machismus und Chauvinismus im Musikbusiness. Es sind sehr viele Männer präsent. Die Frauen, die in der Szene präsent sind, müssen sich mit dem Thema auseinandersetzen, dass sie Frauen sind. Ich habe schon häufig Diskussionen mit Kollegen führen müssen, um zu erklären, dass die gezielte Subventionierung von Frauen keine Diskriminierung von Männern ist, sondern dass Frauen einfach sehr lange mindestens genauso gut waren wie Männer und trotzdem keine Subventionierung bekommen haben, und dass es jetzt den Versuch gibt, das auszugleichen. Nicht, dass das jetzt heile Welt wäre, aber es gibt zumindest den Versuch, dass Frauen auch mal dazu kommen, Künstlerin zu sein. Außerdem werde ich ständig damit konfrontiert, dass ich Mutter bin und auch nach der Geburt meiner Tochter noch intensiv Kunst betreibe, also als Sängerin arbeite. Ich merke, wie wenige Frauen in meinem Alter mit Kind noch so aktive Musikerinnen sind.«

Ich frage Ana, wie sie diesen Diskriminierungen und Anfeindungen begegnet, und sie antwortet mir: »Ich verlange von meinem Partner, dass er meinen Job ernst nimmt und die Betreuung übernimmt. Ansonsten gehe ich Diskussionen zu dem Thema ein. Ich schreibe darüber. Ich versuche, mit Frauen zusammenzuarbeiten. Tatsächlich merke ich, dass meine langjährigen Spielgefährten meistens Männer sind. Das ist unterschiedlichen Sachen geschuldet. Es hat aber auch damit zu tun, dass es einfach weniger Frauen in der Szene gibt, die aktiv so viel Musik machen wie ich. Und deswegen bemühe ich mich darum, andere Frauen zu finden, die auch Musik machen. Nicht zuletzt thematisiere ich auch feministische Themen innerhalb meines Werks.«

Sehen wir uns im Detail an, wie ein starkes Selbstwertgefühl dir im Beruf nützt. Laut Nathaniel Branden gibt es einen Zusammenhang zwischen einem gesunden Selbstwertgefühl und diesen Eigenschaften:

- Vernunft
- Realitätssinn
- Intuition
- Kreativität
- Unabhängigkeit
- Flexibilität
- der Fähigkeit, mit Veränderungen umzugehen
- der Bereitschaft, Fehler zuzugeben und zu korrigieren
- Wohlwollen und
- Kooperationsbereitschaft

Viele, wenn nicht alle dieser Eigenschaften spielen eine wichtige Rolle für unternehmerisches Denken und Handeln, wie wir es hier in diesem Buch erkunden.

Vernunft und Realismus stellen eine Grundlage des Denkens und Handelns dar. Erkennen wir die Wirklichkeit an oder verschließen wir die Augen davor?[14] Mit einem starken Selbstwertgefühl ist beispielsweise die voranschreitende Digitalisierung keine Bedrohung für dich, angesichts derer du den Kopf in den Sand steckst und hoffst, dass sie an dir vorüberzieht, sondern ein Fakt, mit dem du umgehen musst – wozu du dich auch fähig fühlst und darin eventuell sogar eine Chance erkennst.

Mit einem starken Selbstwertgefühl hörst du auf deine Intuition. Die spielt eine große Rolle, wenn du Entscheidungen treffen willst, besonders, wenn diese sehr komplex sind oder innerhalb einer sehr kurzen Zeit getroffen werden müssen. Viele meiner Interviewpartnerinnen haben mir erzählt, dass es ihnen geholfen hat, stärker auf ihre Intuition zu hören. Dafür musst du dir selbst und deinen »inneren Signalen« vertrauen.[15] Auch Kreativität geht darauf zurück, dass man seinen eigenen Gefühlen, Ideen und Ansichten vertraut und folgt. Dafür braucht es natürlich ein starkes Selbstwertgefühl. Dieses macht unabhängig vom Urteil anderer.[16]

Flexibilität und die Fähigkeit, mit Veränderungen fertig zu werden, sind essentiell in einer Arbeitswelt, die sich schnell und stark wandelt, aber auch individuell, wenn du beispielsweise Beruf und Familie miteinander vereinbaren willst. Wenn du ein starkes Selbstwertgefühl hast, kannst du dich gut auf Veränderungen einlassen und vertraust darauf, dass du mit ihnen umgehen kannst. Du klammerst dich nicht an die Vergangenheit, indem du behauptest, dass das, was »schon immer so gemacht« wurde, auch in Zukunft funktionieren wird, sondern bist offen und vielleicht sogar neugierig auf neue Wege, weil du sicher sein kannst, dass du ihnen gewachsen bist. Das macht dich im Job schneller und innovativer.

Wenn du ein starkes Selbstwertgefühl hast, kannst du Fehler zugeben und korrigieren. Dank deines Realitätssinns kannst du einsehen, einen Fehler gemacht zu haben, und kein falscher Stolz (hinter dem sich Scham verbirgt) hält dich davon ab, diesen auch zu korrigieren. Du trägst Verantwortung für dein Handeln und schiebst die Schuld nicht reflexartig anderen zu.[17] Das gibt dir die Möglichkeit, aus deinen Fehlern zu lernen und es beim nächsten Mal besser zu machen.

Dank eines gesunden Selbstwertgefühls bist du in der Lage, für deine Bedürfnisse und Wünsche einzutreten und deine Grenzen zu wahren. Andere Menschen sind deshalb für dich nicht per se eine Bedrohung deiner Grenzen, und du kannst ihnen mit Wohlwollen und Kooperationsbereitschaft begegnen. Das macht dich zu einer teamfähigen Mitarbeiterin und einer empathischen Führungskraft.[18]

Nathaniel Branden geht aber auch auf den Zusammenhang zwischen einem starken Selbstwertgefühl und Resilienz ein: »Je solider unser Selbstwertgefühl, desto besser sind wir gerüstet, mit den Schwierigkeiten fertig zu werden, mit denen wir im Privatleben und im Beruf konfrontiert werden; desto schneller kommen wir wieder auf die Beine, wenn wir auf die Nase gefallen sind; desto mehr Energie haben wir, um wieder neu anzufangen. (Außergewöhnlich viele erfolgreiche Unternehmer haben zwei oder mehr Bankrotterklärungen hinter such; sie ließen sich durch ihr Scheitern nicht aufhalten.)«[19]

Kevad Belle Saarepera betont darüber hinaus die zentrale Rolle, die die Auseinandersetzung mit dem eigenen Selbstwertgefühl für Selbstführung und Führung spielt: »Worauf ich in der Ausbildung zukünftiger Unternehmer*innen besonders achten würde, ist die Persönlichkeitsentwicklung. Wer ein Unternehmen und ein Team führen will, muss zunächst einmal sich selbst besonders gut kennen. Eine Führungskraft braucht eine Vision, eine Mission und starke Werte. Das ist die Basis, von der aus dann mit einem guten Führungsstil die Mitarbeiter*innen inspiriert, motiviert und zur Entfaltung ihres vollen Potentials gebracht werden können. Ich muss mich also selbst gut kennen, um andere erfolgreich führen zu können. Sich selbst gut zu kennen, ist aber auch wichtig, um langfristig am Ball zu bleiben. Schließlich verschreibt man sich mit einer Unternehmensgründung für mehrere Jahre einem ganz bestimmten Ziel. Wenn man nicht voll dahintersteht, wird es schwierig, durchzuhalten, denn in den ersten paar Jahren werden wohl die wenigsten wirklich viel Geld mit ihrem Unternehmen verdienen.«

Dein Selbstwertgefühl stärken

Dein Selbstwertgefühl ist das Ergebnis von, wie Nathaniel Branden sie nennt, »im Innern erzeugten Praktiken« oder den titelgebenden »sechs Säulen des Selbstwertgefühls«. Diese sind: Bewusst leben, sich selbst annehmen, eigenverantwortlich leben, sich selbstsicher behaupten, zielgerichtet leben und die persönliche Integrität.[20] Die folgenden Impulse sind jeweils einer oder mehreren dieser Praktiken zuzuordnen. Ich habe von vier Expert*innen einige Übungen für dich zusammengetragen, mit denen du dein Selbstwertgefühl stärken kannst. Am Ende dieses Kapitels findest du außerdem eine Liste mit weiterführender Literatur, falls du mehr über dieses Thema lernen willst.

1. Power-Posen einnehmen

Die erste Übung stammt von Amy Cuddy. Die Sozialpsychologin beschäftigt sich damit, wie wir unser Nervensystem über unsere Körpersprache beeinflussen können. Kurz gesagt, kannst du dich mit der richtigen Körperhaltung etwa beruhigen, wenn du aufgeregt bist oder selbstsicherer machen, wenn du dich unsicher fühlst. Klingt nach Hokuspokus, ist aber tatsächlich wissenschaftlich erwiesen. Wenn wir sogenannte Power-Posen einnehmen, sinkt einerseits das Level des Stresshormons Cortisol. Gleichzeitig steigt andererseits das Level des männlichen Hormons Testosteron, das für Selbstbewusstsein sorgt.[21] Mit diesen Power-Posen kannst du also Selbstbewusstsein *faken*, wenn du es eigentlich noch nicht hast. Power-Posen helfen dir, während du noch an deinem Selbstwertgefühl arbeitest und zur Überbrückung etwas *magic* brauchst. Wenn du dich das nächste Mal auf einen Termin vorbereitest, der dich nervös macht – sei es eine Gehaltsverhandlung, ein Personalgespräch oder eine Präsentation –, bereite dich mit einer Power-Pose darauf vor: Statt dich im Wartebereich sitzend über dein Handy zu beugen, stelle deine Füße hüftbreit auseinander, richte dich auf und recke deine Arme ausgebreitet und mit geöffneten Händen in die Luft. Suche dir dafür einen abgeschiedenen Ort wie den Aufzug, die Toilettenkabine oder das Treppenhaus, wenn du nicht zuhause, sondern in der Öffentlichkeit bist, und verharre für wenige Minuten in dieser Position.[22] Erinnere dich dabei an positive Situationen, in denen du dich handlungsmächtig und kompetent gefühlt hast.[23]

2. Satzergänzungsübungen

Die Satzergänzungsmethode wird in der Psychotherapie und der Forschung gleichermaßen genutzt.[24] Nathaniel Branden versammelt in *Die 6 Säulen des Selbstwertgefühls* viele verschiedene Satzergänzungsmethoden, deren Wirksamkeit darauf beruht, »dass wir alle mehr wissen, als uns normalerweise bewusst ist – dass wir klüger sind und über mehr Fähigkeiten verfügen, als wir in der Regel durch unser Verhalten zeigen. Satzergänzungsübungen sind ein Instrument, um an diese ›verborgenen Ressourcen‹ heranzukommen und sie zu aktivieren.«[25] Ich gebe dir hier eine Satzergänzungsübung zum bewussten Leben von Nathaniel Branden weiter. Schreibe am Morgen, noch bevor du irgendetwas anderes machst, den Satzstamm »Bewusst leben heißt für mich, …« auf ein Blatt Papier. Schreibe dann, ohne Pause und ohne zu viel nachzudenken, so viele Endungen zu diesem Halbsatz, wie es dir innerhalb von zwei oder drei Minuten möglich ist – aber nicht weniger als sechs. Dabei ist es egal, ob deine Endungen wahr, sinnvoll oder tiefgründig sind. Hauptsache, du schreibst irgendetwas auf. Dann gehst du deinem ganz normalen Tagwerk nach. Abends schreibst du folgenden Halbsatz auf ein Blatt Papier und vervollständigst ihn nach der oben beschriebenen Methode: »Wenn ich darüber nachdenke, wie ich mich fühlen würde, wenn ich bewusster lebte, …« Mache diese Übung eine Woche lang und lies dabei nicht nach, was du an den vorherigen Tagen geschrieben hast. Vieles wird sich wiederholen, aber es wird auch immer wieder Neues auftauchen. So mobilisierst du deine Psyche. Erst am Ende der Woche liest du alles durch, was du die Woche über aufgeschrieben hast, und machst dieselbe Übung dann mit diesem Satzstamm: »Wenn irgendetwas von dem, was ich diese Woche geschrieben habe, wahr ist, dann wäre es hilfreich, wenn ich …« Hierbei geht es darum, konkrete Änderungen im eigenen Handeln anzustoßen, um deine Erkenntnisse in die Tat umzusetzen. Nathaniel Branden schreibt dazu: »Im Idealfall machen Sie sich bei dieser Übung von allen Erwartungen frei. […] Sie werden feststellen, dass Sie damit Kräfte angestoßen haben, die es Ihnen absolut unmöglich machen, weniger bewusst zu leben.«[26]

3. Brief an dich selbst

In ihrem Buch *So stärken Sie Ihr Selbstwertgefühl* empfiehlt die Psychologin Stefanie Stahl, sich selbst einen Brief zu schreiben, um mehr Verständnis für sich aufzubringen. Wenn du das ausprobieren möchtest, schreibe diesen Brief, als würdest du an eine*n gute*n Freund*in schreiben. Beschreibe, was dir in deinem Leben Kummer oder Sorge bereitet. Beschreibe aber auch, welche Stärken du in dir siehst und welche Lösungswege dir einfallen, um deinen Problemen zu begegnen.[27] So rufst du dir auch deine Ressourcen in Erinnerung, die dir bereits in der Vergangenheit geholfen haben, viele Herausforderungen zu meistern. Dadurch fokussierst du dich weniger auf das Problem und stärker auf die Lösung.

4. Trau dich!

Florence Given ruft ihre Followerinnen auf, ihre Ängste zu überwinden und sich mehr zu trauen, um zu erleben, dass nichts Schlimmes passiert. Auf diese Weise will sie Selbstausdruck und Resilienz stärken. In einem Instagram-Reel schlägt sie etwa Folgendes vor: »Ich sage nicht, dass es leicht ist, aber es ist einfach, und ich möchte, dass du jeden Tag eine winzige Sache tust, die dir Angst macht. Das könnte sein, zum Bus zu rennen, statt den Bus zu verpassen, weil es dir peinlich ist, was die Leute über dich denken, wenn du so rennst. Eine beängstigende Sache könnte sein, der Kellnerin zu sagen, dass dein Essen kalt ist. Für manche Menschen ist das beängstigend! Es könnte sogar sein, an Rosen zu riechen, die du auf der Straße siehst. Das ist eine ziemlich verletzliche Sache, die Hand nach einer Rose auszustrecken. Es fühlt sich peinlich an. Wenn du eine Rose siehst und an ihr riechen willst, aber es dir peinlich ist, dass jemand das sehen könnte, tu es. Tu es. Was auch immer passiert – nichts, übrigens, nichts wird passieren, wenn du an einer Rose riechst, außer einer totalen Euphorie für deine verdammten Nasenlöcher –, auch wenn du sonst nichts gewonnen hast, was du gewinnst, ist Resilienz, denn du hast dich ausgedrückt, du hast es überlebt, und beim nächsten Mal ist es einfacher.«[28] Also los: *Go, smell the roses!*

Du verdienst Respekt und Wertschätzung

Du hast gesehen, dass ein starkes Selbstwertgefühl dir zu Freude und Erfolg im Beruf verhelfen kann. Und andersherum stärken positive Erfahrungen und Erfolg im Beruf dein Selbstwertgefühl – sofern du nicht vom Hochstapler-Syndrom betroffen bist; dann ist es etwas komplizierter.

Zum Abschluss dieses Kapitels möchte ich dir noch etwas mitgeben, um dich für ein Erlebnis zu wappnen, das du sicher haben wirst, wenn du dein Selbstwertgefühl stärkst. Florence Given hat mir dieses Phänomen, das ich selbst schon erlebt habe, bewusst gemacht. In *Frauen schulden dir gar nichts* schreibt sie: »Du musst dir im Klaren darüber sein, dass du aus deinen Bekanntschaften, Freund*innenschaften, ja sogar aus deiner Familie herauswachsen wirst – wenn du dein Leben wirklich so führst, wie du es führen möchtest, auf deinem eigenen Weg, frei von den Zwängen, die unsere Gesellschaft für Frauen bereithält. Hoffentlich werden sie mit dir gemeinsam wachsen oder dich zumindest auf deinem Weg unterstützen. Aber dir darüber Gedanken zu machen, was andere von dir denken könnten, sollte jetzt nicht deine Priorität sein. Mach dich nicht kleiner als du bist, nur damit andere sich nicht eingeschüchtert fühlen.«[29]

Ich habe Mobbing nicht nur einmal erlebt. Schon in der Schule wurde ich gemobbt. Ich wurde für meine guten Noten und meine Vorliebe für Musik der 60er-/70er-Jahre und Jazz gehänselt. Ich wurde gehänselt, weil ich gern gelesen, gemalt und genäht habe. Ich wurde für meine wilden Locken und meine Hippie-Klamotten gehänselt. Ich wurde ausgelacht, eingesperrt, an der Nase herumgeführt. Meine Sachen wurden mir weggenommen, beschmutzt und kaputt gemacht. Ich wurde von meinen Mitschüler*innen und meinen Lehrer*innen gemobbt. Was ihnen nicht gefallen hat, war mein Selbstausdruck. Ich habe mich dazu bekannt, dass ich auf andere Klamotten, einen anderen Style, andere Musik und andere Hobbys als der Mainstream stand. Ich fand mich gut, so wie ich war, und das zeigte ich auch – vielleicht in einem Ausmaß, das andere dazu veranlasste, mich für arrogant zu halten. Die Wahrheit ist: Je mehr ich durch das Mobbing unter Druck gesetzt wurde, mich anzupassen, desto stärker musste ich mich in meinem Anderssein behaupten – nicht um zu provozieren, sondern um ich selbst zu bleiben. Ich habe mich nicht verändert und nicht kleiner gemacht, keine schlechteren Noten geschrieben, nur damit andere sich besser fühlten. In diesem Prozess habe ich auch alle meine Schulfreundinnen bis auf eine verloren. Sie wechselten aus Angst vor den *Bullys* die Seite und wurden zu Mitläuferinnen. Ich wurde gemobbt, es war schrecklich, jahrelang, aber ich habe es überstanden. Mein letzter Schultag war ein Tag der Befreiung für mich. Ich wusste, was jetzt kommt, ist besser. In den ersten Wochen meines Studiums hat es mich aufgrund des erlebten Mobbings viel Überwindung gekostet, auf Menschen zuzugehen, die mir sympathisch waren, aber ich habe es geschafft. Ich bin ich selbst geblieben und habe damit genau die Menschen aus meinem Leben verabschiedet, die nicht zu mir gepasst haben, dafür aber die Menschen in mein Leben geholt, die zu mir passen.

Meine Freund*innen aus dem ersten Studiensemester sind heute noch meine engen Vertrauten. Und viele weitere sind dazugekommen. Heute weiß ich, dass ich mich von Menschen, die mir nur Krümel zuwerfen, getrost verabschieden kann. Es gibt so viele, die mir den ganzen Kuchen schenken.

Meine Buchtipps zum Thema Selbstwertgefühl

Nathaniel Branden: *Die 6 Säulen des Selbstwertgefühls*
Florence Given: *Frauen schulden dir gar nichts*
Amy Cuddy: *Dein Körper spricht für dich*
Stefanie Stahl: *So stärken Sie Ihr Selbstwertgefühl*
Tijen Onaran: *Be your own f*cking hero. Trau dich – Weil du es kannst*

Verletzlichkeit wagen, Mut beweisen

Als ich mein erstes Buch geschrieben habe, ist das zunächst, ein Dreivierteljahr lang, im Verborgenen geschehen. Ursprünglich wollte ich für die Töchter meiner Freundinnen aufschreiben, was es schon für Kinder über Geld zu wissen gibt, und ihnen Lust und Mut machen, sich mit dem Thema zu beschäftigen. Bevor die Gesellschaft ihnen etwas anderes erzählt, wollte ich ihnen durch meinen Text sagen: Mädchen und Frauen können super mit Geld umgehen. Aus Neugier, ob meine Idee, ein Finanzbuch extra für Mädchen zu schreiben, und mein Text auch für ein größeres Publikum interessant wären, habe ich eine Leseprobe an verschiedene Literaturagenturen geschickt. Als innerhalb von wenigen Tagen zwei Agenturen großes Interesse anmeldeten, wurde mir klar: Vielleicht werden doch ein paar mehr Menschen als die Töchter meiner Freundinnen diesen Text lesen. Während es mir bisher leichtgefallen war, mich selbst und meine Arbeit gegenüber potentiellen Arbeitgeber*innen zu präsentieren, war der Gedanke, mich mit einem eigenen Buch einer mir unbekannten Öffentlichkeit zu stellen, zuerst etwas einschüchternd. Ich hatte Gedanken wie diese: »Darf ich als Literaturwissenschaftlerin ein Buch über Finanzen schreiben?« »Werden die Leute mir abkaufen, dass ich tatsächlich weiß, wovon ich da rede?« »Habe ich vielleicht etwas ganz Fundamentales über Finanzen nicht verstanden und bin mir meiner Wissenslücke nicht bewusst?« »Kann es wirklich so leicht sein – ich zeige meinen Text, und er wird veröffentlicht?« »Was, wenn Leute mir Finanzfragen stellen, die ich nicht beantworten kann? Stehe ich dann als Betrügerin da?«

Es half mir, mit meinem Partner über diese Sorgen zu sprechen, und er versicherte mir, was ich eigentlich auch wusste: Dass ich das Wissen und die Kompetenz hatte, dieses Buchprojekt durchzuziehen. Ich glaube, in Deutschland sind wir dazu erzogen, Kompetenzen erst ernst zu nehmen, wenn sie uns jemand in einem Zeugnis oder Zertifikat bescheinigt hat. Zwei Dinge finde ich daran vollkommen paranoid. Erstens habe ich schon Prüfungen mit Arbeiten bestanden, von denen ich mir sicher war, dass sie mein*e Prüfer*in nicht gelesen hat. Zweitens habe ich mir schon so viel Wissen und so viele Fähigkeiten angeeignet, die ich in meiner täglichen Arbeit brauche, ohne dafür jemals einen formellen Unterricht besucht oder eine Prüfung abgelegt zu haben. Auch ausnahmslos alle Unternehmerinnen, die ich für dieses Buch interviewt habe, haben mir erzählt, dass sie die entscheidenden Dinge für ihr Business gelernt haben, während sie sie praktizieren mussten – *learning by doing*. Man könnte uns also alle als Schwindlerinnen abstempeln – oder anerkennen, dass Neugier, Leidenschaft und ein starker Wille mitunter bessere Lehrmeister*innen sind als Professor*innen. Aber das nur am Rande.

Als ich meine Sorgen überwunden und beschlossen hatte, dass mein Text und ich in die Öffentlichkeit wollten, erfuhren meine damalige Agentin und ich erst mal eine Menge Ablehnung. Die männlich geführten Lektoratsrunden befanden, Finanzbildung für Mädchen sei kein relevantes Thema. Die Nische »Mädchen« sei zu eng, und so ein Buch würde nicht gekauft. Meine damalige Agentin sagte mir schließlich, der Markt sei nicht bereit für das Buch und ich solle erst mal etwas anderes schreiben. Zu dem Zeitpunkt hatte ich vollkommen zu meiner Überzeugung zurückgefunden, es brauche genau dieses Buch und ich sei genau die richtige Person, es zu schreiben. Ich war bestürzt, dass meine Agentin schon aufgeben wollte. Ich hatte das jedenfalls nicht vor. »Jetzt erst recht«, dachte ich mir und schrieb der Zeitschrift *Brigitte*. Dort, war ich sicher, würde man meine Überzeugung teilen, und mir vielleicht den Weg zu einem offenen Ohr in der Verlagsbranche weisen. Etwas anderes geschah: Die stellvertretende Chefredakteurin der *Brigitte* mochte meinen Stil und bat mich, einen Beitrag für das Finanz-Ressort zu schreiben. Das tat ich, und mit diesem Beitrag in der Hand bat ich meine Agentin, nochmals eine Runde bei den Verlagen zu drehen und ihnen zu sagen, sogar die *Brigitte* – immerhin eine sehr große und bekannte Frauenzeitschrift – glaube an mich und habe mich als Expertin anerkannt. Damit reagierte ich auf meine Vermutung, die Verlage bräuchten noch einen Stempel, ein Zertifikat oder Zeugnis, das mich glaubwürdig erscheinen ließ. Und tatsächlich: Plötzlich interessierten sich zwei Verlage für mein Buch. Ob es an meiner gestiegenen *credibility* oder einer personellen Veränderung lag, die plötzlich Frauen in Entscheider*innen-Positionen brachte, weiß ich natürlich nicht.

Ausschlaggebend ist für mich das *learning*: Wenn du überzeugt von deiner Idee bist, lass nicht locker, zeig dich damit. Früher oder später werden wahrscheinlich auch andere begeistert sein.

Mein Buch ist ein Erfolg geworden. Natürlich gab es auch negative Kritiken, aber die haben mich nicht so sehr getroffen. Ich habe daraus mitgenommen, was es zu lernen gab, aber weder die ursprüngliche Ablehnung der Verlage noch die einzelnen negativen Kritiken haben mich umgeworfen. Ich habe gelernt: Ich kann mich zeigen, unperfekt, wie ich bin (als Finanzexpertin ohne Abschluss in BWL oder VWL), und mit meiner Idee, meiner Überzeugung. Einigen Leuten wird das nicht gefallen. Einige werden mich kritisieren. Aber es passiert nichts Schlimmes. Wenn ich mir vorstelle, was ich alles verpasst hätte, wenn ich meiner inneren Kritikerin und den ablehnenden Lektoren geglaubt hätte …!

Aus dieser Erfahrung heraus möchte ich dich ermutigen, dich mit deinen Ideen, Träumen, Wünschen und Bedürfnissen mehr zu zeigen. Wenn du niemandem davon erzählst, werden sie nie in Erfüllung gehen. Du kannst nicht entdeckt werden, wenn du dich nicht zeigst. Du kannst nicht befördert werden, wenn du dir nicht klarmachst, dass es das ist, was du willst. Du kannst keine flexiblere Arbeitszeitgestaltung bekommen, wenn du sie nicht einforderst. Du wirst es nicht auf die Bühne schaffen, wenn du die Stufen nicht allein hochgehst sondern immer anderen den Vortritt lässt. Klar, wenn du dich zeigst, dich selbst vorschlägst, wenn du etwas forderst oder Menschen von deinem Traum erzählst, riskierst du ein Nein, riskierst du Kritik, riskierst du, dass es nicht klappt. *So what!?* Es wird dich nicht umbringen. Am Ende hast du etwas gelernt und bist stärker geworden. Oder es klappt – was sehr wahrscheinlich ist, wenn du dich immer wieder traust – und du lebst irgendwann das Leben, von dem du heute träumst.

Verletzlichkeit, die Bereitschaft, sich zu zeigen, unperfekt, wie wir alle sind, wird gemeinhin als Schwäche verstanden, weil in unserer Leistungsgesellschaft Perfektion und Erfolg mehr zählen als ein guter Kontakt zu den eigenen Gefühlen und Wünschen. Laut Brené Brown, die seit mehr als zwei Jahrzehnten zu den Themen Scham und Verletzlichkeit forscht, ist Verletzlichkeit jedoch weder gut noch schlecht, sondern bedeutet, überhaupt etwas zu fühlen.[1] Ob Angst oder Wut, Leidenschaft oder Verlangen – was auch immer wir fühlen: Wenn wir uns anderen damit öffnen, ihnen von unseren Gefühlen, Wünschen, Träumen, Überzeugungen erzählen, lassen wir damit Verletzlichkeit zu. Wir riskieren, kritisiert, ausgelacht und abgelehnt zu werden. Und warum? Weil wir etwas Größeres wollen: eine Liebesbeziehung, einen Job, mehr Geld, etwas Neues lernen, mehr Verantwortung oder eben die Veröffentlichung eines eigenen Buchs. Wer die eigene Verletzlichkeit zulässt, sich verletzlich macht, ist nicht schwach, sondern mutig.

In diesem Kapitel werfen wir einen genauen Blick auf die Scham, die uns davon abhält, mutig zu sein. Wir sehen uns an, was Verletzlichkeit ist, wie sie uns ermöglicht, unsere Scham zu überwinden und mutig zu sein. Du lernst, wie du im Beruf davon profitierst, deine Verletzlichkeit zuzulassen, und wie du es schaffst, dich verletzlich zu zeigen. Weil besonders viele Menschen Angst oder Scham beim Gedanken, öffentlich zu sprechen empfinden, das aber ein riesiger Hebel für deine berufliche Entwicklung sein kann, erfährst du in diesem Kapitel auch, wie die Sängerin Ana Rocha, die Tänzerin Claire Chen, die Finfluencerin Camilla Sohn und die Autorin Mirna Funk damit umgehen, auf der Bühne oder vor der Kamera zu stehen. Außerdem erhältst du Lektüreempfehlungen, falls du dich weiter in die Themen Verletzlichkeit und Sichtbarkeit vertiefen willst.

Scham erstickt dein Potential

Im Laufe ihrer jahrzehntelangen Forschungen ist Brené Brown zu dem Schluss gekommen, dass Scham ausschließlich negative Effekte hat.[2] Um zu begreifen, wie sie wirkt, müssen wir noch einen Schritt zurückgehen und verstehen, welche Grundbedürfnisse uns Menschen antreiben. Sind unsere existentiellen Bedürfnisse (Nahrung, Wasser, Kleidung usw.) sowie unser Sicherheitsbedürfnis befriedigt, treten unsere sozialen Bedürfnisse auf den Plan.[3] Evolutionsbedingt haben wir alle ein starkes Bedürfnis nach sozialen Beziehungen. Wir suchen Anschluss in einer Gruppe –

ob Partnerschaft, Familie, Freundschaften oder Kollegium. War in der Steinzeit die Zugehörigkeit zu einer Gruppe eine Voraussetzung für die körperliche Gesundheit – Schutz vor wilden Tieren, Pflege bei Krankheit, Versorgung mit Nahrung –, ist sie heute noch eine unbedingte Voraussetzung für unsere geistige Gesundheit.[4] In unserem Bedürfnis nach sozialen Beziehungen liegt die Quelle der Scham – oder vielmehr: in unserer Angst vor dem Verlust dieser Beziehungen.

Wenn wir uns schämen, fürchten wir, andere könnten unsere Fehler und Mängel entdecken und uns aufgrund dessen ablehnen und von ihrer Gemeinschaft ausschließen.[5] Unsere Scham und unser Selbstwertgefühl hängen dabei eng zusammen: Wenn wir uns unseres grundsätzlichen Wertes als Menschen – wir verdienen qua Geburt, geliebt und respektiert zu werden –, nicht (mehr) bewusst sind, knüpfen wir unseren Selbstwert an unsere Leistung. Wir denken dann, dass wir etwas leisten müssen, um der Gesellschaft anderer würdig zu sein. Umgekehrt heißt das: Wir glauben, wenn wir eine bestimmte Leistung nicht erbringen, verdienen wir es nicht, geliebt zu werden. Wenn du beispielsweise etwas von dir selbst Geschaffenes – sei es ein Text, ein Lied, ein Bild, ein Kleidungsstück oder ein Essen – an deinen Selbstwert knüpfst, verstehst du Kritik an diesem Produkt als Kritik an deiner Person.[6] Die Sauerteigbäckerin Sarah aus Oklahoma hat mir beschrieben, wie sie selbst diese Sorge empfunden hat, als sie begann, ihre Brote zu verkaufen: »Ich bin ein Risiko eingegangen, und das war ein bisschen beängstigend. Ich habe mich gefragt: ›Was, wenn keiner mein Brot mag?‹ Wenn man etwas zum Kauf anbietet, was man selber gemacht hat, dann kann es einen schon persönlich treffen, wenn die Kund*innen ausbleiben.«

Wir alle kennen die Sorge, nicht zu genügen, nicht schön, intelligent, schlank, stark, cool, vermögend oder erfolgreich genug zu sein. Ich würde behaupten, ein Großteil unseres Konsumverhaltens und der Werbung basiert auf diesen Gefühlen der Unzulänglichkeit. Und wir haben es nicht leicht, diesen Gefühlen zu entkommen, erklärt Brené Brown: Einerseits vergleichen wir uns mit unrealistischen oder unerreichbaren Bildern auf Social Media, und andererseits suggerieren die Medien uns, dass selbst das wenige, das wir erreicht haben, bereits durch die nächste Krise bedroht wird. Egal, wie gut wir dastehen, ein*e andere*r steht immer noch besser da – und gleichzeitig können wir von heute auf morgen unseren Status wieder verlieren. Manche reagieren auf diese Gefühle der Unzulänglichkeit mit Perfektionismus: Sie setzen sich unter enormen Druck, alles zur Vollkommenheit zu treiben, um jegliche Möglichkeit des Scheiterns von vornherein auszuschließen: der höchste Bildungsabschluss von der besten Uni, ein Job im angesehensten Unternehmen, in der höchsten Position, das größte Einkommen, die hippsten Klamotten, die kleinste Kleidergröße, das makelloseste Gesicht, die populärsten Freunde. Dieses Hochleistungsdiktat hat einen Preis: Burnout, Depressionen und andere stressinduzierte Krankheiten sind heute Grund Nummer eins für Berufsunfähigkeit. Manche Menschen verlieren aber auch den Glauben daran, dass sie sich durch Anstrengung verbessern können – und damit ebenfalls ihre Motivation. Sie geben angesichts ihrer Angst, zu versagen, von vornherein auf: Sie bewerben sich gar nicht erst bei der Firma, für die sie gern arbeiten würden, bitten gar nicht erst um eine Gehaltserhöhung, denken gar nicht erst drüber nach, sich mit ihrer Businessidee selbständig zu machen, sprechen die Person, die sie so sehr bewundern, gar nicht erst an. So vermeiden sie, abgelehnt und kritisiert zu werden oder zu scheitern. Aber sie kommen eben auch keinen Schritt voran und leben ein Leben, das ihnen mehr passiert als dass sie es selbst gestalten.[7]

Scham lähmt und zwingt uns in die Unsichtbarkeit. Sie beraubt uns unserer Motivation, Zufriedenheit, Kreativität, Neugier und Lernmöglichkeiten. Und sie isoliert uns von unseren Mitmenschen.[8] Wer sich schämt, verkriecht sich und verfällt in die Passivität. Damit passiert paradoxerweise genau das, was wir fürchten: Wir erreichen nichts und bleiben allein. Brené Brown realisiert während ihrer Forschungen zu Scham und Verletzlichkeit, dass sie selbst ihrer Angst zum Opfer gefallen ist: »Für mich war die Angst vor Scham, die Angst vor Kritik [...] so groß – einfach lähmend –, dass ich mich in der Beschränktheit eingerichtet habe. Ich bin kein Risiko eingegangen. Ich habe mich nicht in die Öffentlichkeit begeben. Wenn ich einen Kommentar schreiben wollte, schickte ich ihn an den *Chronicle* und nicht an die *New York Times*. Es war mir nicht wert, meine Kraft auszuschöpfen und groß rauszukommen, weil ich nicht wusste, ob ich in der Lage wäre, der Kritik standzuhalten.«[9]

Wenn wir im Leben also etwas erreichen und Bindungen zu anderen Menschen aufbauen wollen, müssen wir etwas riskieren, wir müssen uns zeigen, wir müssen versuchen, zu erreichen, wovon wir träumen – auf die Gefahr hin, dass nicht alles immer so läuft, wie wir es gern hätten. Hier kommt die Verletzlichkeit ins Spiel, denn sie ist die Gegenspielerin der Scham. Unsere Scham können wir nämlich nur besiegen, wenn wir sie thematisieren und uns nicht von ihr zurückhalten lassen. Wenn wir unsere Wünsche verwirklichen und unsere Bedürfnisse erfüllen wollen, müssen wir uns mit unserer Verletzlichkeit arrangieren. Es ist okay, Angst zu haben, aber du solltest dich von deiner Angst nicht aufhalten lassen.

Verletzlichkeit: der Mut zum Unperfekten

Der Spruch »*Nobody is perfect*« ist so abgedroschen wie wahr. Und zuzulassen, dass andere sehen, dass wir nicht perfekt sind, heißt, uns verletzlich zu machen. Das fällt vielen Menschen sehr schwer, denn Verletzlichkeit, so Brené Brown, ist der Kern von Scham, Angst und unserem Kampf um Zugehörigkeit. Gleichzeitig ist Verletzlichkeit aber der Ursprung von Kreativität, Bindung und Liebe. Wenn wir uns nicht mit unserer Angst und Scham konfrontieren wollen und deshalb unsere Verletzlichkeit betäuben – mit Drogen oder Ersatzhandlungen –, dann betäuben wir damit auch all unsere positiven Gefühle wie Dankbarkeit, Freude und Glück. Infolgedessen geht es uns schlecht, uns fehlt der Sinn im Leben, und es steigen erneut Scham und Angst auf – die wir dann wiederum betäuben. Nicht wenige Menschen gehen so durchs Leben, voller Angst, sich mit ihrem Innersten zu konfrontieren. Dabei bringen sie sich um die Möglichkeit, ihr Selbst voll zu entfalten, ihr Potential zu nutzen und letztlich wirklich lebendig zu sein.[10]

Wenn du mehr Freude, Sinn und Erfüllung im Beruf erfahren willst, musst du mutig sein, dir Ziele setzen und sie verfolgen, deine Bedürfnisse und Wünsche kommunizieren. Ich möchte dich einladen, von einer Sichtweise, die die Verantwortung für das eigene Glück als Last betrachtet, hin zur Freude an der Gestaltungsfreiheit, die du in deinem Leben hast, zu kommen.

Mit Verletzlichkeit im Job gewinnen

Wenn du Verletzlichkeit zulässt, kannst du enorm in deinem Beruf profitieren. Verletzlichkeit verhilft dir zu mehr Mut, etwa wenn du eine Gehaltserhöhung einfordern, ein Projekt übernehmen, im Unternehmen aufsteigen oder dich selbständig machen möchtest. Und weil Verletzlichkeit dich mutig macht, eröffnet sie dir auch die Möglichkeit, immer wieder neue Herausforderungen anzunehmen und so über dich selbst hinauszuwachsen. Außerdem erleichtert Verletzlichkeit es dir, dich und deine Arbeit sichtbar zu machen – für Kund*innen, potentielle Arbeitgeber*innen oder einfach innerhalb eines beruflichen Netzwerkes. Und wer sichtbar ist, kann sich ein Netzwerk – online und offline – aufbauen. Wenn du Verletzlichkeit zulässt, zeigst du dich anderen, wie du bist, und ziehst damit genau die Menschen an, die dir ähnlich sind und dich schätzen. Insofern stiftet Verletzlichkeit auch Gemeinschaft.

Mut

Verletzlichkeit, so Brené Brown, ist der genaueste Indikator für Mut. Demnach ermitteln Wissenschaftler*innen, wie mutig jemand ist, indem sie messen, wie bereit die Person ist, sich verletzlich zu zeigen.[11] Logisch: Wenn du deine Verletzlichkeit zulässt, stellst du dich der Möglichkeit, zu scheitern, kritisiert, ausgelacht oder abgelehnt zu werden.

Ich erinnere mich noch sehr genau an den Moment, in dem ich beschlossen habe, mein Leben nicht von Ängsten bestimmen zu lassen, denn das war eine sehr bewusste Entscheidung. Ich war noch ein Teenager und zu Gast auf einer Abendveranstaltung, auf der es Essen, ein Unterhaltungsprogramm und Tanz geben sollte.

Die Tische waren um eine große Fläche in der Mitte des Saals gruppiert. Die Fläche diente als Bühne und blieb leer, solange noch gegessen wurde. Ich saß an einem Tisch, der so weit vom Büffet entfernt war, dass der einzig sinnvolle Weg quer über diese leere Fläche führte. Das Essen war köstlich, und die Person, mit der ich auf dieser Veranstaltung war, und ich wollten unbedingt noch ein zweites Mal unsere Teller am Büffet füllen. Meine Begleitung sorgte sich aber, wenn sie ein zweites Mal mit einem vollen Teller über die leere Fläche in der Mitte des Saals laufen würde, dass sie dann alle für verfressen hielten. Und was, wenn sie dann vor lauter Aufregung auch noch stolpern und womöglich für alle Anwesenden gut sichtbar mit ihrem Teller voll Essen auf die Nase fallen würde!? Während mir diese Gedanken vertraut waren, kamen sie mir, als ich ihr zuhörte, komplett absurd vor. Wenn wir uns schon vor solchen Lappalien fürchteten, die uns davon abhielten, einen zweiten Teller voll Essen vom Büffet zu holen, was würden wir dann noch alles verpassen? Ich beschloss, auf gar keinen Fall jemals meine Angst über meine Lust siegen zu lassen, stand auf, ging extra langsam und aufrecht über die leere Fläche – hin und mit einem vollen Teller zurück. Ich spürte meine Unsicherheit, aber mit jedem Schritt bezwang ich sie ein kleines bisschen mehr. Ich weiß, dass solche Situationen vielen Menschen schwierig erscheinen. Beispielsweise werde ich, wenn ich allein essen gehe, immer wieder von Frauen angesprochen, die mir sagen, dass sie das auch gern machen würden, sich aber nicht trauen. Ich bin inzwischen durch unzählige, mal mehr, mal weniger banale Situationen gegangen, obwohl ich Angst hatte, mich lächerlich oder einen Fehler zu machen. Meine Erfahrung ist: Peinliche Dinge passieren eher dann, wenn wir gar nicht damit rechnen. Und auch das überlebt man. Wenn du mutig bist, dann wirst du viel häufiger eine positive als eine negative Erfahrung machen.

Austin Kleon schreibt in seinem Buch *Show your work. 10 Wege, auf sich aufmerksam zu machen*: »Das klingt vielleicht extrem, aber heutzutage existiert ein Werk nicht, wenn es nicht online ist. Wir haben tausend Möglichkeiten, unsere Stimme zu nutzen, das Wort zu ergreifen. Viele vergeben ihre Chancen. Wenn die Leute wissen sollen, was du tust und wofür du dich begeisterst, musst du es sagen.«[12] Ich finde das überhaupt nicht extrem. Während ich die Sichtbarkeit online – mit einer eigenen Website und auf Social-Media-Plattformen – für den größten Hebel halte, über dich und deine Arbeit zu informieren, kannst du Sichtbarkeit natürlich auch offline herstellen: Im Meeting, auf Messen, Festivals, bei Veranstaltungen, im Einzelhandel, auf Netzwerktreffen oder eins zu eins. Entscheidend ist, dass du zulassen musst, dich verletzlich zu machen, um dich zu zeigen. Egal, für welche Plattform du dich entscheidest: Wenn du sichtbar wirst, gibst du dich, deine Produkte, deine Arbeit und Ideen einer Öffentlichkeit preis und lieferst dich deren Urteil aus. Und das ist unkontrollierbar. Was du aber in der Hand hast, ist, wie du dich zeigst.

Als Selbständige ist natürlich existentiell wichtig, dass du dich und dein Angebot in der Öffentlichkeit zeigst, um Kund*innen zu gewinnen. Aber auch als Angestellte kann es sinnvoll sein, dich und deine Arbeit zu zeigen. Du wirst sehen: Dadurch gewinnst du neue Kontakte, die deinen Berufsalltag interessanter machen, weil du dich fachlich und persönlich austauschen kannst, was enorm motiviert. Außerdem ziehst du, wenn du dich zeigst, möglicherweise auch potentielle Auftrag- oder Arbeitgeber*innen an – und zwar solche, die zu dir passen und mit denen zu arbeiten eine Freude ist. Als Angestellte, die nicht nur in ihrem Unternehmen, sondern auch in ihrer Branche bekannt ist, werden sich dir viele

Türen öffnen. Du kannst dich als Expertin positionieren und wirst damit natürlich als Arbeitnehmerin attraktiver. Eine Beförderung, tolle Stellenangebote aus anderen Unternehmen und mehr Gehalt rücken dann in Reichweite. Gesehen zu werden, bedeutet ganz nebenbei natürlich auch Anerkennung und Wertschätzung.

Übrigens muss es nicht dein Beruf sein, mit dem du sichtbar wirst. Das kann auch ein Hobby sein, für das du wirklich brennst, oder ein Thema, das dich besonders umtreibt. Wichtig ist, dass du verstehst: Wenn dir etwas am Herzen liegt und du es voranbringen willst, musst du es zeigen, damit andere überhaupt davon erfahren. Sarah Grunewald, die ich für dieses Buch interviewt habe, hat etwa zuerst aus reiner Lust an der Freude gelernt, mit Sauerteig zu backen und auf Instagram darüber zu posten. Dabei hat sie sich von der Skepsis mancher Leute aus ihrem Umfeld nicht beirren lassen: »Als ich angefangen habe, Videos von mir selbst im Internet zu posten, haben manche Leute gefragt: ›Was macht sie da? Will sie etwa weiter solche Videos posten?‹ Heute fragen mich dieselben Leute, wie ich es geschafft habe, so eine große Social-Media-Präsenz aufzubauen.« Durch Sarahs Präsenz auf Instagram ist eine Ladenbesitzerin auf sie aufmerksam geworden und hat ihr angeboten, ihr Brot zu verkaufen. Da erst wurde Sarah bewusst, dass sie das, was ihr solchen Spaß macht, in einen Job verwandeln könnte.

Du siehst, Sichtbarkeit mit deinem Herzensthema kann dir auch zu einem ganz *smoothen* Einstieg in die Selbständigkeit verhelfen und eine Möglichkeit sein, diese erst mal ganz ohne Druck auszuprobieren.

Konkrete Tipps, wie du dich und deine Leidenschaften zeigen kannst, erhältst du von Tijen Onaran und Austin Kleon, deren Bücher ich am Ende dieses Kapitels für dich aufgelistet habe.

»Das kalte Wasser wird schon warm, wenn du springst und schwimmst. Aber wenn du immerzu am Beckenrand darauf wartest, dass dir jemand Schwimmflügel reicht, wirst du *never ever* in deine Träume und Visionen eintauchen«, schreibt Tijen Onaran in ihrem Buch *Be your own f*cking hero*[13], und sie hat recht: Wenn du einmal den Mut aufgebracht hast, eine Herausforderung anzunehmen, lernst du meistens *on the fly* alles, was du brauchst, um sie zu meistern. Und dadurch wächst du über dich selbst hinaus. Wenn du dich traust, unbekanntes Terrain zu beschreiten, vergrößert sich dadurch dein Radius. Als ich etwa gefragt wurde, ob ich meine Bücher selbst an einem Büchertisch auf meinen Veranstaltungen verkaufen wollte, sagte ich zu. Ich hatte keine Ahnung, was das konkret für mich bedeutete, aber ich wollte in jedem Fall, dass Leute, die zu meinen Lesungen und Vorträgen kamen, auch die Möglichkeit hatten, mein Buch direkt vor Ort zu kaufen. Außerdem witterte ich eine zusätzliche Einnahmequelle. In dem Prozess habe ich dann viel gelernt: Ich musste ein Gewerbe anmelden, habe ein Kassensystem und die Möglichkeit für Kartenzahlungen eingerichtet. Durch das Gewerbe wiederum habe ich die Möglichkeit bekommen, auch Merchandise-Artikel zu verkaufen und so eine weitere Einkommensquelle zu erschließen. Mal sind es kleinere, mal größere Dinge, die wir lernen, wenn wir mutig sind.

Camilla Sohn, die für ihre Social-Media-Kanäle als *caminvesta* vor der Kamera steht, hat mir von ihrer enormen Lernkurve erzählt, seit sie Finfluencerin geworden ist: »Ich habe natürlich auch manchmal Selbstzweifel und traue mich gewisse Dinge nicht. Aber dann mache ich mir oft bewusst, dass, wenn man diese Angst nicht hätte, es vielleicht auch nicht der richtige Weg wäre, um sich selbst weiterzuentwickeln. Wenn man Angst vor dem nächsten Schritt hat, dann ist das genau der richtige Schritt, weil man daran ja auch erst wächst. Für mein persönliches Wachstum ist das total wichtig. Deswegen würde ich sagen, diese gewisse Unsicherheit und Angst gibt mir immer ein bisschen Stärke. Ich denke dann: ›Wenn ich den Schritt gemacht habe, dann fühle ich mich danach viel besser.‹ Klar hatte ich am Anfang auch meine Zweifel, mein Gesicht in der Kamera zu zeigen, in die Kamera zu sprechen, aber das hat mir auch schon unglaublich viel gegeben, hat mich mich weiterentwickeln lassen. Deswegen würde ich immer den Rat geben, dass man sich seinen Ängsten stellen sollte. Am Ende denkt man sich: ›So schlimm war es ja gar nicht.‹ Man sollte sich auch klarmachen, was man schon alles in der Vergangenheit geschafft hat. Das unterschätzt man oft.

Mir hat es ein gewisses Selbstvertrauen und auch Selbstbewusstsein gegeben, mich auf Social Media zu zeigen. Letztes Jahr habe ich einen Videodreh mit einem Kooperationspartner gemacht, bei dem wir mit drei großen Kameras und einem Kamerateam mit elf Leuten im Studio waren. Vor drei Jahren hätte ich gesagt: ›Das ist überhaupt nicht meins.‹ Ich habe zum Beispiel Schauspiel in der Schule total gehasst und stehe auch immer noch nicht gerne im Vordergrund. Dass ich jetzt diesen Weg einschlage, ist was, wovon meine Freunde und Familie gesagt hätten: ›Das ist gar nichts für dich.‹ Aber irgendwie ist es dann doch was für mich. Man wächst da dann total rein. Das hat mir gezeigt, dass man sich Dinge, vor denen man am meisten Angst hat, die man sich gar nicht zutraut, beibringen kann. Es gibt nichts, was man sich nicht irgendwie beibringen kann, wenn man es wirklich will.«

Und natürlich lernen wir auch aus der Kritik, wenn wir uns ihr aussetzen. Mona Ghazi, die bereits mehrere digitale Produkte entwickelt hat, nutzt Kritik sogar ganz gezielt, um sich zu verbessern. Sie hat mir erzählt: »Ich glaube, ein Studium an sich ist nicht so unbedingt hilfreich. Wie man Unternehmertum lernt, ist eigentlich größtenteils *learning by doing*, also einfach eine Idee ausprobieren, mit Menschen sprechen, das testen. Es gibt so einen Spruch: Wenn es einem nicht peinlich ist, die erste Version seiner Idee vorzustellen, dann ist es schon zu spät. Wenn ich eine richtig hübsche App mache, dann gibt keiner dazu ehrliches, hilfreiches Feedback, aus Angst, mich zu enttäuschen oder zu viel Arbeit zu verursachen. Aber wenn die App noch hässlich und unfertig aussieht, dann denkt jeder: ›Oh, die hat da nicht viel Zeit reingesteckt, dann kann ich auch Feedback geben. Die kann das eh in zwei Minuten neu machen.‹ Wenn es so aussieht, als hätte ich da drei Monate dran gesessen und sei total hoffnungsvoll, jetzt gutes Feedback zu bekommen, dann wird nie jemand sagen: ›Boah, das ist aber richtig scheiße. Das würde ich nie benutzen.‹ Deswegen sind diese Prototypen extrem wichtig.«

Wenn wir akzeptieren, dass wir unperfekt, also verletzlich sind, und dabei trotzdem wertvoll, können wir Kritik annehmen, ohne sie auf unsere ganze Existenz zu beziehen, uns verbessern und stolz darauf sein, was wir geschafft haben.[14] Immer wenn wir unsere Angst besiegen und etwas Neues wagen, wachsen wir ein kleines Stück – auch wenn wir scheitern. Dann lernen wir, wie wir es beim nächsten Mal besser machen können, und werden resilienter.

Du erinnerst dich: Scham isoliert, Verletzlichkeit verbindet. Wenn du dir im Job eine angenehmere Arbeitsatmosphäre, mehr Kund*innen, ein stärkeres Netzwerk oder auch mehr Vertrauen von deinem Team wünschst, solltest du mehr Verletzlichkeit zulassen. Zeig dich als der Mensch, der du bist. Dass du nicht perfekt bist, macht dich umso sympathischer und suggeriert anderen: Ihr müsst es auch nicht sein. Wenn du dich zeigst, wie du bist, wissen die anderen, woran sie sind, was für Vertrauen und authentische Beziehungen sorgt. Du ziehst Gleichgesinnte in dein Netzwerk und deinen Kund*innenkreis und hebst dich vom Mainstream ab, was dich und dein Angebot einzigartig und begehrenswert macht. Und: Wenn du guten Kontakt zu deinen eigenen Gefühlen hast, kannst du auch für andere empathisch sein,[15] was dich zu einer besseren Chefin und Kollegin macht.

Austin Kleon plädiert etwa dafür, nicht immer nur die Resultate der eigenen Arbeit, sondern den Arbeitsprozess selbst zu zeigen: »Ein Publikum will nicht nur gute Arbeit sehen, sondern auch selbst kreativ und Teil eines Schaffensprozesses sein. Indem wir unser Ego Ego sein lassen und unseren Schaffensprozess offenlegen, geben wir anderen die Möglichkeit, eine dauerhafte Beziehung mit uns und unserer Arbeit einzugehen, was unsere Produkte umso begehrenswerter macht.«[16] Während ich dieses Buch schreibe, dokumentiere ich den Prozess auf Instagram. Für viele ist das ein Einblick, den sie sonst nicht bekommen würden, weil sie vielleicht keine Schriftsteller*innen persönlich kennen. Auch ich finde Einblicke in andere Arbeitsfelder immer total spannend und kann mitfiebern, obwohl ich von dem Beruf selbst wenig verstehe, wenn die Menschen, die ihn ausüben mir glaubhaft vermitteln, was ihnen in ihrer Arbeit Freude bereitet, was Sorgen und mit welchen Herausforderungen sie gerade kämpfen. Stolz, Überforderung, Euphorie, Unsicherheit können wir alle nachvollziehen – auch wenn wir nicht aus der gleichen Branche sind.

Meine Interviewpartnerin Ingrid Lang hatte mehrere Jahre einen eigenen *Concept Store*, bevor sie sich als Beraterin für Einzelhändler*innen selbständig gemacht hat. Ich habe sie danach gefragt, wie es ihr gelungen ist, mit ihrem Laden erfolgreich zu sein, in einer Zeit, in der immer mehr Einzelhändler*innen aufgeben. Sie hat mir gesagt, dass die Verbindung, die sie mit ihren Kund*innen aufgebaut hat, indem sie sich als Mensch gezeigt hat, ein entscheidender Faktor war: »Ich glaube, es ist wichtig, sich mutig mit seiner Persönlichkeit zu zeigen. Menschen kaufen von Menschen. Ich baue Vertrauen und Verbindung auf, indem ich mein Gesicht zeige, mal ein *behind the scenes* oder meine Sicht auf Dinge teile. Ich habe z. B. von meiner Erfahrung in Bangladesch erzählt und warum das der Grundstein für *ila ila* war, habe ein paar Ausschnitte aus meinem beruflichen und selten auch aus meinem privaten Leben geteilt. Instagram war definitiv ein wichtiger Erfolgsfaktor, weil ich darüber meine relevante Zielgruppe erreicht habe und emotionalisieren konnte. Eigentlich ist egal, auf welcher »Plattform« man sich zeigt – ob im digitalen oder im realen Leben – es ist einfach wichtig, sich authentisch und menschlich zu zeigen und so eine Verbundenheit aufzubauen. Sich ganz authentisch zu zeigen und sich zu trauen, finde ich gar nicht so einfach. Freunde, die ähnliche Herausforderungen haben und sich ihren Weg durchbahnen, unterstützen mich dabei nicht nur, sondern inspirieren mich immer wieder aufs Neue.« Sich Freund*innen oder Kolleg*innen zu öffnen, die wissen, was es bedeutet, sich zu zeigen, und die die Ängste kennen, die vielleicht für dich damit verbunden sind, kann dir also helfen. Du kannst dir Verbündete suchen, mit denen du dich austauschst und die dich ermutigen.

Hier kommen ein paar weitere Impulse, die es dir erleichtern sollen, Verletzlichkeit zuzulassen und dich zu zeigen.

Verletzlichkeit zulassen und dich zeigen

Hinfallen gehört zum Laufenlernen

Wenn du vorwärtskommen, wachsen, Fortschritte machen willst, dann wirst du früher oder später auch mal auf die Nase fallen. Wenn man Neues wagt, gehört es dazu, dass nicht immer alles klappt. Dazu musst du eine entspannte Einstellung entwickeln.

Wenn es dir schwerfällt, zu akzeptieren, dass gelegentliches Scheitern zum Fortschritt gehört, mache dir bewusst, was du verpasst, wenn du es nicht wagst. Austin Kleon hat dazu eine etwas makabre, aber originelle Methode gefunden: Er liest jeden Morgen Nachrufe, um sich vor Augen zu halten, dass unsere Existenz endlich ist. Zu lesen, was die Verstorbenen in ihrem Leben erreicht haben, motiviert ihn, selbst loszulegen: »Wenn ich lese, dass jemand gestorben ist, im Leben aber irgendetwas erreicht hat, will ich am liebsten aufspringen und auch etwas aus meinem Leben machen. Jeden Morgen über den Tod nachzudenken bringt mich dazu, leben zu wollen.«[17] Wenn du noch einen Schritt weiter gehen willst, schreib doch mal einen Nachruf für dich, so wie du ihn dir wünschen würdest. Was sollte dort stehen? Halte dir vor Augen, worauf du am Ende deines Lebens stolz zurückblicken möchtest. Das hilft dir vielleicht, heute den Mut aufzubringen, den ersten Schritt in diese Richtung zu gehen.

Die Unternehmerin Ingrid Lang hat mir erzählt, dass sie gerade daran arbeitet, sich nicht jede Kritik zu Herzen zu nehmen: »Ich lerne gerade, dass mir vieles egaler sein darf, insbesondere was andere von einem denken. Ich glaube, das ist ein ganz entscheidender Faktor auf dem Weg zum Erfolg. Neue Produkte, Dienstleistungen, Wege und Ansätze sind zu Beginn immer *strange* und komisch. Aber nur durch disruptives Denken und Umsetzen entstehen neue Lösungen.«

Brené Brown erinnert daran, dass es uns durch unser angeborenes Bedürfnis nach menschlicher Gemeinschaft zwar nicht möglich ist, gleichgültig gegenüber Ablehnung und Kritik zu sein. Sie betont aber, dass wir die Freiheit haben, zu entscheiden, wessen Kritik wir annehmen und ernst nehmen und wessen nicht. Auf diese Erkenntnis hat sie ein Zitat von Theodore Roosevelt gebracht, das ich an dieser Stelle wiedergeben möchte: »Nicht der Kritiker zählt, nicht der Mann, der darauf hinweist, wie der Starke strauchelt oder wo der Handelnde es hätte besser machen können. Das Verdienst gebührt dem Mann, der tatsächlich in der Arena steht, dessen Gesicht von Staub und Schweiß und Blut gezeichnet ist, der sich tapfer abmüht, der sich irrt und immer wieder scheitert, weil es keine Anstrengung ohne Fehler und Mängel gibt, der aber die großen Begeisterungen, die großen Hingaben kennt, der sich für eine würdige Sache aufopfert; der im besten Fall am Ende den Triumph einer hohen Leistung kennt, und der im schlimmsten Fall, wenn er scheitert, zumindest scheitert, während er Großes wagt, so dass sein Platz niemals bei jenen kalten und furchtsamen Seelen sein wird, die weder Sieg noch Niederlage kennen.«[18]

In diesem Zitat wird nochmal deutlich, dass, wer Großes wagt, auch eine Niederlage riskiert, dafür aber möglicherweise auch einen Triumph erringt. Und das Zitat sagt dir auch: Wenn du dich traust, eine Herausforderung annimmst, etwas Neues versuchst, lass dich nicht von der Kritik derer irritieren, die nie ihre Komfortzone verlassen haben. Ihnen steht nicht zu, über dich zu urteilen, denn sie wissen nicht, was es bedeutet, mutig zu sein. Kritik von Menschen, die sich nie in die besagte Arena begeben, sollten wir demnach einfach ignorieren. Bitte stattdessen aktiv die Menschen um Feedback, die ebenfalls mutig sind und die dir wohlgesonnen sind. Sie werden dir konstruktive Kritik geben, weil sie dir helfen wollen, weiter voranzukommen.[19]

Die Tänzerin Claire Chen hat durch die Teilnahme an vielen Wettbewerben gelernt, sich von der Bewertung durch die Jury zu distanzieren: »Je öfter man auf die Bühne geht, desto weniger Scheu hat man. Ich glaube, die Reaktion vom Publikum ist auch eine große Sache. Bei einem Wettbewerb wird man bewertet, und du fühlst dich gar nicht, als würde die Bühne dir gehören. Die Bühne gehört den Leuten, die dich bewerten. Ein ganz anderes Gefühl, wenn man sich sagt: Nein, von euch lasse ich mich nicht bewerten. Wer gibt euch das Recht, mich zu bewerten? Ich habe bezahlt dafür, dass ich auf dieser Bühne stehen darf. Also warum lasse ich mir von euch so ein schlechtes Gefühl geben? Jetzt, bei Firmen-Events, werde ich bezahlt. Die Auftraggeber sind glücklich mit dem, was ich mache. Klar, ich muss was liefern. Aber jedes Mal lerne ich durch mich selbst und nicht durch das Feedback von bezahlten Jurys. Es war für mich eine wichtige Erfahrung, mich auf Wettbewerben mit anderen zu messen und mein tänzerisches Können von Jurys bewerten zu lassen, aber genauso wichtig war es, den richtigen Zeitpunkt zu finden, um damit aufzuhören. Bis zu einem gewissen Niveau braucht man solche Vergleiche und solches Feedback. Irgendwann bin ich aber an einen Punkt gekommen, an dem mir die Wettbewerbe nichts mehr gebracht haben.

Ab einem gewissen Zeitpunkt ist die Bestätigung, einen der ersten drei Preise zu gewinnen, nicht mehr das gewesen, was ich gebraucht habe.« Heute sucht sich Claire also bewusst ein wohlwollenderes Publikum aus und betont, dass sie sowieso am meisten von sich selbst lernt. Und sie hat recht: Wir sind oft selbst unsere strengsten Kritiker*innen.

Auch die Schriftstellerin Mirna Funk habe ich gefragt, wie sie damit umgeht, dass sie sich durch die Veröffentlichung ihrer Texte einer mitunter scharfzüngigen Kritik aussetzt. Sie hat geantwortet: »Es kostet mich keinen Mut, öffentlich meine Haltung zu vertreten. Ich denke nicht über die anderen nach. Ich denke auch nicht darüber nach, was mit meinen Texten passiert. Ich denke nicht über eine Reaktion nach. Es spielt einfach keine Rolle. Es spielt deshalb keine Rolle, weil auf jede Reaktion eine gegenteilige Reaktion folgt. Wenn ich einen Artikel schreibe, dann finden ihn 20 000 scheiße und 20 000 gut. Ich werde auch niemals wissen, wie viele ihn scheiße und wie viele ihn gut fanden. Vor ein paar Tagen schrieb mir eine Instagram-Followerin: ›*Who Cares* hat mein Leben verändert. Ich bin dir so dankbar, dass du dieses Buch geschrieben hast.‹ Und 33 Minuten später postete eine andere Followerin mein neues Buch und schrieb: ›Ihr müsst unbedingt ihre Romane lesen. *Who Cares* ging gar nicht, aber ihre Romane sind toll.‹ Ich denke, es ist doch okay. Für sie geht das eine Buch gar nicht und einer anderen habe ich geholfen, ihr Leben zu verändern. Das ist eben das Leben.« Mirnas Beobachtung zeigt: Wir können es sowieso nicht allen recht machen. Da ist es vielleicht klüger, gar nicht so viel auf die Meinung dieser anonymen Öffentlichkeit zu geben.

Tijen Onaran ist Expertin für Personal Branding, also den Aufbau einer Personenmarke. Für viele klingt der Gedanke, selbst zur Personenmarke zu werden, abschreckend, nach Hyperkapitalismus und Kommerz. Doch Tijen gibt zu bedenken: Du wirst in der öffentlichen Wahrnehmung, ob du willst oder nicht, mit bestimmten Themen und Attributen verknüpft. Das bedeutet: Wenn du deine Themen nicht selbst wählst, tun es andere für dich. Deshalb solltest du die Deutungshoheit über deine Geschichte behalten, indem du sie selbst erzählst.[20] Personal Branding und Storytelling können dir dabei helfen. Heißt konkret: Überlege, wie du dich anderen vorstellen willst und was die Themen und Leidenschaften sind, die dich ausmachen. Und dann erzähle anderen davon, indem du on- und offline damit sichtbar wirst. Deine Geschichte solltest du übrigens auch und gerade dann für dich beanspruchen, wenn du einen Fehler gemacht hast, rät Tijen: »Wer nicht aktiv kommuniziert, was blöd gelaufen ist, riskiert, dass die Geschichte ein*e andere*r erzählt. Und das will keine*r.«[21]

Für die Sängerin Ana Rocha war diese Herangehensweise, wie sie mir erzählt, eine Überlebensstrategie für den Auftritt auf der Bühne, denn sie ist von Natur aus eher schüchtern: »Ich brauche das. Es ist ganz interessant. Ich bin ja sonst nicht sofort als krass extrovertierter Typ wahrzunehmen. Ich war ein extrem schüchternes Kind. Ich wollte die Hälfte meiner Existenz am liebsten vom Boden verschluckt werden. Es war immer ganz offensichtlich, wenn mir etwas peinlich war oder so. Ich bin rot angelaufen wie eine Tomate. Es war alles sehr transparent. Ich hatte immer null *Bluff*. Und vielleicht ist es gerade deswegen so ein Drang geworden, mich komplett zu exponieren. Was habe ich zu verlieren? Wenn ich mich dann noch auf die Bühne stelle und sage: ›Ja, bitte, hier habt ihr was zu fressen.‹ Ich glaube, selbst bestimmen zu können, was ich sage und welche Verletzungen ich thematisiere, ist entscheidend. Das übe ich auch noch. Man hat nie genug gezeigt. Man kommt auch nie an alles gleichzeitig. Aber die Übung ist da doch hilfreich. Zu teilen, was einen ausmacht, ist einfach sehr viel wert, und es ist sehr dankbar, sich verletzlich zu machen.« Ja, Verletzlichkeit zuzulassen, ist auf jeden Fall eine Selbstüberwindung, aber mit jedem Mal wird es leichter.

Better done than perfect

»*Better done than perfect.*« Dieser Kalenderspruch hat mir definitiv sehr bei meiner Arbeit geholfen. Ich erinnere mich noch an die letzten Arbeitsstunden an meiner Masterarbeit. Ich hatte für die gesamte Arbeit wirklich suboptimale Arbeitsbedingungen: Die Trennung von meinem damaligen Verlobten, der Umzug in eine eigene Wohnung und dann ein unbezahltes Vollzeit-Praktikum plus Überstunden in einem Verlag. Während Letzterem bin ich morgens um halb sechs aufgestanden, um die Konzentration vor einem langen Arbeitstag zu nutzen und an meiner Masterarbeit zu schreiben. Jede Mittagspause habe ich mit einem Sandwich am Schreibtisch verbracht und weitergeschrieben. Und dann abends, nach dem Tagwerk im Verlag, habe ich mich nochmal für ein, zwei Stunden an meine Masterarbeit gesetzt. Irgendwann war ich fix und fertig – vom Schlafmangel, vom Druck, von der Überlastung. Mein Text war vollständig, aber roh und unbearbeitet. Ich wollte ihn noch verbessern, aber eines morgens haben meine Finger so gezittert, dass ich die Computertasten nicht mehr richtig getroffen habe. Ich konnte nicht mehr, und ich habe beschlossen, dass es so reicht und dass ich die Arbeit abgeben würde, auch wenn sie nicht perfekt war. Denn eine abgegebene Arbeit ist besser als eine Arbeit, die nie abgegeben wird, weil sie nicht perfekt ist, oder eine perfekte Arbeit, die die Arbeiterin ihre Gesundheit gekostet hat. Und was soll ich sagen? Unperfekt war mehr als ausreichend.

Die Schriftstellerin Mirna Funk hat einen sehr hohen Output. Ich vermute, dass das nur möglich ist, wenn man den Anspruch auf Perfektion über Bord wirft, und frage nach. Ihre Antwort: »Ich bin nicht perfektionistisch. Ich will natürlich, dass ein Text gut und rund ist, aber ich schreibe ihn einfach runter, dann lass ich ihn liegen, eine Nacht, zwei Nächte, und dann gehe ich noch einmal drüber, und dann war's das.«

Ich sag's nochmal: Wir selbst sind oft unsere härtesten Kritikerinnen. Dabei ist ›gut‹ meistens gut genug, und anderen fällt der Mangel, den wir wahrnehmen, gar nicht auf. Perfektionismus hält uns oft dabei auf oder sogar davon ab, etwas zu beenden. In den allermeisten Fällen kannst du deinen Perfektionismus über Bord werfen. Erledige die Dinge lieber mit einem angemessenen Aufwand und spare deine Energie für die seltenen Momente, wo die sogenannte *extra mile* wirklich einen Unterschied macht – denn natürlich gibt es die. Das sind die wenigen Abende im Jahr, an denen du länger im Büro bleibst, um einen eiligen Auftrag zu beenden. Das ist die Lieferung frei Haus für einen treuen Kunden, der gerade nicht persönlich vorbeikommen kann. Es ist die Bewerbung auf eine tolle Stelle, die gerade ausgeschrieben wurde, am Samstagmorgen, bevor du in den Urlaub fliegst, oder eine gratis Kostprobe von deinem neuen Produkt. Es lohnt sich durchaus, manchmal 120 Prozent zu geben, aber das sollte nicht dein Standard sein, denn dein Berufsleben ist ein Marathon, kein Sprint.

Apropos »Sprint«: Mona Ghazi arbeitet nach einem sehr originellen Ansatz: Statt ein perfektes Produkt zu entwickeln und anzubieten, bietet sie etwas an, was es noch nicht einmal gibt, erzählt sie mir: »Das erste Unternehmen habe ich angefangen mit der Idee, eine Zeitmanagement-App zu entwickeln, und mit *Mock-ups* und *Wireframes* auf meinem iPad. Ich habe es sechs Monate lang entwickelt und dann mit Nutzern getestet. Das ist genau das Gegenteil von dem, was ich heute machen würde. Heute verkaufe ich erst etwas, was es noch gar nicht gibt. Ich behaupte einfach, dass es bereits existiert, und so finde ich heraus, ob es überhaupt relevant ist. Bei meinem neuen Unternehmen habe ich als Allererstes mit jemandem gearbeitet, der gut darin ist, Wörter zu verpacken. Ich habe mit einem Journalisten gearbeitet. Das Schwierigste ist eigentlich immer, diesen *One Minute Pitch*, den *Elevator Pitch* gut draufzuhaben. Das Schwierigste ist, eine Person innerhalb von einer Minute zu überzeugen, das Produkt zu kaufen. Also habe ich dieses Mal, nachdem ich schon mit 20 oder 50 Leuten gesprochen hatte, zuerst mit einem Journalisten gearbeitet. Der hat mir geholfen, meine Idee auf die drei Sätze runterzubrechen, sodass jetzt, wenn ich meine Idee vorstelle, die richtige Zielgruppe das auch direkt versteht und sich angesprochen fühlt. Das spart mir enorm viel Zeit. Wahrscheinlich spart mir das Jahre, die ich in der ersten Gründung schon mit anderen Fehlern verbracht habe, und die ich jetzt viel einfacher umgehen kann.«

Inspirierend an Monas kühner Vorgehensweise finde ich, dass sie genau überlegt, wo es sich lohnt, Energie zu investieren und etwas zu perfektionieren, und wo nicht. Für den Anfang bedeutet das: perfekter Pitch, aber kein Produkt.

Dein Platz ist im Scheinwerferlicht!

Während ich dieses Buch schreibe, verbringe ich meine Mittagspausen mit der Serie *Seinfeld* aus den 80er-/90er-Jahren. Vor ein paar Tagen bin ich dabei über folgenden Sketch von Jerry Seinfeld gestolpert: »Ich habe eine Studie gesehen, in der es hieß: Das Sprechen vor einer Menschenmenge gilt als die größte Angst des Durchschnittsmenschen. Das fand ich erstaunlich. Nummer zwei war der Tod. Der Tod ist Nummer zwei? Das bedeutet für den Durchschnittsmenschen, dass er, wenn er an einer Beerdigung teilnimmt, lieber im Sarg liegen würde, als die Trauerrede zu halten.«[22] Ich fragte mich, ob das wirklich stimmt, und fand tatsächlich eine Studie von 2013, die das belegt: Demnach fürchten sich mehr als doppelt so viele Menschen davor, öffentlich zu reden, wie vor dem Tod.[23] Deshalb habe ich beschlossen, dir hier ein paar Expertinnen-Tipps zu geben, wie es dir leichter fällt, vor anderen zu sprechen – sei es im Meeting, auf einer Konferenz, im Interview oder auf Social Media vor der Kamera. Das alles sind ganz klar Situationen, in denen du dich verletzlich machst, aber dadurch an Sichtbarkeit gewinnst. Deshalb solltest du diese Gelegenheiten suchen, für dich nutzen und dich nicht von Angst und Scham zurückhalten lassen.

In der Öffentlichkeit zu reden, ist eine riesige Chance, die gerade Frauen sich viel zu oft entgehen lassen. Wer hat den größten Redeanteil in Meetings? Männer. Wer sitzt in Konferenzen auf der Bühne? Männer. Wessen Expertise wird von den Medien gesucht? Die von Männern. Viv Groskop weist in ihrem ermutigenden Buch *How to own the room. Von Frauen und der Magie brillanter Reden*[24] zu Recht darauf hin, dass Frauen viel zu oft Gelegenheiten zur öffentlichen Rede verstreichen lassen, weil sie sich nicht trauen: »Wir halten uns zurück, selbst wenn andere versuchen, uns einzubeziehen.« Aber: »Wir sind keine Babies und müssen lernen, Ja zu sagen und bereit zu sein, selbst wenn wir denken, dass wir es nicht sind. Es ist nicht die Aufgabe dieser Welt, uns dazu zu überreden.«[25] Ich kann dem nur zustimmen. Wir sind es leid, dass immer nur die Männer reden. Wenn wir vorankommen und endlich auch eine weibliche Perspektive vertreten sehen wollen, dann müssen wir aufstehen und ans Mikro gehen. Und mit jeden Mal wird das leichter. Viv Groskop schreibt: »Ja zu Redemöglichkeiten zu sagen (und diese für sich selbst zu schaffen) kann man als ›Impfung‹ bezeichnen. Je öfter Sie es tun, desto besser schützen Sie sich und desto weniger sind Sie von ›Unwohlsein‹ betroffen.«[26] Die folgenden drei Impulse helfen dir, beim öffentlichen Reden deine Nerven zu bewahren, optimal vorbereitet zu sein und dich im Rampenlicht wohlzufühlen.

Atme durch deine Fußsohlen

Der erste *hack* stammt gleich von Viv Groskop selbst. Es klingt bizarr, aber du solltest diese Übung einmal ausprobieren, um deine Nerven zu beruhigen, bevor du eine Präsentation hältst oder ein Interview gibst: Atme durch deine Fußsohlen. Diese Übung sorgt für einen ruhigen Atem, aktiviert deinen Parasympathikus (»Ruhenerv«) und wirkt so insgesamt beruhigend. Außerdem wirst du buchstäblich geerdet. Nimm die Schultern zurück und richte dich auf. Stelle dich mit beiden Füßen hüftbreit hin und lasse die Arme locker an den Seiten hängen. Stell dir vor, du hättest Nasenlöcher in deinen Fußsohlen und du atmest statt durch deine Nase durch deine Fußsohlen. Atme ein und aus und stell dir dabei vor, wie der Atem durch deinen ganzen Körper strömt.[27] Ich habe diese Übung schon oft praktiziert und als sehr wirkungsvoll empfunden.

Als mein erstes Buch erschien, hatte ich nicht damit gerechnet, wie viele Interviews und Veranstaltungen sich daraus ergeben würden. Ich habe über 30 Vorträge, Lesungen und Workshops gehalten – online und in Präsenz. Außerdem habe ich zig Interviews gegeben. Zum ersten Mal live im Radio zu sein, vor einem vollen Hörsaal oder einer bis auf den letzten Platz besetzten Aula zu sprechen, hat mich schon ein bisschen nervös gemacht. Aber ich habe mich darauf vorbereitet, was mir enorm viel Sicherheit gegeben hat. Ich habe es von Anfang an als große Chance und Wertschätzung begriffen, öffentlich auftreten zu dürfen. Das wollte ich nicht nur nutzen, sondern möglichst auch genießen. Natürlich hatte ich meine Vorträge sehr gut ausgearbeitet und bis kurz vor dem Auftritt immer wieder zur Übung durchgesprochen. Ich habe aber auch einen Make-up-Kurs bei einer professionellen Make-up-Künstlerin besucht, die mir gezeigt hat, worauf es ankommt, wenn man sich für die Bühne oder das Fernsehen schminkt. Genauso habe ich eine Stylistin gebucht, die mit mir einen persönlichen Stil für meine Bühnenpersona entwickelt und mir gezeigt hat, wie ich meine bereits vorhandenen Kleidungsstücke entsprechend kombinieren kann. Sie konnte mich beraten, was vor der Kamera gut aussieht und was weniger vorteilhaft wirkt. Außerdem habe ich mir einen Medientrainer gesucht, der mich auf Interviews und Auftritte vorbereitet hat. Gemeinsam haben wir meine Kernaussagen erarbeitet und Antworten auf kritische Fragen antizipiert. Ihn kann ich immer aufsuchen, wenn ich unsicher bin, was oder wie ich etwas in der Öffentlichkeit kommunizieren sollte. Zudem habe ich auch eine Stimmtrainerin, die mir beibringt, wie ich meine Stimme möglichst effizient einsetze, sodass ich laut und deutlich zu hören bin, sowie eine angenehme Sprechgeschwindigkeit und

Betonung habe. Und *last but not least* habe ich immer mal wieder von einer professionellen Fotografin Fotos von mir aufnehmen lassen, die ich an meinen Verlag und die Presse weitergeben kann.

Mein Rat für dich ist also: Hol dir Hilfe von Profis, wenn du unsicher bist, und erlange so die Kontrolle über die Situation zurück. So wirst du deinen Komfortbereich Stück für Stück in den öffentlichen Raum ausdehnen.

Hauptsache, dir gefällt's

Der letzte Impuls stammt von Claire Chen. Als Tänzerin lässt sie auf der Bühne den *spirit* der 20er-Jahre wieder lebendig werden – inklusive ultrakurzer, glitzernder Kleider. Wie sich herausstellt, ist meine Annahme, diese freizügigen Kostüme kosteten eine Extraportion Mut, falsch. Sie gilt zumindest nicht für Claire. Aus ihrer Antwort lerne ich etwas Wichtiges über den Schritt auf die Bühne: »Ich glaube, erst mal muss man die Klamotten mögen, die man auf der Bühne trägt. Ich mag solche glitzernden Sachen und fühle mich auf der Bühne wie eine Fee, und Feen tragen auch nicht mehr. Es hat einfach jeder seine eigene Vorstellung. Für mich war es so cool, dass ich so viele glitzernde Sachen tragen darf und große Ringe, was ich normalerweise auch nicht trage. Aber auf der Bühne kann ich das endlich machen. Auf der Bühne darf ich sein, was ich sonst nicht sein darf, und ich kriege auch noch Komplimente dafür. Aber zuerst musst du es selbst mögen. Es soll ja nicht jeder so auf die Bühne gehen wie ich. Das ist wirklich Geschmackssache. Du musst dich schön finden, und du musst dich wohlfühlen. Dein Kleid kann kurz sein, es kann lang sein, es kann hässlich sein – wenn du dich wohlfühlst, wenn du denkst: ›Ich bin da drin so schön‹, dann überzeugt das.«

Was für mich persönlich eine Herausforderung wäre, ist für Claire die pure Freude: auf der Bühne kurze glitzernde Kleider tragen. Und da zeigt sich: Es ist so individuell, womit wir uns wohlfühlen. Wenn du auf die Bühne gehst, dann ist es wichtig, dass du dich wohlfühlst. Wirf vermeintliche Erwartungen an deine Erscheinung über Bord und verkleide dich nicht. Wenn du dich in Sneakers sicherer als in High Heels fühlst, zieh Sneakers an. Wenn dir aber High Heels die Extraportion Selbstbewusstsein geben, dann trag die. Wenn du Farben liebst, zieh Farben an, auch wenn alle anderen Dunkelblau und Schwarz tragen. Du kommst als du, als Persönlichkeit – vielleicht auch als Personenmarke – auf die Bühne. Du musst dich nicht deinem Umfeld anpassen. Tatsächlich trägt ein eigener Stil sogar zu deinem Wiedererkennungswert bei und macht dich unverwechselbar. Besser, die Leute erinnern sich an dich als die, die mit einem gelben Sommerkleid aus lauter dunklen Kostümchen hervorsticht, als dass sie sich gar nicht an dich erinnern.

Entdecke deine Stärke: Sei verletzlich!

Wenn du gesehen, gehört, wertgeschätzt, gefördert, ausgezeichnet, befördert oder eingeladen werden willst, musst du dich zeigen. Wenn du es schaffst, dich authentisch zu zeigen, dich etwas zu trauen, etwas Neues auszuprobieren, beweist du damit Mut und wirst immer, immer, immer damit belohnt, dass du wächst – egal ob du erfolgreich bist oder scheiterst. Du kannst nur gewinnen, wenn du dich verletzlich machst: Sichtbarkeit, Mut, Fortschritt und Gemeinschaft.

Lass dich nicht von jedem dahergelaufenen Nörgler beirren: *Keep going*! Aber verpasse auch nicht den *sweet spot* zwischen

Resignation und Verbissenheit: Ein starkes Selbstwertgefühl erlaubt dir, der Realität ins Auge zu blicken, vernünftige Schlüsse zu ziehen und dich anzupassen. Vielleicht bist du dieses Mal gescheitert, aber du hast etwas daraus gelernt und weißt, was du beim nächsten Mal anders machen musst, damit du Erfolg hast.

Falls du in einer Führungsrolle arbeitest, hast du es auch in der Hand, die Arbeitsatmosphäre in deinem gesamten Team erheblich zu verbessern, indem du eine Kultur der Verletzlichkeit etablierst. Wenn du selbst zu deinen Wissenslücken, Fehlern und Gefühlen stehst, macht dich das nicht nur sympathischer und vertrauenswürdiger, sondern erlaubt auch anderen, sich verletzlich zu zeigen.[28] In einer von Angst und Scham dominierten Arbeitskultur schrumpfen Kreativität, Motivation und Innovation. Eine menschliche Arbeitskultur erlaubt Verletzlichkeit. Hier arbeiten Menschen als Menschen, trauen sich, sich einzubringen, neue Wege zu beschreiten und stolz ihre Arbeit herzuzeigen. Die Sängerin Ana Rocha hat mir auf sehr berührende Weise erzählt, wie sie ihre eigene Verletzlichkeit zulässt, um anderen Mut zu machen. Ihr gebe ich deshalb das Schlusswort in diesem Kapitel: »Mutig zu sein und anderen damit Mut zu machen, ist toll. Für mich ist das oft der Fall, dass mir die Musik von anderen Mut macht. Ich habe das ganz oft so empfunden, dass in den schlimmsten Momenten meines Lebens Musik mir am meisten geholfen hat, wieder rauszukommen und weiterzumachen. Das wollte ich auch irgendwie zurückgeben. Und dafür lohnt es sich, mutig zu sein. Wenn das Resultat ist, dass sich jemand weniger allein fühlt, dann lohnt es sich total, sich verletzlich zu machen.«

Meine Buchtipps zum Thema Verletzlichkeit und Sichtbarkeit

Brené Brown: *Verletzlichkeit macht stark. Wie wir unsere Schutzmechanismen aufgeben und innerlich reich werden*
Viv Groskop: *How to own the room. Von Frauen und der Magie brillanter Reden*
Tijen Onaran: *Be your own f*cking hero. Trau dich – weil du es kannst*
Tijen Onaran: *Nur wer sichtbar ist, findet auch statt. Werde deine eigene Marke und hol dir den Erfolg, den du verdienst*
Austin Kleon: *Show Your Work. 10 Wege, auf sich aufmerksam zu machen*

Entscheidungen treffen und Ungewissheit meistern

Ich bin ein großer Fan des Mottos »*Love it, change it or leave it.*« Wenn ich in einer Situation unglücklich bin, unternehme ich etwas, und zwar so schnell wie möglich. Auszuharren und zu jammern wäre für mich reine Verschwendung von Lebenszeit. Ich möchte die kostbare Zeit, die ich habe, möglichst fröhlich verbringen. Deswegen fackele ich nicht lange, wenn mir etwas gegen den Strich geht. Was es auch ist: Beziehung, Job, Freundschaft: Ich versuche, etwas zu ändern, oder verabschiede mich, wenn das nicht geht. Dabei fehlt es mir selten an Entschlossenheit. Meistens weiß ich, was genau mein Problem ist, und habe auch eine Idee, wie ich es lösen kann. Grübeln macht mich wahnsinnig. Deshalb bin ich gerne schnell entschlossen. Klar, manchmal treffe ich auch nicht so schlaue Entscheidungen, aber die lassen sich entweder korrigieren, oder ich habe daraus fürs nächste Mal gelernt. Ich nehme dann meine Erkenntnis für die Zukunft mit und lasse die Fehlentscheidung hinter mir. Mich noch ewig darüber zu ärgern, wäre Jammern, und das ist meiner Meinung nach – genau: Zeitverschwendung. Ich lebe nach dem Grundsatz: Wenn ich etwas ändern kann, tue ich es, und wenn nicht, dann kümmere ich mich nicht weiter darum. Eines meiner Lieblingszitate stammt von Karen Duve aus dem Buch *Weihnachten mit Thomas Müller* und lautet: »Wer jammert, hat noch Reserven.« Da stimme ich vollkommen zu und nutze diese Reserven lieber für Dinge, die ich ändern kann.

Ich merke oft, dass es anderen nicht so leicht fällt wie mir, Entscheidungen zu treffen. Das fängt bei der Speisekarte im Restaurant an, geht mit der Wahl des Urlaubsziels weiter und erstreckt sich selbstverständlich auch auf die Frage: Gehen oder bleiben? – im Job und in der Beziehung. Dabei kommt es mir viel qualvoller vor, die Unentschiedenheit auszuhalten als eine vielleicht nicht optimale Entscheidung zu akzeptieren oder zu korrigieren. Keine Entscheidung bedeutet Stillstand. Aber selbst eine falsche Entscheidung bedeutet Fortschritt – weil wir wenigstens daraus lernen. Wenn du also unzufrieden in deinem Job bist, möchte ich dich zu mehr Entscheidungsfreude ermutigen. Denn nur, wenn du Entscheidungen triffst, kann es für dich vorwärtsgehen.

Entscheidungsfähigkeit ist enorm wichtig, sobald du dich mit Problemen konfrontiert siehst, auf die du reagieren musst. Aber auch, wenn es nicht unmittelbar ein Problem, sondern einfach mehrere gleichwertig erscheinende Möglichkeiten gibt, brauchst du eine starke Entscheidungsfähigkeit. Sie ermöglicht dir, selbstbestimmt durchs Berufsleben zu gehen. Wenn du deine berufliche Laufbahn nicht nur abwarten und geschehen lassen, sondern selbst gestalten willst, dann musst du Entscheidungen treffen. Viele sind aber von der Angst, eine falsche Entscheidung zu treffen, so gehemmt, dass sie lieber keine Entscheidung treffen und die Zeit oder andere über ihr Schicksal entscheiden lassen. In diesem Kapitel erfährst du, was gute Entscheidungen ausmacht, wie du der Angst vor Fehlentscheidungen begegnest, mit welchen Methoden du gute Entscheidungen treffen kannst und warum Unsicherheit nicht nur Risiken, sondern auch Chancen für dich birgt.

Entscheidungsfähigkeit

Entscheidungsfähig bist du, wenn du verstehst, welche Optionen du hast, und dich bewusst für eine entscheidest, wissend, welche Konsequenzen sie haben kann. Ich schreibe »kann«, weil natürlich niemand weiß, was die Zukunft bringt. Was gleich zu der ersten wichtigen Erkenntnis führt: Egal wie gut wir unsere Entscheidung abwägen, wir können in den seltensten Fällen ganz sicher sein, dass eintritt, was wir erwarten. Auch nach gründlichster Überlegung wird immer ein bisschen Unsicherheit bleiben. Deshalb beurteilt man eine gute Entscheidung auch nicht nach ihrem Ergebnis, sondern nach dem Prozess, der zu der Entscheidung geführt hat. Den Prozess können wir kontrollieren, das Ergebnis nicht. Ein weiteres Merkmal guter Entscheidungen ist, dass sie die Ursache eines Problems und nicht dessen Symptome lösen.[1] Daran wird deutlich, dass wir, bevor wir eine Entscheidung treffen, zuerst genau verstehen sollten, was das Problem ist.

Angst vor Fehlentscheidungen

Viele Menschen verharren lieber in einer mehr oder weniger unglücklichen Situation, als eine Entscheidung zu treffen, weil sie Angst haben, sich falsch zu entscheiden und damit sprichwörtlich vom Regen in die Traufe zu kommen. Doch dieses Vorgehen ist ein Teufelskreislauf, denn wer weniger Entscheidungen trifft, sammelt weniger Erfahrungen. Erfahrungen aber sind der Schatz, aus dem unsere Intuition schöpft. Und, wie du im Folgenden sehen wirst, unsere Intuition ist mindestens genauso wichtig, um gute Entscheidungen zu treffen, wie unser Verstand. Wenn du dich also von deiner Angst vor Fehlentscheidungen davon abhalten lässt, überhaupt eine Entscheidung zu treffen, bringst du dich um die Möglichkeit, neue Erfahrungen zu sammeln, auf die du dann wiederum in Zukunft zurückgreifen kannst, wenn du eine Entscheidung treffen möchtest.

In Situationen, in denen du keine Wahl hast, sondern eine Entscheidung treffen *musst*, führt Angst laut dem Psychologen und Entscheidungsexperten Gerd Gigerenzer zu objektiv schlechteren Entscheidungen.[2] Deine Angst ist, wie so oft, ein schlechter Berater.

Um die Angst vor Fehlentscheidungen zu verlieren, sollten wir zuerst beleuchten, wie sie überhaupt entstehen. Auch hier spielen unsere Gefühle wieder eine wichtige Rolle. Wenn wir vor einer Entscheidung stehen, versuchen wir, eine Voraussage für die Zukunft zu treffen, um zu wissen, wie wir uns in der Gegenwart entscheiden sollen. Der Psychologe Daniel Kahneman hat festgestellt, dass wir uns dabei zu sehr davon beeinflussen lassen, was sich richtig anfühlt, und zu wenig in Betracht ziehen, was wir alles nicht wissen.[3] Wir betonen also unsere Gefühle zu stark und unseren Verstand zu wenig. Dadurch wird unsere Wahrnehmung der Realität verzerrt. In seinem gleichnamigen Buch geht Daniel Kahneman dem *Noise* auf die Spur, der uns in Entscheidungsprozessen die Sinne vernebelt. Laut Kahneman kann unsere Wahrnehmung entweder durch einen *Bias* oder eben durch *Noise* verzerrt werden. *Bias* ist Englisch für »Voreingenommenheit«. Wer zum Beispiel das sexistische Vorurteil hegt, Frauen seien, nachdem sie Mütter geworden sind, nicht mehr so leistungsfähig wie vorher, verkennt in einem Bewerbungsprozess deren Potential und trifft möglicherweise eine Fehlentscheidung bei der Besetzung einer neuen Stelle. Während ein *Bias* die Entscheidung immer in die gleiche Richtung verzerrt, sorgt *Noise* – Englisch für

»Rauschen« – für eine unregelmäßige Verzerrung. Für *Noise* kann zum Beispiel schlechtes Wetter, eine angeschlagene Gesundheit, die Müdigkeit nach einer schlaflosen Nacht oder auch die Über-Dramatisierung eines Themas in den Medien sorgen.[4] Philipp Meissner, Autor des Buchs *Entscheiden ist einfach – wenn man weiß, wie es geht,* bringt außerdem den sogenannten *Halo*-Effekt zur Sprache. *Halo* ist Englisch für »Heiligenschein«. Der *Halo*-Effekt beschreibt das Phänomen, dass wir von einer bekannten auf die übrigen unbekannten Eigenschaften einer Person oder Sache schließen. Attraktive Bewerber*innen haben beispielsweise bessere Jobchancen, weil Entscheider*innen unbewusst von deren Attraktivität auf ihre berufliche Kompetenz schließen.[5]

Neben einer verzerrten Wahrnehmung unserer Umwelt kann es laut Philipp Meissner jedoch auch zu Denkfehlern und schlechten Entscheidungen aufgrund einer verzerrten Selbstwahrnehmung kommen. Er schreibt diese Verzerrung zwei verschiedenen Effekten zu. Erstens veranlasse Selbstüberschätzung Menschen dazu, zu große Risiken einzugehen. Selbstbewusstsein ist wichtig, um mutig Entscheidungen zu treffen, aber Selbstüberschätzung ist gefährlich, weil sie uns die Realität und damit die tatsächlichen Risiken verkennen lässt. Zweitens sorge der sogenannte IKEA-Effekt dafür, Selbstgemachtes zu bevorzugen. Psychologen haben herausgefunden, dass Menschen, selbst wenn sie Laien sind, ein von ihnen angefertigtes Produkt besser bewerten als eines, das von einem Profi hergestellt wurde. Wenn wir selbst Zeit und Mühe in etwas investieren, erscheint uns das Ergebnis also besonders wertvoll. Das ist erst mal weder verwunderlich noch verwerflich. Wenn es aber beispielsweise darum geht, zu beurteilen, ob ein eigenes Produkt gut genug ist, um sich auf dem Markt gegen Konkurrenz durchzusetzen, könnte diese Wahrnehmungsverzerrung fatale Folgen haben. Ich denke dabei an Leute, die so begeistert von ihrer Idee und ihrem Produkt sind, dass sie es massenweise herstellen lassen, dafür ihre ganzen Ersparnisse aufbrauchen und dann noch jahrelang den Großteil der nicht verkauften Produkte in ihrer Garage horten.

Damit dir sowas nicht passiert, solltest du dir dieser möglichen Wahrnehmungsverzerrung bewusst sein. Außerdem erhältst du auf den folgenden Seiten ganz konkrete Anregungen, wie du einerseits mit der Angst vor Fehlentscheidungen umgehen und andererseits durch gute Entscheidungsprozesse zu guten Entscheidungen kommen kannst.

Der Angst vor Fehlentscheidungen begegnen

Positive Fehlerkultur etablieren

Ein sehr einfacher und effektiver Weg, deine Angst vor Fehlentscheidungen zu bändigen, ist, eine Umbewertung vorzunehmen: Bewerte ab heute falsche Entscheidungen nicht mehr negativ, sondern positiv. Erstens lernst du immerhin durch eine falsche Entscheidung – mindestens, wie du dieselbe Entscheidung in Zukunft besser treffen würdest. Zweitens schärfen Fehlentscheidungen deine Wahrnehmung für Probleme und helfen dir, diese in Zukunft zu vermeiden. Manchmal weiß man erst, was zum Problem werden kann, wenn es bereits zum Problem geworden ist. Und drittens entdeckst du durch Fehler oft etwas Neues. Wie Columbus, der eigentlich nach Indien wollte, aber dann in Amerika landete, bringt dich eine falsche Entscheidung vielleicht nicht an dein ursprüngliches Ziel, aber der Ort, wo du landest, ist vielleicht auch nicht übel – und vermutlich jenseits deiner Vorstellungen.[6] Die Tänzerin Claire Chen zum Beispiel hat mir gesagt: »Du kannst planen, wie du willst, aber es gibt so viel da draußen, von dem du nicht mal weißt, dass es das gibt. Wenn du nur das willst, was du kennst, dann denkst du in Schubladen. Du kannst dann nur das bekommen, was auch in der Schublade ist.« Tja, und eine Fehlentscheidung führt dich eben manchmal zu Dingen jenseits dieser Schubladen.

Besonders beeindruckt hat mich Maria Obermeier von *OBM Baumaschinen* mit ihrer positiven Fehlerkultur. Sie sagte mir: »Geld habe ich natürlich schon öfter mal verloren und auch heute noch. Dass man irgendwelche Fehler macht, ist, glaube ich, normal, und man lernt immer daraus. Ich würde nicht behaupten, dass das nur in der Anfangszeit vorkommt. Es passiert mir auch heute noch, dass ich manchmal auf ein falsches Pferd setze. Wenn man was ausprobiert und nicht immer die sichere Schiene geht, dann ist das normal.« Hier wird deutlich, wie eng verknüpft Innovation, das Zulassen von Verletzlichkeit und eine positive Fehlerkultur sind. Wenn du eine positive Einstellung zu Fehlern hast, fällt es dir leichter, dich verletzlich zu machen. Du kannst dann mehr Neues wagen und zu ganz eigenen, innovativen Lösungen kommen.

Risikokompetenz aufbauen

Du solltest jedoch nicht nur einen positiven Umgang mit deinen Fehlern finden, sondern auch lernen, die Konsequenzen, die deine Entscheidungen haben, realistisch einzuschätzen und dann dementsprechend zu handeln. Diese Fähigkeit nennt sich Risikokompetenz. Eine solche Risikokompetenz habe ich etwa in meiner Interviewpartnerin Ingrid Lang erkannt. Als sie ihren *Concept Store ila ila* eröffnet hat, ist sie dafür ein erhebliches finanzielles

Risiko eingegangen. Sie musste nicht nur die Renovierung der Verkaufsräume und die Ware, die sie anbieten wollte, bezahlen, sondern auch die Miete für die ersten Monate, in denen der Umsatz noch unberechenbar war, abdecken und natürlich ihre eigenen Lebenshaltungskosten bestreiten. Sie war sich der Summe, die sie investieren musste, sowie der Ungewissheit, ob und wie viel Umsatz sie in den ersten Monaten machen würde, sehr bewusst. Ausschlaggebend für ihre Entscheidung, den *Store* trotz Risiko und Ungewissheit zu eröffnen, war, dass Ingrid ein *Backup* hatte: »Ich bin aber natürlich auch nicht ganz frei von Angst, etwas falsch zu machen. Es ist wichtig, dass man schon eine gewisse Basis von finanzieller Sicherheit hat. In Deutschland kannst du ja nie ganz tief fallen, weil du immer finanziell abgesichert bist, auch wenn du selbst gar nichts hast. Aber *fuck you money* zu besitzen, hilft, um freier entscheiden zu können. Viele Einzelhändlerinnen, mit denen ich gesprochen habe, haben nicht komplett mit *zero* gestartet, sondern hatten eigene Rücklagen oder wussten, dass im Notfall *friends and family* aushelfen könnten. Bei mir sind schon beide Elternteile verstorben. Dadurch habe ich ein Polster für den Fall der Fälle und konnte darauf zurückgreifen. In Kombi mit dem Gründerzuschuss hat das gut funktioniert. Ich weiß nicht, ob ich sonst so mutig gewesen wäre, wenn ich jeden Monat ganz knapp bei Kasse gewesen wäre. Immerhin nimmt man ein Risiko auf sich und weiß nicht, wie's ausgeht.«

Eine andere Strategie, mit dem Schritt in die Ungewissheit umzugehen, ist, sich langsam vorzutasten. Sarah Grunewald aus Oklahoma hat etwa beschrieben, wie andere Bäcker*innen, die ihr Hobby zum Beruf gemacht haben, vorgegangen sind: »Man kann auch klein anfangen. Es gibt zum Beispiel viele Bäcker, die zuhause backen und sich von dort aus einen kleinen Kundenstamm und eine Marke aufbauen. Sie verdienen ein bisschen was und finden erst mal heraus, ob sie das überhaupt längerfristig machen wollen. Und dann eröffnen sie vielleicht ein eigenes Geschäft.« Klein anzufangen, ist ein Rat, den du schon aus dem Ikigai kennst.

Du siehst: Es gibt eine Menge zwischen »vor lauter Angst keine Entscheidung treffen« und »*all in* gehen«. Du kannst dir einen Puffer zurechtlegen, falls es schiefgeht, und du kannst erst mal klein anfangen und dich dann Schritt für Schritt vorwagen. Sehr wichtig, um Risikokompetenz zu erlangen, ist aber auch, zu verstehen, wann du es tatsächlich mit einem Risiko und wann eher mit Ungewissheit zu tun hast. Danach richtet sich nämlich auch, mit welcher Strategie du zu einer guten Entscheidung kommst.

Risiko oder Ungewissheit?

Wenn Menschen zögern, eine Entscheidung zu treffen oder etwas Neues zu wagen, begründen Sie das häufig mit ihrer Angst vor den damit verbundenen Risiken. Dabei sehen wir uns viel seltener mit Risiken und viel häufiger mit Unsicherheit konfrontiert, schreibt Gerd Gigerenzer. Um das zu illustrieren, nutzt er in seinem Buch *Risiko. Wie man die richtigen Entscheidungen trifft* die sogenannte »Truthahn-Illusion«, einen Begriff aus der Verhaltensökonomik, der eine eingeschränkte Risikointelligenz beschreibt und auf ein Gleichnis von Bertrand Russell zurückgeht. Darin geht es um einen Truthahn, der in einem Käfig aufgezogen wird. Für ihn gibt es nur zwei Szenarien: Er bekommt Futter, oder er bekommt kein Futter. Er denkt somit, das einzige Risiko, das ihm drohe, sei, kein Futter zu bekommen. Mit jedem Tag, an dem er Futter bekommt, wird er sich sicherer, dass er auch am darauffolgenden Tag wieder gefüttert werden wird. Als er sich schließlich ganz sicher ist, dass ihm kein Risiko droht, weil er bisher jeden Tag gefüttert wurde, wird der Truthahn geschlachtet. Dieses Gleichnis und die danach benannte Truthahn-Illusion beschreiben eine Unwissenheit über mögliche weitere Risiken. Der Truthahn denkt, er überblicke die Lage, dabei ist ihm nicht einmal klar, warum er überhaupt Futter bekommt: damit er fett genug für die Schlachtung wird.

Und was hat diese bizarre Geschichte mit dir zu tun? – Du musst lernen, zwischen Risiko und Ungewissheit zu unterscheiden. Ein Risiko liegt vor, wenn du alle möglichen Ausgänge einer Situation (oder Entscheidung) kennst. Ungewissheit bedeutet, dass dir zwar einige, aber nicht alle möglichen Konsequenzen bewusst sind. Du wirst Gigerenzer recht geben, dass meistens Letzteres der Fall ist. Der Truthahn dachte, er kennt alle Möglichkeiten und damit sein Risiko. Tatsächlich aber lebte er in Ungewissheit, wie er am Tag seiner Schlachtung feststellen musste.[7] Je nachdem, ob wir es mit Risiko oder Ungewissheit zu tun haben, schlägt Gigerenzer unterschiedliche Methoden zur Entscheidungsfindung vor: »Wenn die Risiken bekannt sind, verlangen gute Entscheidungen logisches und strategisches Denken. Wenn einige Risiken unbekannt sind, verlangen gute Entscheidungen auch Intuition und kluge Faustregeln.«[8] Diese Methoden möchte ich mit dir auf den folgenden Seiten erkunden.

Gute Entscheidungen treffen

Gute Entscheidungen zu treffen, kannst du lernen – und du musst es üben. Wenn du dich sehr schwer damit tust, solltest du ganz bewusst erst einmal im Alltag mit kleinen Entscheidungen trainieren. Philipp Meissner schlägt vor, mit Fragen wie »Was gibt's zum Abendessen?« oder »Welchen Film sehen wir uns an?« zu üben.

Wenn du jemand bist, der sich gern davor drückt, übernimm jetzt Verantwortung für solche Entscheidungen im Freundes- oder Familienkreis. Bilde dir eine eigene Meinung, mach einen Vorschlag und begründe ihn.[9]

Ich habe außerdem die Erfahrung gemacht, dass man sich auch die Angst vor Fehlentscheidungen sehr gut im Alltag abtrainieren kann, indem man ganz bewusst den Zufall entscheiden lässt und sich dann mit dem Ergebnis arrangieren muss. Zum Beispiel habe ich schon im Restaurant blind mit dem Finger auf irgendein Gericht in der Speisekarte gezeigt und gesagt: »Ich hätte gern das hier.« Oder ich habe mir bewusst die Filmauswahl, die mir eine Freundin geschickt hat, nicht genauer angesehen und den Film für unseren Kinoabend einfach nach der Entfernung des Kinos von meiner Wohnung ausgewählt. Ich mag solche kleinen Experimente sogar sehr gerne, weil sie eine Art kontrollierter Kontrollverlust für mich sind. Ich mag, dass ich dadurch kleine Überraschungen erlebe, und kann dir versichern: Etwas Schlimmes ist so noch nie passiert. Vielleicht hat mir mein Essen mal nicht so wahnsinnig geschmeckt, oder ich habe mich den ganzen Abend mit meiner Freundin darüber gewundert, was wir für einen seltsamen Film gesehen haben. Aber zu merken, dass nicht gleich die Welt untergeht, wenn wir mal die Kontrolle verlieren, ist sehr befreiend.

Die folgenden Methoden können dich dabei unterstützen, eine gute Entscheidung zu treffen. Doch weder dein Verstand noch deine Intuition werden dich immer ausnahmslos zu perfekten Ergebnissen führen. Und das ist gar nicht mal so schlimm, denn du wirst sehen, dass du auch damit umgehen kannst.

Ich rekapituliere nochmal: Wenn dir alle Risiken einer Situation bekannt sind, führt dein Verstand dich zu einer guten Entscheidung, weil die Situation relativ übersichtlich ist. Es gibt keine Unbekannten in der Gleichung. Je klarer die Sachlage, desto eher hilft dir dein Verstand. Unser Arbeitsgedächtnis kann nämlich nur vier Informationseinheiten gleichzeitig verarbeiten. Es hat also nur eine sehr begrenzte Kapazität. Je komplexer die Situation, desto schwieriger wird es für unseren Verstand, alles zu verarbeiten. Dann droht die sogenannte Analyseparalyse oder *decision fatigue*, wie Friederike Fabritius in ihrem Buch *Neurohacks* schreibt. Analyseparalyse bedeutet, dass unser Arbeitsgedächtnis von einer Flut an Informationen überfordert wird. Infolgedessen sind wir wie gelähmt (paralysiert) und können nicht mehr handeln. Das hast du bestimmt auch schon mal erlebt.[10] Dein Verstand hilft dir also optimal weiter, wenn du alle Risiken einer Situation überblickst und sie gegeneinander abwägen kannst. Mit einer Einschränkung, wie Friederike Fabritius schreibt: »Während Anfänger davon profitieren, mehr nachzudenken, kann es Experten tatsächlich hemmen.«[11] Warum? Weil Expert*innen sich dann etwas bewusst machen, was sie sonst unbewusst tun. Wenn du eine richtig gute Tennisspielerin bist und dann jemandem erklären sollst, wie genau du deinen Aufschlag machst, wird er dir vermutlich gleich nicht mehr so gut gelingen. Vielleicht vermasselst du ihn auch total. Dieses Phänomen nennt sich *choking* – zu Deutsch »verschlucken«. Du kannst dir also merken: Je weniger du dich in dem Bereich auskennst, in dem du eine Entscheidung treffen sollst, und je klarer die Ausgangslage ist, desto eher solltest du auf deinen Verstand zurückgreifen.

Eine weitere Sache solltest du dir, bevor du eine Entscheidung triffst, klarmachen: Was genau ist das Problem, das du lösen willst? Viele Menschen neigen dazu, über eine Lösung nachzudenken, bevor sie das Problem richtig verstanden haben. Erinnerst du dich an die 5-*Why*-Methode aus dem Kapitel über Neugier? Sie kann dir helfen, zur Wurzel deines Problems vorzudringen. Angenommen, du überlegst, dich auf eine unternehmensinterne Stellenausschreibung zu bewerben, die einen Aufstieg für dich bedeuten würde, und weißt nicht, wie du dich entscheiden sollst. Dann könntest du dich fragen: »Warum weiß ich nicht, ob ich mich bewerben soll? – Weil ich nicht sicher bin, ob ich den Anforderungen der ausgeschriebenen Stelle gewachsen bin. – Warum bin ich nicht sicher? – Es fällt mir schwer, meine eigenen Stärken zu benennen und mich auf meine Fähigkeiten zu verlassen. – Warum fällt mir das schwer? – Weil ich Angst habe, andere könnten mich als arrogant wahrnehmen, wenn ich meine Stärken kommuniziere und selbstbewusst auftrete. – Warum denke ich das? – Weil ich verinnerlicht habe, dass ich bescheiden sein muss.« In diesem Fall reichen schon vier »Warum«, um deutlich zu machen, was das eigentliche Problem ist: ein schädlicher Glaubenssatz. Bevor du in diesem Fall die Entscheidung für oder gegen die Bewerbung auf die ausgeschriebene Stelle treffen könntest, müsstest du erst einmal deinen Glaubenssatz auflösen, denn er hält dich davon ab, dein volles Potential zu entfalten. Übrigens vermute ich, dass insbesondere viele Frauen genau diesen Glaubenssatz – »Ich muss bescheiden sein« – verinnerlicht haben, weil die meisten von uns so erzogen wurden. Nicht nur im Berufsleben ist das ein immenser Nachteil. Sind dann die richtigen Voraussetzungen gegeben, fällt dir die Entscheidung für oder gegen die Bewerbung gleich leichter.

Wenn du glaubst, dass du das eigentliche Problem identifiziert hast, empfiehlt Philipp Meissner, noch eins draufzusetzen und zu fragen: Was sonst könnte das Problem sein?[12] Das ist also ein Impuls, nochmal ganz frisch und offen auf eine Situation, die dir, wenn du dich nicht entscheiden kannst, vermutlich verfahren vorkommt, zu schauen. Manchmal verbeißen wir uns so sehr in ein vermeintliches Problem, dass wir den Wald vor lauter Bäumen nicht mehr sehen und vollkommen ineffizient auf einem Nebenschauplatz kämpfen, statt das eigentliche Problem zu beheben. Wenn du ein Problem identifizieren möchtest, solltest du also möglichst lange offen für Alternativen bleiben, bevor du dich auf eine Definition deines Problems festlegst. Erst wenn du das Problem genau verstanden hast, solltest du nach Lösungen suchen und dich für eine entscheiden. So kannst du sicher sein, dass du das Problem tatsächlich behebst, und hast für die Zukunft gelernt, was genau falsch gelaufen ist und wie du es eventuell vermeiden kannst.

Aus eigener Erfahrung weiß ich, dass diese Offenheit schwer auszuhalten ist. Wir wollen Probleme immer schnell lösen, neigen aber dazu, nur ein Pflaster draufzukleben, statt die richtige »Diagnose« und die richtige »Therapie« zu finden. Ich kann dir aber versprechen: Der Moment, in dem dir bewusst wird, was wirklich im Kern das Problem ist, fühlt sich wie eine Erleuchtung an. Selbst wenn das Problem damit noch nicht gelöst ist, erlangst du die Kontrolle über die Situation und kannst souverän eine Entscheidung fällen.

Last but not least solltest du dir, wenn du dich in den Entscheidungsprozess begibst, klar darüber werden, was deine Argumente (und Gegenargumente) sind und was eigentlich eher Glaubenssätze (»Ich muss bescheiden sein«) sind. Argumente beruhen auf logischen und rationalen Überlegungen sowie messbaren Fakten. Glaubenssätze hingegen basieren auf persönlichen Überzeugungen, Werten und Erfahrungen, die nicht unbedingt objektiv überprüfbar sind. Wenn du eine rationale Entscheidung treffen willst, solltest du dich ausschließlich von Argumenten leiten und deine

Wahrnehmung nicht von irrationalen Glaubenssätzen verzerren lassen.

Lass uns am Beispiel einer Entscheidung meiner Interviewpartnerin Sarah Grunewald drei ganz konkrete Maßnahmen erkunden, die helfen können, gute Entscheidungen mit Logik und Strategie zu treffen.

»Ich habe letztes Jahr einen Punkt der Erschöpfung erreicht«, erzählte mir Sarah. »Ich habe ja nur mit der normalen Küchenausstattung meines Hauses gebacken. Das hätte ich weiter machen können, aber nicht sehr lange. Also bin ich das Risiko eingegangen, in angemessenes Equipment zu investieren, um mein Geschäft nachhaltig erfolgreich zu machen. Es war schon ein bisschen erschreckend, das ganze Geld ins Geschäft zu investieren, statt es in meine eigene Tasche zu stecken. Ich habe mich gefragt, was passiert, wenn mein Plan nicht aufgeht und ich so am Ende viel Geld und Zeit verschwendet hätte.« Zu dem Zeitpunkt hatte Sarah einen Überblick über die Anzahl der wöchentlichen Bestellungen, das heißt, sie konnte die Nachfrage und damit den zu erwartenden Umsatz ungefähr beziffern. Außerdem kannte sie den Preis eines professionellen Backofens und der Energie, die dieser verbrauchen würde. Sie konnte sich also ausrechnen, wie lange es dauern würde, bis sich ihre Investition amortisiert haben würde, wenn die Bestellungen weiter auf dem Niveau blieben wie gehabt.

Kritik miteinbeziehen

Um eine gute Entscheidung zu treffen, sollte man auch mögliche Kritik berücksichtigen. Wir neigen dazu, nach Informationen zu suchen, die unsere vorgefertigte Meinung bestätigen, und damit in einer Meinungs-*Bubble* zu bleiben. Die kognitive Psychologie nennt das einen Bestätigungsfehler. Es ist also hilfreich, sich gezielt auch mit abweichenden Meinungen zu beschäftigen.[13] Sarah hätte bewusst auch Menschen in ihrem Umfeld nach ihrer Meinung fragen können, von denen sie weiß, dass sie gern mal anderer Meinung als sie selbst sind.

Negative Konsequenzen antizipieren

Zweitens hätte Sarah auch negative Konsequenzen und ein mögliches Scheitern ihres Investitionsplans im Kopf oder auf dem Papier durchspielen können. Wir laufen nämlich Gefahr, die positiven Folgen einer Entscheidung zu hoch und ihre negativen Auswirkungen zu gering einzuschätzen. In der Psychologie heißt das Kontrollillusion: Wir tendieren dazu, der Illusion zu erliegen, wir hätten mehr Kontrolle über den Ausgang einer Sache, als es tatsächlich der Fall ist. Um sich also klarzumachen, dass und wie die Sache auch schiefgehen könnte, sollte man sich, schlägt Philipp Meissner vor, in sein zukünftiges Ich hineinversetzen und so tun, als wäre man bereits gescheitert. Dann sollte man sich die Fragen stellen: Was ist schiefgegangen? Warum ist es schiefgegangen? Mit welchen Maßnahmen hätte ich mein Scheitern verhindern können?[14] So bekommst du ein realistisches Bild und kannst Vorkehrungen treffen, um mögliche negative Konsequenzen aufzufangen.

Die 10–10–10-Methode

Und schließlich hilft dir die 10–10–10-Methode der Unternehmensberaterin Suzy Welch dabei, irrationale Ängste abzubauen und dir über die kurz-, mittel- und langfristigen Konsequenzen deiner Entscheidung klarzuwerden. Frage dich, welche Auswirkungen deine Entscheidung in 10 Minuten, 10 Monaten und 10 Jahren haben wird. Du wirst auf diese Weise erkennen, ob deine Ängste berechtigt sind und ob du deine Entscheidung nachträglich auch wieder ändern kannst, wenn sie sich doch als Fehler entpuppt.[15]

Sarah hätte so beispielsweise sehen können, dass ihre Entscheidung eher mittelfristige Konsequenzen hätte. Nach zehn Minuten wäre noch nichts geschehen. In zehn Monaten wäre ihre Arbeit entweder leichter, wenn sie sich für den neuen Ofen entschieden hätte, oder genauso anstrengend wie bisher, wenn sie nicht in einen neuen Ofen investiert hätte. Sie könnte mehr Aufträge annehmen und dadurch mehr Geld verdienen oder müsste ihr Auftragsvolumen stärker begrenzen und könnte dadurch weniger Geld verdienen. Vielleicht wäre Sarah in zehn Monaten noch damit beschäftigt, den Kredit abzuzahlen und könnte weniger von ihrem Gewinn für sich behalten, was nicht der Fall wäre, wenn sie auf den Ofen verzichtet hätte. Allerdings wären ihrem Business dann auch die Wachstumschancen verwehrt geblieben, die Sarah ihm durch die Investition in den neuen Ofen ermöglicht hat.

Ob Sarah in zehn Jahren immer noch Sauerteigbäckerin ist, kann man nicht mit Sicherheit sagen. Vielleicht kommt etwas dazwischen, sodass sie ihr Geschäft nicht fortführen und den Kredit nicht so schnell abbezahlen kann, wie gedacht. Vielleicht floriert ihr Geschäft aber auch mehr als je zuvor, und sie hat längst einen zweiten Ofen. Da diese Frage zum jetzigen Zeitpunkt nicht geklärt werden kann, kann Sarah sie bei ihrer Entscheidungsfindung vernachlässigen.

Mit Faustregeln und Schwarmintelligenz entscheiden

Ist große Eile geboten, die Situation komplexer oder außerhalb deines Kompetenzbereichs, sodass du die Konsequenzen deiner Entscheidung nicht wirklich überblicken kannst, oder ist dein Urteilsvermögen durch Stress, Müdigkeit oder Ablenkung gestört, solltest du auf Faustregeln und/oder die Schwarmintelligenz zurückgreifen.

Faustregeln

Faustregeln, sogenannte Heuristiken, helfen dir – wissenschaftlich belegt –, schnelle und gute Entscheidungen zu treffen.[16] Sie entspringen oft jahrelanger, wenn nicht gar jahrzehntelanger Erfahrung. Deswegen liegst du oft richtig, wenn du nach Faustregeln handelst. »Schlafe eine Nacht über deine Entscheidung«, ist so eine Faustregel. In der REM-Phase des Schlafes träumen wir nicht nur, sondern verarbeiten auch Gefühle und bauen negative Emotionen wie Angst ab. Wenn du gut und ausreichend schläfst, verbesserst du damit dein Urteilsvermögen, weil du dich einerseits weniger von deinen Gefühlen leiten lässt und andererseits konzentrierter bist.[17]

Auch die Faustregel »*Better done than perfect*«, die ich an anderer Stelle schon zitiert habe, kann dir bei Entscheidungen helfen: Setze dir eine Deadline, zu der du definitiv eine Entscheidung treffen willst, und dann entscheide dich spätestens zu diesem Zeitpunkt – auch wenn du das Gefühl hast, deine Entscheidung ist nicht perfekt. Falls du unter einer Analyseparalyse leidest, setzt du ihr so ein Ende und zwingst dich, deine Entscheidung nicht weiter aufzuschieben. Falls dir selbst dafür die Disziplin fehlt, erzähle

Freund*innen, Kolleg*innen oder Familie von deiner Deadline und bitte sie, dich daran zu erinnern.[18]

Kevad Belle Saarepera musste, als ihr Unternehmen *Not Your Average Co.* noch relativ jung und gerade an der Schwelle dazu war, profitabel zu wirtschaften, eine schwere Entscheidung treffen. Eine Deadline half ihr dabei, wie sie erzählt: »Es gab nur ein Problem: Ich konnte unmöglich alle Arbeit allein bewältigen. Mir wurde schnell klar, dass ich jemanden finden musste, der in *Not Your Average* investiert. Mit dem Geld würde ich dann die Produktion automatisieren und Arbeitskräfte einstellen. Ich sah auch ein: Würde es mir nicht gelingen, eine*n Investor*in zu finden, dann musste ich *Not Your Average* auflösen. Also setzte ich mir selbst eine Frist: Schaffte ich es bis Ende 2021 nicht, eine*n Investor*in zu finden, würde ich aufgeben. Ich erzählte Leuten von meinem Plan, manifestierte meinen Wunsch mental und wartete. Zeit verging und nichts passierte. Es wurde Dezember 2021, niemand war in Sicht, und ich verlor langsam die Hoffnung. Aber dann, kurz vor Weihnachten, meldete sich plötzlich Siim Land, der berühmteste Biohacker Estlands, und wollte in *Not Your Average* investieren. Das veränderte wirklich alles. Ich konnte die Produktion automatisieren, und plötzlich kamen immer mehr Leute, die helfen wollten, *Not Your Average* groß zu machen.«

Eine andere Faustregel, die hilft, schnellere und bessere Entscheidungen zu treffen, habe ich durch meine Interviewpartnerin Margot de Broglie kennengelernt, die gemeinsam mit ihrer Schwester die App *Your Juno* entwickelt hat. Ich habe Margot gefragt, wie sie entscheiden, um welche Probleme sie sich zuerst kümmern, wenn welche auftauchen: »Meine Schwester und ich betrachten Probleme oft als Gummi-, Glas- oder Metallkugeln. Gummikugeln springen wieder hoch, wenn wir sie fallen lassen. Glaskugeln gehen kaputt, und Metallkugeln machen eine Menge

Lärm, aber sonst geschieht nichts Schlimmes. Einer unserer Coaches hat uns diese Analogie an die Hand gegeben, weil die Vielfalt der To-dos manchmal überwältigend sein kann. Mit diesem Bild auf aufkommende Probleme zu schauen, hilft, sie zu priorisieren. Wir fragen uns also bei jedem neuen Problem: »Ist das eine Glaskugel?« Wenn ja, dann haben wir keine andere Wahl, als uns sofort darum zu kümmern. Vielleicht ist es aber auch nur eine Metallkugel, und wir müssen uns nicht unbedingt sofort darum kümmern. Neulich hatten wir zum Beispiel so eine Metallkugel, als wir eine Weile einfach keine Zeit hatten, unserem Buchhalter zu antworten. Der wurde dann irgendwann richtig sauer und hat Alarm geschlagen, aber das hat dem Unternehmen überhaupt nicht geschadet. Eine Glaskugel wäre es, unseren Investor*innen nicht mehr zu antworten. Das kann schon zu großen Problemen führen. Und eine Gummikugel wäre es, unseren Mitarbeiter*innen eine Weile lang etwas weniger Führung zu geben oder ein bisschen weniger ansprechbar für sie zu sein. Dann müssen sie eben selbst kreative Lösungen und eigene Wege finden. Das ist der Rahmen, mit dem wir arbeiten.«

Schwarmintelligenz

Der Naturforscher Francis Galton beschrieb 1907 ein Phänomen, das er als *vox populi* (dt. »die Stimme des Volkes«) bezeichnete. Galton hatte in einem Experiment herausgefunden, dass, wenn man eine größere Menge Menschen unabhängig voneinander befragt, der Durchschnitt aller Antworten der Wahrheit erstaunlich nahekommt. Diese Erkenntnis hilft dir vermutlich vor allem weiter, wenn es um Zahlen geht, die du schätzen musst oder möchtest. Wichtig ist, dass die Antworten der Befragten sich nicht gegenseitig beeinflussen können und dass du allen exakt dieselbe Frage stellst. Daniel Kahneman gibt jedoch zu bedenken, dass, wenn alle Befragten denselben *Bias* haben, der Mittelwert, den du aus ihren Antworten bildest, diese Voreingenommenheit widerspiegeln wird.[19]

Die Schwarmintelligenz kann dir auch helfen, wenn du vor besonders komplexen, schwierigen Entscheidungen stehst. Kahneman rät dazu, diese in separate Einzelfragen herunterzubrechen und diese einzelnen Fragen unabhängig Urteilenden zu stellen.

Ich persönlich habe auch immer wieder gute Erfahrungen damit gemacht, gezielt Expert*innen zu meinem Problem oder vor einer Entscheidung zu befragen. Unkritisch solltest du natürlich keinen Rat annehmen. Aus zwei Gründen: Laut Philipp Meissner geben auch Expert*innen oft nur eine Mehrheitsmeinung wieder.[20] Ich kann mir das so erklären, dass es sehr viel Mut und Selbstbewusstsein braucht, eine Ansicht zu vertreten, die die geltende Meinung infrage stellt. Dazu sind wohl die wenigsten in der Lage. Der zweite Grund, warum du eine Expert*innen-Meinung nicht blind befolgen solltest, ist ganz einfach, dass nicht jeder Weg zu jedem Menschen passt. Nur weil ich auf einem Weg ans Ziel gekommen bin, heißt das nicht, dass dich derselbe Weg zum Ziel führt. Aber dir zumindest anzuhören, was ein*e Expert*in dir raten würde, kann nicht schaden.

Mit Intuition entscheiden

Wenn du selbst Expertin auf dem Feld bist, auf dem du eine Entscheidung treffen sollst, oder die Situation, in der du dich befindest, sehr komplex ist, dann vertraue auf deine Intuition. Bei der Wahl von Geschäftspartner*innen, Arbeitgeber*innen oder Mitarbeiter*innen etwa kennst du vielleicht ein paar objektive Kriterien wie Referenzen und Fähigkeiten. Wirklich beurteilen kannst du einen Menschen aber nach einem kurzen Kennenlerngespräch nicht. Du musst dich ganz einfach auf deine Intuition verlassen.

Die Intuition ist eine unbewusste Intelligenz, die die meisten Regionen unseres Gehirns nutzt. Sie basiert auf unseren Erfahrungen und Einstellungen, die im Unbewussten gespeichert sind. Die Intuition ergänzt das logische Denken und ist ihm ebenbürtig.[21] Ursprünglich dafür gemacht, in existentiell bedrohlichen Situationen (Säbelzahntiger!) schnelle Entscheidungen zu treffen,[22] ist unsere Intuition heute essentiell, weil unsere Welt und damit die Entscheidungen, die wir treffen müssen, immer komplexer werden.

Friederike Fabritius räumt in ihrem Buch *Neurohacks* mit dem zweifelhaften Image der Intuition auf: »Eine verbreitete Fehleinschätzung lautet, dass intuitive Entscheidungen willkürlich sind und einen Mangel an Können zeigen. Das Gegenteil ist richtig: Intuitive Entscheidungen sind oft das Ergebnis von jahrelanger Erfahrung und tausenden Stunden Übung. Sie sind das Ergebnis der effizientesten Nutzung unserer akkumulierten Kompetenz.«[23] Fabritius betont, dass Erfahrung die Voraussetzung für Intuition ist, und spricht deshalb auch von »Expertenintuition«. Ergo: Wer in einem Geschäftsfeld keine Erfahrung hat, kann nicht auf seine Intuition zählen, sondern sollte sich lieber auf eine logische Analyse stützen.

Viel Erfahrung hatte etwa meine Interviewpartnerin Maria Lorenz-Bokelberg mit Podcasts in den USA gesammelt, bevor sie sich entschloss, sich als Podcast-Produzentin in Deutschland selbständig zu machen. Weil Podcasts zu diesem Zeitpunkt in Deutschland praktisch unbekannt waren und Maria demnach ein vollkommen neues Geschäftsfeld aufbauen wollte, war sie mit einer Menge Ungewissheit konfrontiert – und gezwungen, auf ihre Expertinnenintuition zu vertrauen: »Ich habe geglaubt, dass Podcast so genial ist, dass die Leute das einfach erst mal verstehen müssen. Ich habe die ersten drei Jahre gar kein Geld verdient. Während dieser Zeit hatte ich noch einen 20-Stunden-Job, und mein Mann hat mich unterstützt. Ich habe immer gesagt: ›Nee, warte mal ab, gleich geht's los.‹ Natürlich war ich zwischendurch auch total unsicher und dachte: ›Hoffentlich klappt es bald.‹ Dabei war ich immer sicher, dass es klappen würde, nur nicht, wie früh ich dran war – viel zu früh oder nur ein bisschen. Ich fand es sehr beängstigend am Anfang, aber ich habe nie geglaubt, dass es nicht irgendwann klappt, und irgendwann hat es ja auch geklappt.«

Expertenintuition sei auch keineswegs Hokuspokus, beteuert Fabritius, sondern neurowissenschaftlich zu erklären: »Sie ist das Produkt akkumulierter Kenntnisse und Praxis und funktioniert, indem die Erfahrung mit äußeren Hinweisen kombiniert wird, um zu einer Entscheidung zu gelangen, die auf der unbewussten Ebene fällt und eine körperliche Reaktion auslöst, die wir gemeinhin als ›Bauchgefühl‹ bezeichnen.«[24]

Münzwurf

Was ein bisschen abstrakt klingt, lässt sich sehr gut an einem Beispiel nachvollziehen: Angenommen, du hast eine Stelle zu besetzen und kannst dich nicht zwischen zwei ähnlich geeigneten Bewerber*innen entscheiden. Wenn du eine Münze wirfst, wird das Ergebnis des Münzwurfs entweder Zufriedenheit oder Unzufriedenheit bei dir auslösen. Was du in dem Moment spürst, ist das berühmte »Bauchgefühl«. Und das funktioniert so, erklärt Friederike Fabritius: Wenn wir vor einer Entscheidung stehen, beginnt unser Unbewusstes sofort, sich damit zu beschäftigen, und trifft lange vor unserem Bewusstsein eine Wahl. Entspricht unsere bewusste Entscheidung dann der unbewussten, wird eine Belohnungsreaktion im Gehirn ausgelöst: Dopamin wird ausgeschüttet, und wir fühlen uns zufrieden. Bleibt diese Belohnungsreaktion aus, fühlen wir uns bedroht – ein sicheres Zeichen dafür, dass unser Bauchgefühl uns zu einer anderen Entscheidung rät.[25]

Eine Münze zu werfen, ist also eine legitime und wissenschaftlich fundierte Methode, um mittels Intuition zu einer Entscheidung zu kommen. Macht dich das Ergebnis des Münzwurfs zufrieden, entscheidest du so wie die Münze. Macht es dich unzufrieden, folgst du nicht der Entscheidung der Münze, sondern wählst die zweite Option. Wenn mehr als zwei Optionen zur Verfügung stehen, kannst du mit der Münze immer zwei gegeneinander »ausspielen« und dann jeweils die Favoriten gegeneinander abwägen.

Rat von deinem Zukunfts-Ich

Die nächste intuitive Entscheidungsmethode stammt von der Unternehmerin Ingrid Lang. Ich habe sie gefragt, was sie machen würde, wenn sie vor der Wahl stünde, eine neue Herausforderung anzunehmen oder auszuschlagen. Sie empfiehlt, einen Perspektivwechsel einzunehmen und sich von seinem zukünftigen Ich Rat zu holen: »Ich würde mir vorstellen, was mein Zukunfts-Ich mir in 20 oder 30 Jahren raten würde. Vermutlich sowas wie: ›Hey du bist grad noch jung und hast noch keine große Verantwortung zu tragen. Mach das, probier's aus, du hast nicht viel zu verlieren.‹ Ich empfehle auch, sich bewusst zu machen, was man ganz konkret zu verlieren hätte und wie wichtig dieser Verlust wäre im Vergleich zu dem, was auf der Gewinnseite steht und wie glücklich es einen machen würde, sich mit seinen Ideen und seiner Kreativität auszudrücken.«

Ingrid versucht also, sich in ihr zukünftiges Ich einzufühlen und dabei sowohl die Freude zu spüren, die ihr eine mutige Entscheidung heute in der Zukunft bringen könnte, als auch die Trauer über eine verpasste Chance, falls sie heute nicht den Mut aufbringt, sich für eine neue Herausforderung zu entscheiden. Genauso könntest du bei dieser Zukunftsschau aber auch erkennen, dass der Zeitpunkt für eine neue Herausforderung noch nicht reif ist, weil du gerade noch andere Baustellen zu beackern hast, und du auch später wieder die Chance haben wirst, dir neue Herausforderungen zu suchen, wenn dafür auch wirklich Raum in deinem Leben ist.

Du kannst natürlich nicht wissen, wie du deine heutige Entscheidung tatsächlich in 20, 30 Jahren bewerten würdest, aber dieser Perspektivwechsel hilft dir, mit deiner Intuition zu spüren, ob du deine Entscheidung bereuen könntest oder nicht.

Was dann?

Auf die *Then-What*-Methode hat mich erst kürzlich eine Freundin aufmerksam gemacht. Sie ist verwandt mit dem Rat vom Zukunfts-Ich und hilft dir ebenfalls, über den Punkt hinauszuschauen, an dem du gerade stehst. Die *Then-What*-Methode kann einen Schlussstrich unter deine Grübeleien und irrationalen Ängste ziehen, indem sie dir vor Augen führt, was schlimmstenfalls passieren kann, wenn du dich entscheidest, eine Ungewissheit einzugehen.

Sagen wir, du würdest gern bei einem Netzwerktreffen deiner Branche ein Projekt vorstellen, das du erfolgreich abgeschlossen hast. Du hast aber Angst, dass du eine miserable Rednerin bist. Gehe davon aus, deine Befürchtung trifft zu, und gehe in einen inneren Dialog. Frage dich: Was dann? – Wenn ich eine miserable Rednerin bin, werde ich die Zuhörer*innen langweilen. – Was dann? – Dann können sie meinem Vortrag nicht richtig folgen. – Was dann? – Dann hören sie mir nicht zu. – Was dann? – Dann habe ich meine *message* nicht rübergebracht. – Was dann? – … An dieser Stelle würde ich sagen: *So what!?* Diese Übung zeigt dir, dass oft gar nichts Schlimmes passiert und deine Ängste übertrieben sind. Selbst wenn du denkst, du bist eine miserable Rednerin, könntest du dich auf die Bühne stellen und dein Projekt vorstellen, wenn du Lust darauf hast. Es wird nichts Schlimmes passieren. Gleichzeitig könntest du in diesem Fall mit der *Then-What*-Methode zu dem Schluss kommen, dass es ein bisschen schade ist, dass deine *message* verloren geht, wenn du einen schlechten Vortrag hältst, und den Entschluss fassen: Ich lerne jetzt, gute Vorträge zu halten. Das kann nämlich auch jede*r.

Als mir Camilla Sohn erzählte, wie sie die Entscheidung getroffen hat, ihre Festanstellung zugunsten ihrer Selbständigkeit mit *caminvesta* aufzugeben, erinnerte mich das sehr an die *Then-What*-Methode: »Ich dachte mir: Was kann schon passieren? Das Schlimmste, was passieren kann? Ich muss mich wieder anstellen lassen, und so schlimm ist das ja gar nicht, und deswegen hat es mich im Endeffekt dann doch weniger Mut gekostet, als ich gedacht hätte.«

Deine Intuition stärken

Damit die oben genannten Methoden funktionieren, musst du natürlich überhaupt erst einmal eine gute Verbindung zu dir selbst, deinem Körper und deinen Gefühlen haben. Sonst kannst du deine Intuition und die körperlichen Veränderungen (Dopamin oder kein Dopamin), die mit ihr einhergehen, nicht spüren.

Wenn du deine Intuition stärken möchtest, solltest du Achtsamkeitsübungen machen. Achtsamkeit ist das Gegenteil von Multitasking. Multitasking führt zu einer Abnahme der grauen Masse im Gehirn, die dafür verantwortlich ist, subtile körperliche Hinweise zu registrieren[26] und Emotionen zu kontrollieren. Damit zerstört Multitasking deinen Fokus, weil du dich leichter von deinen Gefühlen ablenken und in die Irre führen lässt. Achtsamkeitstraining hingegen stärkt die Verbindung zu den eigenen Gefühlen und damit die Kontrolle über sie. Das wiederum führt dazu, dass du dich besser konzentrieren kannst und dich weniger von deinen Gefühlen ablenken lässt.[27] Mit Achtsamkeitstraining kannst du neben deiner intuitiven Entscheidungskompetenz auch Entspannung, Resilienz und ein starkes Immunsystem fördern.

Achtsamkeit ist eine Methode des Buddhismus', in der man sich auf die Gegenwart konzentriert. Um Achtsamkeit zu üben, kannst du zum Beispiel Atemmeditationen oder *Body Scans* machen. Für beides findest du angeleitete Übungen auf YouTube oder in Meditations-Apps wie *7Mind*, *Baloon* und *Headspace*. Oder du belegst einen MBSR-Kurs. MBSR steht für *Mindfulness Based Stress Reduction* und bedeutet übersetzt »Achtsamkeitsbasierte Stressreduktion«. Die Kosten für Meditations-Apps oder MBSR-Kurse werden sogar von vielen Krankenkassen übernommen.

Serendipität

Ich hoffe, dass die Impulse auf den vorangegangenen Seiten dir zu einem besseren Umgang mit Ungewissheit verholfen haben. Aber wusstest du, dass Ungewissheit nicht nur ein notwendiges Übel ist, mit dem wir lernen müssen, umzugehen, sondern dass Ungewissheit auch eine Menge Chancen birgt? Ich spreche von Serendipität!

Das Wort »Serendipität« ist eine Schöpfung des englischen Schriftstellers Horace Walpole. Er benutzte es am 28. Januar 1754 in einem Brief, um seinem Freund von einem Glücksfall zu berichten. In diesem Sinne beschreibt Serendipität eine unerwartete, aber erfreuliche Entdeckung, einen glücklichen Zufall.[28] Serendipität bedeutet, eine Chance zu erkennen, wo andere nur einen Unfall sehen. Der berühmteste Serendipitäts-Fall aus der Geschichte ist neben der bereits erwähnten zufälligen Entdeckung Amerikas wohl die Entdeckung des Penizillins. Der britische Bakteriologe Alexander Flemming vergaß, Petrischalen, in denen er die Krankheitserreger Staphylokokken für seine Forschung züchtete, rechtzeitig zu entsorgen. Die Kulturen begannen zu schimmeln. Ein Versehen! Unter dem Mikroskop erkannte Flemming jedoch, dass der Schimmelpilz die Bakterien verdrängt hatte, und ihm wurde bewusst, dass er durch diesen glücklichen Zufall ein Mittel gegen die krankmachenden Staphylokokken entdeckt hatte: den Schimmelpilz der Gruppe Penicillium. Das Antibiotikum, das er daraus herstellte, nannte er Penizillin.

Serendipität nützt aber nicht nur Entdecker*innen und Forscher*innen, sondern auch dir in deinem Beruf, denn Serendipität fördert viele Aspekte unternehmerischen Denkens und Handelns, die in diesem Buch beschrieben werden, wie etwa Innovation,

Fortschritt, originelle Lösungen, Anpassungsfähigkeit, ein Gefühl der Selbstwirksamkeit und persönliches Wachstum. Viele der Unternehmerinnen, mit denen ich gesprochen habe, schätzen Serendipität deshalb sehr und machen sie sogar zu einem guten Teil für ihren Erfolg verantwortlich. Margot de Broglie, die Gründerin der Finanz-App *Your Juno* hat mir erzählt: »Ich habe mich neulich mit dem Gründer eines Einhorn-Start-ups* unterhalten und ihn gebeten, drei Dinge zu benennen, die seiner Meinung nach dazu führen, dass aus dem eigenen Start-up ein Einhorn wird. Er sagte: ›Glück, Glück und nochmals Glück.‹ Und dem stimme ich total zu. Ich meine, natürlich ist es eine Kombination aus Glück und harter Arbeit. Aber ich denke, Glück spielt eine riesige Rolle dabei: die richtigen Leute zu treffen, gute Gelegenheiten zu erkennen.«

Christian Busch hat der Erforschung der Serendipität ein ganzes Buch gewidmet. In *Erfolgsfaktor Zufall* schreibt er, Serendipität sei kein punktuelles Ereignis, sondern ein Prozess. Dieser Prozess umfasse drei charakteristische Merkmale. Erstens begegne ein Mensch etwas Unerwartetem. Er entdecke zweitens einen unvorhergesehenen Zusammenhang und erkenne dadurch den Wert der zufälligen Begebenheit. Und drittens handele es sich bei diesem erkannten Mehrwert nicht um die Lösung oder Erkenntnis, nach der er ursprünglich gesucht hat.[29]

Um eine Assoziation zwischen der zufälligen Begebenheit und einem Aspekt deines (Berufs-)Lebens herzustellen, brauchst du neben Neugier und einer Offenheit für neue Ideen auch Kreativität, wie die Neurowissenschaftlerin Friederike Fabritius erklärt: »Kreativität (zeichnet sich) durch die Offenheit für Optionen in

---

* Start-up mit einer Bewertung von über einer Milliarde US-Dollar weltweit

alle Richtungen und durch die Fähigkeit aus, auf das Unbewusstsein zuzugreifen, um innovative Verknüpfungen und Assoziationen herzustellen und Entdeckungen zu machen, die uns andernfalls möglicherweise nicht in den Sinn gekommen wären.«[30] Auch für die Serendipität spielt der Zugang zu deinem Unbewussten also eine große Rolle. Wenig überraschend, dass auch Serendipität, genau wie Intuition, durch Achtsamkeitsübungen gefördert werden kann.

Eine aktive und aufmerksame Haltung sowie eine gute Vorbereitung können die Wahrscheinlichkeit erhöhen, dass du Serendipität erlebst. Neben der Kultivierung eines aufgeschlossenen Geistes erwähnt Christian Busch in seinem Buch *Erfolgsfaktor Zufall* aber auch, dass Forschungsergebnisse eine grundlegende Motivation beziehungsweise eine starke Vision mit einem häufigeren und besseren Erleben von Serendipität in Verbindung bringen.[31]

Camilla von *caminvesta* ist absolut überzeugt von der Kraft des Zufalls und hat dank ihrer offenen Haltung schon oft davon profitiert: »Es gibt total viele Zufälle, die zu meinem Erfolg beigetragen haben. Ich glaube fest daran, dass alles ein bisschen vorbestimmt ist im Leben. Je nachdem, welche Entscheidungen man trifft, geht man dann in eine gewisse Richtung. Ich glaube auch daran, dass man Chancen viel mehr wahrnimmt, wenn man eine positive Grundeinstellung hat. Und ich muss sagen, bei mir hat sich in den letzten Jahren alles irgendwie gefügt. Es gab super viele Zufälle, wo ich mir im Nachhinein denke: Wenn ich die eine Person nicht getroffen hätte, dann hätte ich die andere Person auch nicht getroffen, und dann hätte ich dieses Projekt nicht gemacht, und dann hätte sich jenes nicht ergeben. Es gibt sehr viel, was sich irgendwie ergeben hat und wo ich niemals gedacht hätte, dass meine Entscheidung zu diesem Ergebnis führt – sei es, dass ich auf eine Veranstaltung gegangen bin oder eine Person getroffen habe. Zum Beispiel habe ich jetzt meine erste Immobilie gekauft. Das hat sich nur ergeben, weil ich jemanden kannte und dadurch jemand anderes kennengelernt habe. Ich glaube, wenn man eine positive Grundeinstellung hat, fügt sich alles.«

Eine offene Haltung ist tatsächlich ganz ausschlaggebend dafür, ob du Serendipität erlebst. Nur wer offen ist, kann in zufälligen Begebenheiten Chancen entdecken. Allerdings solltest du keine Wunder erwarten. Eine Haltung, die Serendipität begünstigt, wird dich nicht passiv zum Erfolg führen. Genau wie Margot de Broglie sagt, braucht es auch harte Arbeit, um erfolgreich zu sein. Durch Serendipität erkennst du Chancen. Doch dann musst du aktiv werden und diese auch verfolgen – ausdauernd, aber nicht um jeden Preis, wie Christian Busch schreibt: »Serendipität hat nicht immer mit einem einzelnen Ereignis zu einem bestimmten Zeitpunkt zu tun, sondern erfordert Ausdauer, Resilienz und die Fähigkeit, den Wert einer Situation zu erkennen und herauszufiltern. Wir sind gut beraten, zu lernen, loszulassen, wenn sich eine Verbindung als unfruchtbar erweist, oder festzuhalten und durchzuhalten, wenn ein Funke überspringt, um einen Impuls in die Tat umzusetzen – und wir sollten genug Abstand zu uns selbst haben, um diese sorgfältige Abwägung zu treffen.«

Auch die Schriftstellerin Mirna Funk betont im Interview, dass man sich nicht auf glückliche Zufälle verlassen kann: »Ich bin total offen für Zufälle und freue mich, wenn sie passieren, muss aber ehrlich sagen, dass das in meinem Fall so gut wie nie passiert ist. Alle Sachen, die ich mache, und die Mehrzahl an Aufträgen, zum Beispiel, wenn es um Artikel geht, pitche ich. Ich komme mit den Ideen. Ich trete an meinen Verlag ran. Es gibt so zwei, drei, vier Momente, wo jemand auf mich zugekommen ist, und dann hat sich durch dieses Kennenlernen vielleicht wieder ein anderes Projekt ergeben. Aber ich bin nicht jemand, der darauf baut, überhaupt nicht. Ich bin unfassbar proaktiv in meinem Arbeiten. Es sind sicher 90 Prozent Proaktivität und zehn Prozent Dinge, die irgendwie kommen.«

Proaktivität ist unverzichtbar – und du kannst auch proaktiv dafür sorgen, mehr Serendipität in deinem Berufsalltag zu erleben. Neben dem oben erwähnten Achtsamkeitstraining, um die Verbindung zu deinem Unbewussten und deinen Gefühlen zu stärken, kannst du weitere Impulse nutzen, um Serendipität anzustoßen.

Perspektivwechsel

Versuche, schwierige Situationen nicht als Problem, sondern als Lernchance zu begreifen. Wenn etwas schiefläuft, frage dich, was du daraus für die Zukunft lernen kannst.

Lerne, wie ein Glückspilz zu denken. Während ein Pechvogel denkt: »Einem anderen wäre das nicht passiert; ich hatte Pech!«, denkt der Glückspilz: »Es hätte so viel schlimmer kommen können; ich hatte Glück!« So programmierst du deine Wahrnehmung der Realität um und polst dich darauf, nach Glück und Chancen Ausschau zu halten.[32]

Trainiere einen aufgeschlossenen Geist

Um eine aufgeschlossene Geisteshaltung zu bekommen, solltest du bewusst aus deinen gewohnten Routinen und Denkmustern ausbrechen. Christian Busch schlägt vor, Menschen, die wir auf Veranstaltungen neu kennenlernen, nicht immer direkt nach ihrem Beruf zu fragen. Stattdessen können Fragen wie »Was fanden Sie am interessantesten an …?« oder »Was bringt Sie hierher?« oder »Was hat Sie dazu gebracht, xyz zu tun?« Gespräche eröffnen, die uns zu ganz überraschenden Erkenntnissen führen.

Außerdem empfiehlt Busch: »Schreiben Sie drei Dinge auf, die Sie tun würden, wenn Sie keine Zwänge hätten und nicht scheitern könnten. Schreiben Sie drei Gründe auf, warum Sie glauben, dass Sie die Situation nicht neu gestalten können. Und dann drei Gründe, warum oder wie Sie es doch können. Handeln Sie danach.«[33] Diese Übung sprengt die Beschränkungen, die wir unserem Denken manchmal selbst auferlegen.

Serendipitäts-Haken setzen

Um sensibler für Momente zu werden, in denen sich glückliche Zufälle offenbaren können, oder solche Momente sogar zu kreieren, regt Christian Busch an, einmal pro Monat zu einer öffentlichen Veranstaltung zu gehen und dem Referenten oder der Referentin eine gute Frage zu stellen, die du dir idealerweise schon zuhause zurechtgelegt hat. Dadurch stellst du einen ersten Kontakt zum Redner oder der Rednerin her und kannst später daran anknüpfen. In die Frage solltest du einen sogenannten Haken einbauen, also ein Thema, für das du dir Impulse erhoffst. Deine Frage könnte dann beispielsweise so beginnen: »Als jemand, der derzeit auf der Suche nach einer Führungsposition in Teilzeit ist, wollte ich fragen …« Oftmals werden dich daraufhin Leute aus dem Publikum ansprechen und dir möglicherweise guten Input zu deinem Thema geben: Sie beißen auf deinen Haken! Dass du bereits während der Veranstaltung mit dem oder der Redner*in interagiert hast, erleichtert es dir zudem, im Anschluss dessen oder deren Kontaktdaten zu erfragen und in einen näheren Austausch zu kommen, falls du das möchtest.[34] Ich kann dir aus meiner Perspektive als Speakerin sagen, dass ich mich immer sehr freue, von meinem Publikum im Anschluss an Vorträge oder Lesungen angesprochen zu werden. Ich freue mich, wenn Menschen mir Feedback geben oder mir Fragen stellen. Aus solchen *Bubble*-übergreifenden Kontakten entstehen oft interessante Möglichkeiten der Zusammenarbeit, oder man gibt und bekommt gute Ratschläge.

Serendipitäts-Bomben legen

Du kannst aber nicht nur Haken setzen, sondern auch Serendipitäts-Bomben legen, schreibt Christian Busch. Auch das ist eine Ermutigung, offener und ohne bestimmte Agenda auf noch fremde Menschen zuzugehen. Christian Busch rät: »Wenn Sie sich in Ihrem derzeitigen Job nicht wohlfühlen, notieren Sie Ihre Hauptinteressen und bieten Sie Organisationen oder Einzelpersonen in diesem Bereich Ihre Unterstützung an, sei es als Assistent/in, Freiberufler/in, Berater/in, Vorstandsmitglied oder was auch immer. Sie werden anfangen, ›auf Menschen zu stoßen‹, und beginnen, die Punkte zu verbinden, um neue Möglichkeiten zu schaffen. Anstatt sich nur zu fragen: ›Was ist mein potentielles Risiko, wenn ich das tue‹, fragen Sie stattdessen: ›Was könnte ich möglicherweise verlieren, wenn ich das nicht tue? Werde ich es bedauern?‹ Bei Serendipität geht es um Potenziale.«[35]

Mir ist diese Herangehensweise sehr vertraut. Ich habe mich zum Beispiel einmal in einer Kulturinstitution um einen Job beworben. Zwar habe ich den Job nicht bekommen, aber im Vorstellungsgespräch erfahren, dass man auch ehrenamtlich für diese

Institution arbeiten kann. Das habe ich dann einmal pro Monat für einen Abend gemacht. Ich mochte das Umfeld und habe gehofft, dort auf viele interessante Menschen zu treffen. Genau das ist auch passiert. Außerdem habe ich während meiner Arbeit dort inspirierende Veranstaltungen genossen, und letztendlich hat mir sogar genau diese Institution einmal Raum, Technik und Personal für eine Lesung kostenfrei zur Verfügung gestellt. Durch mein Ehrenamt habe ich dort also bewusst eine Tür aufgestoßen, durch die dann viele neue Möglichkeiten und interessante Begegnungen zu mir gekommen sind. Mit Serendipitäts-Bomben zeigst du dich, bringst dich ins Gespräch und gibst anderen Anknüpfungspunkte, die vielleicht zu neuen beruflichen Möglichkeiten führen – seien es Einladungen zu Events, Jobangebote, Kooperationen, fachlicher Austausch oder Gelegenheiten, auf einer größeren Bühne über deine Arbeit zu sprechen.

Du siehst, Ungewissheit muss nicht schlecht sein, sondern kann sehr viele Chancen bergen. Mit dem richtigen Mindset begegnen dir diese als glückliche Zufälle. Serendipität kannst du lernen und fördern: mit Achtsamkeitstraining, Perspektivwechseln, dem Durchbrechen deiner Routinen und Denkmuster oder auch mit geschickt platzierten Serendipitäts-Haken und -Bomben. Christian Busch, der sich für sein Buch *Erfolgsfaktor Zufall* eingehend mit dem Phänomen der Serendipität beschäftigt hat, musste seinen Geist auch erst zum Glückspilz-Mindset umprogrammieren: »Serendipität fand in meinem früheren Leben so gut wie nicht statt, und alles hätte ganz anders kommen können, wenn ich am ersten Hindernis hängen geblieben wäre. Was hat sich geändert? Meine Herangehensweise, die Erkenntnis, dass es mehr im Leben gibt, der Versuch weiterzumachen, auch wenn es schwierig wird? Ich bin selten jemandem begegnet, der/die auf lange Sicht Glück hat, ohne hartnäckig zu sein. Oft geht dem ersten Treffer eine

Reihe von Misserfolgen oder Fehlschüssen voraus.«[36] Das Glück kommt nicht von allein, aber du kannst es anlocken und verfolgen. Der glückliche Zufall ist so etwas wie der Bonus, der deiner harten Arbeit und Zuversicht die Krone aufsetzt.

Meine Buchtipps zum Thema Entscheidungen und Serendipität

Philip Meissner: *Entscheiden ist einfach – wenn man weiß, wie es geht*
Gerd Gigerenzer: *Risiko. Wie man die richtigen Entscheidungen trifft*
Friederike Fabritius und Hans Werner Hagemann: *Neurohacks. Gehirngerecht und glücklicher arbeiten*
Daniel Kahnemann: *Noise. Was unsere Entscheidungen verzerrt – und wie wir sie verbessern können*
Christian Busch: *Erfolgsfaktor Zufall. Wie wir Ungewissheit und unerwartete Ereignisse für uns nutzen können*

Unbesiegbar durch Resilienz

Erfolglose Bewerbungen, Gehaltsverhandlungen, Anträge, nicht bestandene Prüfungen, nicht verlängerte Probezeiten, ein Blackout während einer wichtigen Präsentation, mangelnde Wertschätzung vom Chef, *beef* mit der Kollegin, eine unendlich lange To-do-Liste. Wir alle erleben mal mehr, mal weniger Rückschläge, Belastungen und Krisen im Job. Was wir dann brauchen, um nicht aufzugeben, um wieder aufzustehen oder durchzuhalten, um weiterzumachen oder neu anzufangen, ist Widerstandsfähigkeit, oder, im Fachjargon: Resilienz.

Vier meiner Interviewpartnerinnen haben mich besonders mit ihrer Resilienz beeindruckt. Maria Obermeier etwa hat *OBM Baumaschinen*, die Firma ihres Vaters, übernommen, kurz nachdem dieser plötzlich verstorben war. Sie musste damals nicht nur den Schock und die Trauer über den Tod ihres Vaters verarbeiten, sondern auch in kürzester Zeit die Entscheidung treffen, ob sie dessen Firma übernehmen wollte. Als sie sich schließlich dazu entschlossen hatte, stand sie vor einer *Black Box*: Es gab kaum Dokumentation über die Abläufe in der Firma, die ihr hätte darüber Aufschluss geben können, was wie gemacht wurde und wo sie was finden konnte. Maria Obermeier erzählt: »Im Endeffekt bin ich wirklich ins Büro und hab einfach geschaut, was passiert. Welche Anfragen sind da, was muss gemacht werden? Und da bin ich so reingewachsen. Irgendwann haben wir ein Programm schreiben lassen, wo alles dokumentiert ist. Jetzt kann ich immer alles nachschauen, z.B. über GPS, wo welche Maschine ist. Jetzt ist es viel übersichtlicher. Damals war das alles noch nicht so, das meiste existierte in Papas Kopf. Ich musste also erst mal viel herausfinden und suchen und mich zurechtfinden. Es war wichtig zu wissen: Wer sind eigentlich unsere Kunden, wer kommt wann und braucht was? Das hat sich eigentlich schnell entwickelt. Ich weiß noch, wie ich beim ersten Mal, als ein Kunde kam, rausgegangen bin, und er mir sagte: ›Ich brauche jetzt einen Baggerlöffel.‹ Dann stand ich da und hab mich gefragt: ›Was mach ich jetzt? Was kostet sowas? Was hat das überhaupt gekostet? Wo schaue ich überhaupt nach?‹ Es war schon irgendwie ein bisschen verrückt, ging dann aber echt immer besser.«

Mich beeindruckt besonders, mit welcher Gelassenheit Maria Obermeier diese Herausforderungen angegangen ist. Statt zu verzweifeln, ist sie langsam einen Schritt nach dem anderen gegangen – nach dem Motto: »Schauen wir mal, wie weit ich komme!«

Zwei der Unternehmerinnen, mit denen ich für dieses Buch gesprochen habe, wurden auch ganz massiv durch die Corona-Pandemie in ihrer Arbeit beeinträchtigt. Ingrid Lang hatte zu dieser Zeit noch ihren Laden *ila ila* und musste wie Millionen anderer Einzelhändler*innen während der Pandemie schließen. Also hat sie nach Wegen gesucht, wie sie doch wieder für ihre Kund*innen öffnen konnte. Gerade als sie dachte, sie hätte eine Lösung gefunden, wurden neue Corona-Beschränkungen für Einzelhändler*innen bekannt: »In der Corona-Zeit fand ich es herausfordernd, sich zu trauen, neue und kreative Lösungswege zu gehen, die nicht Zeit und Geld kosten. Mir hat dabei geholfen, dass mein Freund mit den gleichen Unsicherheiten zu kämpfen hatte – sein authentisches und wohlwollendes ›Es wird schon alles‹ hat mich beruhigt. Es gab auch keine Option, außer die Situation auszuhalten.

Meckern bringt dabei gar nichts. Ich habe dann einen Weg gefunden, wie ich mein Geschäft trotzdem öffnen kann, und habe zu denen gehört, die tatsächlich Klopapier mit ins Sortiment genommen haben. Natürlich bin ich mir und meinem fairen Konzept treu geblieben und habe nachhaltiges und soziales Klopapier gewählt. Zum Zeitpunkt meiner ›Wiedereröffnung‹ wurden die bislang geltenden Regeln gekippt und es galt: Anstatt dass 60 Prozent der Verkaufsfläche mit Hygieneartikeln bestückt sein sollten, sollte nun der Umsatz mit Hygieneartikeln mehr als 60 Prozent betragen. Ich musste also nach einer Stunde wieder schließen. Das war ganz schön niederschmetternd, und ich musste zusätzlich mit Kritik von Mitbewerbern umgehen.«

Ingrid musste also nicht nur die erneute Schließung verkraften, sondern auch noch die missbilligende Haltung mancher Kolleg*innen. Bekanntermaßen hat sie dank ihrer großen Resilienz *ila ila* durch die Pandemie gebracht und dann erfolgreich an eine Nachfolgerin verkauft, um sich eine neue berufliche Herausforderung als Beraterin zu suchen.

Auch Ana Rocha wurde als Sängerin, die nicht nur von Live-Konzerten, sondern maßgeblich auch von Gesangsunterricht lebt, von der Corona-Pandemie von einem auf den anderen Tag um ihr Tagesgeschäft gebracht – denn bis dahin hatte Gesangsunterricht natürlich ausschließlich in Präsenz stattgefunden. Von heute auf morgen wurde Ana als Soloselbständige ihrer Existenzgrundlage beraubt. Sie erzählt: »Ein Stück weit halte ich die Prekarität aus, das muss man ganz ehrlich sagen. Während Corona habe ich vom Senat Geld bekommen. Ich habe mich für ein Stipendium beworben, das ich auch bekommen habe. Ich habe mich weiter um Gelder bemüht. Ich habe weiter unterrichtet, auch digital. Ich habe mich schnell anpassen können und habe mit Digitalunterricht relativ schnell einen guten Umgang gefunden, obwohl das mehr

Vorarbeit verlangt hat und ich damit weniger pro Stunde verdient habe. Ich musste mehr vorbereiten und die ganzen Sachen für meine Schülerinnen aufnehmen, wegen der Latenz beim Sprechen. Aber ich bin da relativ schnell aufgesprungen, weil mir klar war, dass es mit dem Singen *face to face* eine ganze Weile lang nichts wird. Das schien mir gerechtfertigt. Also habe ich mich angepasst.«

Diese Anpassungsfähigkeit hat Ana resilient gemacht und ihr geholfen, ihre Arbeit unter massiv veränderten Bedingungen zumindest teilweise fortzuführen.

Resilienz hilft uns, weiterzumachen, auch wenn es schwierig wird. Und wer resilient ist, schafft es sogar, wieder aufzustehen, wenn er hingefallen ist: einmal, zweimal oder auch viele Male, wie Radhika Singh, die Gründerin der Textilmarke *Indikôn,* über ihren Vater, der genau wie sie Unternehmer war, erzählt: »Ich war immer in Kontakt mit dem Konzept Unternehmertum, weil mein Vater Unternehmer war. Er hat seinen Angestelltenjob verlassen, um ein eigenes Unternehmen zu gründen. Ich habe erlebt, wie er damit viele Male gescheitert ist. Ich habe gesehen, wie er sich an vielem versucht hat und scheiterte, während die Eltern meiner Freund*innen überwiegend festangestellt waren. Und ich habe erlebt, dass er erst im Alter von 50 Jahren Erfolg mit seinem Unternehmen hatte. Das war also eine sehr reale Erfahrung, die ich gemacht habe.« Zu sehen, wie ihr Vater immer wieder hingefallen und aufgestanden ist, hat auch Radhika für ihr eigenes Unternehmertum gestärkt. Sie sagt: »Die Möglichkeit, zu scheitern, macht mir wirklich Angst, weil ich all meine Ersparnisse in mein Unternehmen gesteckt habe. Ich habe Jura studiert und als Anwältin gearbeitet, bevor ich mein Unternehmen gegründet habe. Es war immer mein Plan, dass ich, sobald ich da genug verdiene, für ein eigenes Unternehmen sparen werde. Also natürlich habe ich Angst, damit zu scheitern. Aber ich habe ja auch meinen Vater viele Male scheitern sehen und erlebt, wie er immer wieder einen Weg gefunden hat, weiterzumachen. Man sollte nicht denken, nur weil das Business scheitert, ist das das Ende von allem, ist das Leben vorbei. So denke ich zumindest nicht. Mein Vater hat sich durch das Scheitern immer wieder auf kreative Weise neu erfunden. Am Anfang dachte ich, wenn das nicht klappt, was mache ich dann? Aber heute denke ich, wenn es so nicht klappt, dann klappt es auf eine andere Weise.«

Resilienz: Widerstandsfähig durch Flexibilität

Resiliente Menschen können Krisen bewältigen und Stress standhalten. Sie wissen, wie sie Herausforderungen begegnen sollten, und wachsen an ihnen. Resilienz ist dabei weniger als statische Eigenschaft und mehr als dynamisches Konzept zu verstehen. Es mag verwirrend klingen, aber Resilienz ist Widerstandsfähigkeit durch Flexibilität. Stell dir zwei Bäume vor: Der eine hat weiche, biegsame Äste. Der andere hat harte, starre Äste. Was passiert im Sturm? Die Äste des ersten Baumes werden kräftig durchgeschüttelt, aber sie brechen nicht. Die Äste des zweiten Baumes bleiben steif und unbeweglich. Eine Weile mag das gut gehen, solange der Sturm nicht zu heftig wird. Aber bei einem Orkan brechen sie ab. Menschen ohne Resilienz sind wie dieser zweite Baum. Für sie ist jeder Sturm, jede Krise eine Bedrohung, weil sie daran zerbrechen könnten. Resiliente Menschen hingegen sind flexibel. Sie passen sich den neuen Gegebenheiten an oder schwingen, nachdem sie vom Sturm ergriffen wurden, wieder zurück in ihre alte Position. Tatsächlich hat das Wort Resilienz seinen Ursprung in dem lateinischen Wort »resilire«, was so viel wie zurückspringen, abprallen oder nicht anhaften heißt. Indem Menschen sich anpassungsfähig zeigen, flexibel auf Probleme oder Veränderungen reagieren, indem sie ihr Verhalten anpassen, statt alles zu machen, »wie es schon immer gemacht wurde«, überstehen sie Krisen.

Doch nicht nur Schocks, traumatische Erlebnisse, einschneidende Veränderungen oder gigantische Probleme erfordern Resilienz. Auch im Alltag sind die meisten von uns einer Art »Dauerkrise« ausgesetzt: Stress. Stress ist eigentlich evolutionär Teil eines Überlebensmechanismus, schadet uns heute aber mehr als dass er uns nützt. Während sich unsere Lebenswelt heute dramatisch von der unserer Vorfahren in der Steinzeit unterscheidet, hat sich unser Gehirn nicht in einem vergleichbaren Maß weiterentwickelt. Laut der Neurobiologin Friederike Fabritius »stammt unser modernes Gehirn rund um unser Denksystem aus der Zeit der Höhlenmenschen«.[1] Unsere älteren Gehirnsysteme seien dabei fester verankert und wirksamer als die neueren. Deshalb seien auch sie diejenigen, die zuerst auf einen neuen Reiz reagieren. All das passiert größtenteils unbewusst. Und dieses unbewusste, ultraschnelle Steinzeitdenken macht eben keinen Unterschied zwischen einer Kollegin, die unsere Kompetenz infrage stellt, und einem hungrigen Säbelzahntiger: Bedrohung ist Bedrohung, und darauf reagieren wir mit Stress. Und heute sind wir ständig Situationen ausgesetzt, die wir bewusst oder unbewusst als Bedrohung wahrnehmen: permanente Erreichbarkeit, Zeitnot, Stau, Strafzettel, nörgelnde Nachbarn, nahende Deadlines, quengelnde Kinder, Gedränge im Einkaufszentrum. Auslöser für Stress gibt es viele in unserem Alltag: akut oder chronisch, dramatisch oder fast unbemerkt.

Resilienz ist deshalb für jeden und jede enorm wichtig. Auf den folgenden Seiten sehen wir uns an, wo und wie du im Beruf von Resilienz profitierst, welche Faktoren Einfluss auf deine Resilienz haben, und wie du ganz gezielt deine Resilienz stärkst. Und falls du in einer Führungsposition tätig bist, erhältst du am Ende dieses Kapitels einige Impulse, wie du die Resilienz deiner Teammitglieder fördern kannst.

Resilienz im Berufsleben

Die Geschichten meiner Interviewpartnerinnen, die ich zu Anfang dieses Kapitels erzählt habe, zeigen, wie essentiell Resilienz für Selbständige ist. Es gibt zahllose Gründe, die dazu führen können, dass sich die Marktsituation für Unternehmer*innen ändert: neue Konkurrenz taucht auf, die Werte der Konsument*innen wandeln sich, es werden neue wissenschaftliche Erkenntnisse publik, die die öffentliche Meinung über ein Produkt ändern, oder es kommt sogar zu Naturkatastrophen, Pandemien, wirtschaftlicher oder politischer Instabilität und Kriegen. Aber auch der demografische Wandel ist für viele Wirtschaftszweige eine Herausforderung. Ich habe alle meine Interviewpartnerinnen gefragt, was sie für die wichtigste Eigenschaft erfolgreicher Unternehmer*innen halten. Viele haben mir geantwortet: Anpassungsfähigkeit. Denn Veränderung ist keine Ausnahmeerscheinung unserer Zeit, sondern die Normalität. Und sie passiert immer schneller.

Maria Obermeier etwa hat gesagt: »Was ich super wichtig finde, ist flexibel zu sein, immer zu fühlen, was das Unternehmen braucht, wo es sich anpassen muss. Das Business ist echt schnelllebig, und da ist es wichtig, immer an Ort und Stelle zu sein bei dem, was die Kunden sich wünschen und was wichtig wäre, zu machen. Ich glaube, es ist ein großes Thema, dass man immer dranbleibt.«

Auch die Designerin Anne Wolf verdankt es ihrer Flexibilität, dass sie sich in der kreativen und oft prekären Branche behaupten konnte, wie sie mir erzählt: »Ich weiß, ich kann auf Situationen reagieren. Das lernt man ja auch. Einfach zu wissen, okay, wenn das nicht mehr funktioniert, wenn ab morgen alle sagen, nee, bleib mir weg mit weißen Kleidern, na gut, dann mach ich halt grüne. Oder wenn es keine Kleider mehr sind, dann mach ich halt Schuhe.«

Resilient zu sein, bedeutet auch, die Bereitschaft zu haben, sich und die eigene Arbeit, das eigene Produkt immer wieder kritisch zu hinterfragen. Radhika Singh ist dafür offen, wie sie erzählt: »Ich denke, man braucht die Fähigkeit, sich anzupassen, sein Unternehmen umzubauen, denn die Idee, mit der man angefangen hat, ist vielleicht nicht die Idee, die tatsächlich funktioniert. Man muss sich also immer wieder neu erfinden, auch weil sich die Welt um einen herum verändert. Wenn du dich nicht anpasst, bleibt dein Unternehmen in der Vergangenheit stecken. Du musst also in der Lage sein, zu verstehen, dass die Idee, mit der du angefangen hast, möglicherweise nicht die Idee ist, mit der du Erfolg haben wirst. Aber vielleicht funktioniert etwas anderes. Ich muss also kreativ sein, um das Unternehmen immer wieder neu zu erfinden.«

Von Mona Ghazi möchte ich wissen, welche Rolle Schnelligkeit bei diesen Anpassungsprozessen spielt. Sie muss es schließlich wissen. Sie hat nämlich nicht nur mehrere Start-ups als Teen und Twen gegründet, sondern auch mit 17 Jahren Abitur und mit 18 ihren Bachelor gemacht. Aktuell promoviert sie – und hat dafür das Master-Studium übersprungen. Mona sagt über Schnelligkeit: »Schnelligkeit ist so eine Art zweischneidiges Schwert. Du musst immer irgendwie richtig schnell sein. In allem, was du tust, musst du extrem schnell sein, vor allem wenn das Produkt integriert wird, also man ausprobiert, was funktioniert und was nicht. Da lohnt es sich total, schnell zu sein. Viele Unternehmer denken auch: ›Ich muss schneller sein als meine Wettbewerber.‹ Aber ich sehe Wettbewerber eigentlich eher als ein positives Zeichen. Ich sehe Wettbewerber nicht so krass als jemanden, den ich überholen muss, sondern jemand, mit dem ich wachse. Wenn ich den Markt insgesamt attraktiver mache, ist auch für jeden das Kuchenstück größer, und dann haben wir alle was Gutes davon. Dieser Ellenbogenkult funktioniert für mich nicht so gut. Von daher ist Schnelligkeit eigentlich auch nicht mehr so krass mein Motto, obwohl es sich durch mein ganzes Leben zieht, dass ich immer alles extrem schnell gemacht habe. Aber für mich ist jetzt eher wichtiger, etwas Langfristiges, Stabiles, Organisches aufzubauen, wo ich zwar wahrscheinlich immer noch schnell bin durch effizientes Arbeiten, aber wo Schnellsein weniger die Priorität hat als Stabilsein. Also Schnellsein ist gut, solange die Stabilität dadurch nicht kaputtgeht.« Das Faszinierende am Thema Resilienz ist genau das: Flexibilität führt zu Stabilität.

Auch als Angestellte begegnest du vielen Situationen, in denen du durch Resilienz Stabilität (zurück-)erlangen kannst. Resilienz brauchst du als Angestellte etwa, wenn Veränderungen in deinem Unternehmen geschehen: Fusionen oder Übernahmen, Umstrukturierungen oder Reorganisation, und wenn sich die Strategie deines Unternehmens ändert. Auch Veränderungen, die unmittelbar deinen Arbeitsplatz betreffen, erfordern Resilienz – etwa wenn technologische Innovationen, neue Arbeitsprozesse oder neue Produkte und Dienstleistungen innerhalb deines Aufgaben- und Verantwortungsbereichs eingeführt werden. Zudem bist du als Angestellte vielen Belastungen und Herausforderungen ausgesetzt, denen du standhalten musst: Stress am Arbeitsplatz, Konflikte im Team, Zeitdruck und Überlastung – oder auch, leider, Diskriminierung. Radhika Singh, die als indischstämmige Person in Belgien ein Unternehmen aufgebaut hat, musste und muss in ihrem Berufsalltag immer wieder mit Diskriminierung umgehen. Im Interview erzählt sie mir davon: »Hier in Belgien erlebe ich tatsächlich Vorurteile. Hier werde ich als diese braune Person gesehen, die ein Unternehmen in Brüssel führt. Das war etwas, worauf ich überhaupt nicht vorbereitet war, als ich mein Unternehmen gegründet habe. Ich musste mich fragen: Wer bin ich? Was ist meine Marke? Ist sie belgisch? Indisch? Ich denke, ich habe nichts anders gemacht als viele Belgier, die ich kenne und die mit Indien arbeiten und automatisch als belgisch gelten, einfach nur, weil sie aussehen, wie sie aussehen. Aus diesem Grund bin ich oft ins Zweifeln gekommen und habe tatsächlich niemals die belgische Staatsbürgerschaft angenommen. Das ist so mein Ding geworden: Ich werde immer die Inderin sein, die ein belgisches Unternehmen in Belgien hat. Mein Unternehmen ist belgisch. Ich zahle hier Steuern, mache alles legal. Und Belgien hat mit die höchsten Steuern! Ich gebe das alles ab. Ich mache alles, wie es gemacht werden muss. Deswegen verstehe ich nicht, warum ich jedes Mal beweisen muss, dass mein Unternehmen belgisch ist. Mag sein, dass ich als Gründerin es nicht bin, aber mein Unternehmen ist es. Das hat mich sehr gestört, aber mittlerweile bin ich damit irgendwie durch. Ich beweise nicht mehr ständig, dass ich ein belgisches Unternehmen leite, weil ich gar kein belgisches Unternehmen mehr leiten will. Ich will ein globales Unternehmen leiten. Ich will nicht mehr, dass Leute mich einem bestimmten Ort zuordnen. Darüber bin ich hinweg. Das ist nicht mein Kampf. Es hat mich wirklich sehr gestört, wenn ich jemanden gesehen habe, der alles ganz genauso wie ich gemacht hat und dem Möglichkeiten geboten wurden, die mir nicht geboten wurden.«

Diese Diskriminierung ist super bitter. Und ich finde den *twist* sehr schlau, den Radhika gefunden hat, um sich nicht kleinkriegen zu lassen: Sie hat ihre Perspektive geändert. Statt sich auf eine

Nationalität zu beschränken und zu fixieren, wie es ihre Kritiker*innen tun, sagt sie ganz lässig: »Ich will ein globales Unternehmen leiten.« Sie begegnet Engstirnigkeit und Kleinkariertheit mit Größe. *Chapeau!*

Last but not least brauchst du natürlich auch dann Resilienz, wenn Veränderungen nicht von außen, sondern von dir selbst angestoßen werden. Wenn du deine Karriere entwickeln willst, indem du eine neue Rolle annimmst, in eine Führungsposition aufsteigst oder dich selbständig machst, wird nicht immer alles so laufen, wie du es dir vorstellst. Du brauchst Ausdauer, musst ab und zu mal Misserfolge einstecken oder auch einfach mal finanzielle oder emotionale Durststrecken überstehen.

In welchem Szenario auch immer: Resilienz ist eine sehr wichtige Eigenschaft für Erfolg und Zufriedenheit im Beruf. Resilienz hilft dir, besser mit Stress umzugehen und damit dein Risiko für Burnout und Depressionen zu senken. Außerdem sind resiliente Menschen produktiver, innovativer und finden sich schneller in veränderten und neuen Situationen zurecht.

Der richtige Nährboden für Resilienz

Persönlichkeitsmerkmale resilienter Menschen

Jede Pflanze braucht den richtigen Nährboden, um zu gedeihen. Und genauso gibt es bestimmte Faktoren, die deine Resilienz positiv beeinflussen. Wie sieht es bei dir aus? Kann Resilienz in deinem (Berufs-)Leben, so, wie es jetzt ist, gedeihen?

Es gibt einige Eigenschaften deiner Persönlichkeit, die deiner Resilienz förderlich sind. So begreifen beispielsweise optimistische Menschen Herausforderungen eher als Chancen denn als Probleme und sind dadurch resilienter. Auch eine gute Verbindung zu deinen eigenen Gefühlen macht dich resilienter, weil du dann deine Emotionen im Griff hast, statt von ihnen beherrscht zu werden. Sehr wichtig für Resilienz ist auch Selbstwirksamkeit. Christian Busch etwa schreibt in seinem Buch *Erfolgsfaktor Zufall*: »Wir können die Zukunft nicht immer vorhersagen – aber wir können sie bewältigen.«[2] Wenn du dieses Vertrauen hast, jede Herausforderung, die sich dir stellt, bewältigen zu können, wirft dich so schnell nichts aus der Bahn. Die Designerin Anne Wolf sagt mir im Interview: »Ich hab nicht das Gefühl, dass mir jemand anderes eine Sicherheit gibt.« Im ersten Moment bin ich erstaunt davon, wie fröhlich sie diesen Satz sagt, der vielleicht manch anderer Angst machen würde. Aber dann erklärt Anne: »Ich hab es in der Hand. Wenn du als Selbstständige oder Unternehmerin lernst, dich auf deine Intuition, aber auch auf deine Erfahrung zu verlassen, ist das der entscheidende Hebel. Du weißt, du kannst auf Situationen reagieren. Du hast es in der Hand. Es ist wichtig, dass du merkst: Du entscheidest Dinge. Dass du zum Beispiel nicht denkst, du kannst jetzt nicht ins Ausland gehen, weil du dann deinen sicheren Job verlierst. Welcher Job ist denn sicher?«

Statt als Soloselbständige Sorgen um ihre wirtschaftliche Existenz zu haben, findet Anne Sicherheit in sich selbst. Sie vertraut darauf, dass sie sich auf alles, was kommt, neu einstellen kann. Das ist pures Vertrauen in die eigene Selbstwirksamkeit und macht sie zu einer sehr resilienten Unternehmerin.

Eine andere Unternehmerin, die mir besonders resilient erscheint, ist die Podcast-Produzentin Maria Lorenz-Bokelberg. Maria verfügt über drei wichtige Persönlichkeitseigenschaften, die Resilienz fördern: Gefahrenbewusstsein, Entscheidungsfähigkeit und Kreativität. Sie sind ihr eine enorme Hilfe, wenn es darum geht, ihr Unternehmen *Pool Artists* gemeinsam mit ihrer

Geschäftspartnerin Frida Morische durch eine wirtschaftlich unsichere Zeit zu führen, wie sie mir erzählt: »Seit circa zwei Jahren gibt es eine Weltwirtschaftskrise. Es ist ja für alle gerade ein bisschen schwierig und somit auch für uns. Und wir sehen auch, dass in der Podcast-Branche Leute gekündigt werden und gehen müssen, kleinere Firmen schließen. Das ist natürlich für uns eine relativ neue Erfahrung. Plötzlich wird es ernst. Es geht um Existenzen. Die Leute, die wir angestellt haben, müssen leben und Miete zahlen. Auch Frida und ich müssen leben und Miete zahlen. Deswegen reden wir vermehrt mit Leuten, um herauszufinden, was man am besten macht, um sich abzusichern, um sicherzustellen, dass wir alle heil beisammenhalten können. Ich mag eigentlich *challenges*, will es aber nicht auf die leichte Schulter nehmen, weil es wirklich um was geht für die Leute. Für mich ist es auch eine *Pressure*-Zeit, die ich persönlich immer mag. Ich mag immer so ein bisschen Druck, so dass ich überlegen kann: Was können wir noch machen? Neben dem Podcast, unserem eigentlichen Produkt, gibt es vielleicht noch andere Sachen, die wir machen können, um die Firma auf mehr sichere Beine zu stellen und nicht nur auf eines. Solche kreativen Ideen entstehen ja nur aus solchen Druckzeiten. Wenn alles super läuft, dann macht man einfach mehr vom Gleichen.«

Sehr deutlich drückt Maria aus, dass sie Druck und Herausforderungen nicht als Bedrohung, sondern als Chance und positiven Antrieb versteht. Eine Krise ist für sie ein Anlass, neue Wege zu finden, innovative Ideen zu entwickeln und dadurch sogar gestärkt daraus hervorzugehen.

Um die Flexibilität zu erreichen, die resiliente Menschen ausmacht, braucht es eine große Lernbereitschaft, wie Anne Wolf betont. Sie sieht in der Bereitschaft zum lebenslangen Lernen sogar den Schlüssel zu einem erfolgreichen Unternehmertum, wie sie sagt: »Das Bedürfnis oder den Willen, sich ständig weiterbilden zu wollen, habe ich eine Zeit lang außer Acht gelassen. Da war ich sehr in meinem Business, so wie es zu dem Zeitpunkt war, gefangen, und es war eigentlich wie ein Hamsterrad. Es hat sich einfach nicht weiterentwickelt in dem Moment. Seit ich dem Bedürfnis und der Neugier nach Lernen wieder Raum gebe, genieße ich es sehr und merke, dass es nicht nur mir, sondern auch dem Business gut tut. Man bildet sich zum Beispiel persönlich weiter. Das überträgt sich automatisch aufs Business. Oder man lernt etwas fürs Business, auch das hilft einem bei persönlichen Themen. Ich würde diese beiden Aspekte immer gemeinsam sehen. Entwicklung kommt nur, wenn man aufwacht und im Jetzt ist, also wenn man sich weiterentwickelt oder wenn man was Neues dazulernt.«

Ein weiteres Persönlichkeitsmerkmal, das uns resilient macht, ist Durchhaltevermögen. Ich bin ein eher ungeduldiger Mensch. Wenn ich etwas tun kann, um einen Prozess zu beschleunigen, tue ich es. Manchmal ist aber einfach Abwarten angesagt. Am Anfang meiner Selbständigkeit kamen 100 Prozent meiner Aufträge für Lesungen und Vorträge aus meiner eigenen Akquise oder der des Verlags. Ich fand dieses Klinkenputzen unheimlich anstrengend und zeitraubend. Aber ich wusste: Wenn ich einfach durchhalte und weitermache, mich mit meinem Angebot zeige, mich selbst immer wieder als Speakerin vorschlage, werden irgendwann genug Menschen mich kennen und weiterempfehlen, sodass die Anfragen von allein kommen. Und genau das ist passiert. Jedes neue Projekt, das wir anfangen, müssen wir wie ein kleines Pflänzchen geduldig wässern und wachsen lassen, bis es zu einem starken Baum wird, der Früchte trägt.

Und schließlich bringt Uwe Rühl, Autor des Buchs *Unternehmerische Resilienz*, ein weiteres Persönlichkeitsmerkmal resilienter Menschen ins Spiel: *Humbition* – eine Mischung aus

»*humble*« (bescheiden) und »*ambition*« (Ehrgeiz).[3] Eigentlich logisch, dass Menschen, die bescheiden und ehrgeizig sind, langfristig mehr Erfolg haben als jene, die größenwahnsinnig und bequem sind. Und doch kennen wir vermutlich alle Menschen, die andere arbeiten lassen, die Lorbeeren aber für sich beanspruchen und so tun, als wären sie *master of the universe*. Nur blöd, dass diese Leute dann keine Ahnung von nichts haben, wenn sie sich tatsächlich mal selbst die Hände schmutzig machen müssen, weil die Hütte brennt. *Ciao*, Resilienz! Christian Busch warnt in seinem Buch *Erfolgsfaktor Zufall* vor der Gefahr der Selbstüberschätzung: »Selbstvertrauen und ein großes Ego können oft gut für den Erfolg sein. Ein zu großes Ego und ein Mangel an Situationsbewusstsein sind jedoch gefährlich. Sich ganz auf unsere bestehenden Modelle oder Verhaltensmuster zu verlassen, kann dazu führen, dass wir Risiken nicht erkennen oder nicht auf Unerwartetes vorbereitet sind.« Ein starkes Selbstbewusstsein, Ambitionen und trotzdem eine gewisse Demut vor der Realität machen resilient.

Eine Person, die bemerkenswerte *Humbition* – und Resilienz – besitzt, ist die Autorin Mirna Funk. Sie sagt: »Ich finde, es gibt immer Rückschläge. Ich weiß noch, dass ich 2015 meinen Roman publiziert habe. Dann musste ich ja trotzdem weiter Geld verdienen und hab als *Director of Communication* in einem Matratzen-Start-up angefangen zu arbeiten. Parallel hatte ich ’nen preisgekrönten Roman draußen, musste aber, um meine Miete zu zahlen, Matratzen verkaufen. Ich fand das damals nicht ganz einfach, aber es macht auch *humble*. Ich hab das auch viele Jahre als sehr gesund empfunden. Viele Jahre lang arbeitete ich parallel zu meiner schriftstellerischen Tätigkeit als Kommunikationsleiterin für Unternehmen. Mit echten Menschen zu sein und den normalen Alltag eines deutschen Durchschnittsbürgers mitzuerleben, halte ich auch für das Schreiben für enorm wichtig. Aber das war zum

Beispiel so ein Moment, wo ich gedacht hab: ›Ist doch alles scheiße. So habe ich mir das nicht vorgestellt.‹ Auch jetzt denke ich ganz oft, ich wäre gerne schon woanders. Ich finde schon, dass ich sehr viel geschafft habe, und ich glaube, andere Leute würden das wahrscheinlich auch viel krasser beurteilen, als ich das tue. Ich muss wahrscheinlich die ganze Zeit so unzufrieden sein, um weiterzumachen. Ich glaube, das gehört zu einem Karrieristen-Mindset dazu, dass man einfach immer noch nicht zufrieden ist, und das bin ich auch nicht. Da sind auf jeden Fall noch etliche Sachen, die ich von mir erwarte und von meiner Karriere und meinem Leben als Autorin. Ich bin ja kein Zauberer. Ich bin austauschbar. Meine Relevanz kann in fünf Jahren völlig weg sein. Ich habe kein Genie-Verständnis. Ich glaube nicht, dass es Genies gibt. Du hast einen Job, und der Job ist möglicherweise etwas Kreatives, und dazu gehört auch die Schriftstellerei. Ich bin Künstlerin, aber eben auch sehr pragmatisch. Meine Arbeit ist ein Job wie jeder andere. Schreiben ist auch nichts anderes als Fließbandarbeit.« – *Humbitious* eben.

Soziale Unterstützung macht resilient

Egal wie *tough* du bist, wie schlau, stark oder intelligent; egal, wie wild deine Ideen, wie ambitioniert dein Vorhaben oder wie riskant dein Unternehmen ist: Mach dir klar, dass du keine Einzelkämpferin sein musst. Ich weiß, dass viele karriereorientierte Menschen Stolz daraus ziehen, alles allein geschafft zu haben, und das ist sicher auch beeindruckend. Aber zu welchem Preis? Seit ich verstanden habe, dass ich nicht immer alles allein schaffen muss und trotzdem stolz auf mich sein darf, ist mein Leben so viel leichter, entspannter und auch fröhlicher geworden. Mir fiel es früher sehr schwer, um Hilfe zu bitten oder Hilfe anzunehmen, weil ich dachte, dass erstens niemand Lust hätte, mir zu helfen, zweitens meine Leistung weniger zählte, wenn ich mir helfen ließe, und drittens – ja, ich gestehe es – das Ergebnis sowieso besser würde, wenn ich es allein machte. Selbstüberschätzung und Größenwahn *at its best* – und unheimlich anstrengend auf die Dauer. Dann habe ich irgendwann die Entdeckung gemacht, dass erstens sich Familie und Freund*innen freuten, wenn sie mir mit etwas helfen konnten. Zweitens fühlt sich ein Erfolg, den man mit Menschen, denen man aufrichtig dankbar ist, teilt, noch großartiger an (es kann ganz schön einsam sein ganz allein auf einem Gipfel). Und drittens musste ich von meinem hohen Ross runterklettern und feststellen, dass ich nicht jede Disziplin beherrsche und dass ein Ergebnis besser wird, wenn man Expert*innen ranlässt. Insofern: Pflege deine sozialen Netze. Ob in der Familie, unter Freund*innen oder Kolleg*innen: Sich gegenseitig zu unterstützen, macht Spaß, erfolgreich und resilient.

Gute Arbeitsbedingungen für Resilienz

Wenn wir über Resilienz im Beruf sprechen, sollten wir auch einen Blick auf deine Arbeitsbedingungen werfen. Ist dein Arbeitsplatz (verhältnismäßig) sicher? Hast du eine gute *Work-Life-Balance*? Erlebst du erfüllende Sozialkontakte und einen Gemeinschaftssinn an deinem Arbeitsplatz? Verfügst du über ein ausreichendes Maß an Autonomie und Kontrolle über deine Arbeit? Herrscht in deinem Unternehmen eine Kultur des Vertrauens? Wie wird in deinem Team mit Fehlern umgegangen?

In meinen Interviews mit Unternehmerinnen habe ich immer wieder festgestellt, dass gerade eine gesunde Fehlerkultur resilient macht: Denn wer entspannt mit Fehlern umgeht, erholt sich wesentlich schneller von Misserfolgen, lernt aus ihnen und probiert danach schneller einen neuen oder anderen Weg aus. An Ingrid Lang konnte ich etwa einen sehr *gechillten* Umgang mit Fehlern beobachten. Sie sagt: »Vieles geht auch einfach mal daneben. Das bekommen nur nicht alle mit. Wenn man Formulare abgeben muss, denke ich mir oft: ›Wow, keine Ahnung, ob ich alles richtig ausgefüllt habe. Aber wenn es nicht korrekt ist, kommen Rückfragen.‹ Dieselben Gedanken habe ich auch bei der Buchhaltung. Man kann einfach nicht alles wissen, aber den Steuerberater oder an anderen Stellen fragen. Zum Glück ist noch nie richtig was schiefgelaufen. Es kann aber wirklich einfach nichts Schlimmes passieren. Du hast nur die Möglichkeit, dazuzulernen. Man kann so gut wie alles wieder rückgängig machen. Solange man niemanden verletzt, dürfen Fehler immer als *Learnings* gesehen werden. Und sind wir mal ehrlich: Fehler und kleinere oder größere Pannen passieren immer, ohne dass sie sofort jeder bemerkt.«

Und auch Kevad Saarepera, die Gründerin von *Not Your Average,* findet es nicht so schlimm, einen Fehler zu machen – solange sie ihn nicht wiederholt. Mit dieser Einstellung hat sie es auch geschafft, eine schon etwas beängstigende Panne zu korrigieren, wie sie mir erzählt: »Da sind mir, gerade am Anfang, auch schon mal wirklich grobe Fehler passiert. Zum Beispiel habe ich meinem ersten Investor 20 Prozent meines Unternehmens für einen Spottpreis verkauft. Zum Glück konnte ich diesen Verkauf rückgängig machen, sodass jetzt alles wieder gut ist, aber so eine Dummheit möchte ich nicht nochmal machen. Und darauf kommt es an, finde ich: Man darf Fehler machen, aber man sollte sie nicht wiederholen. Abgesehen davon bin ich im Herzen immer noch eine große Träumerin und vertraue darauf, dass alles möglich ist, wenn ich nur daran glaube und einfach loslege. Ich denke wirklich, ich kann alles schaffen.« Hier klingt auch wieder der Glaube an die eigene Selbstwirksamkeit durch.

So stärkst du deine Resilienz

Deine Persönlichkeitsmerkmale und auch deine Arbeitsbedingungen kannst du nur begrenzt ändern. Aber es gibt eine ganze Menge konkreter Methoden, die du ergreifen kannst, um deine Resilienz aktiv zu stärken. Das sind einerseits bestimmte Maßnahmen oder Übungen, mit denen du Resilienz trainierst oder ermöglichst. Anderseits kannst du sowohl auf seelischer als auch auf körperlicher Ebene Resilienz-Booster in deinen Alltag integrieren.

Resilienz ermöglichen und üben

A little help from your friends

Du hast bereits gesehen, welche wundervolle Ressource die Menschen in deinem Leben sind, wenn es darum geht, im Alltagsstress und in Krisenzeiten zu bestehen. Ich habe an anderer Stelle in diesem Buch schon geschrieben, dass unsere Sehnsucht nach Zugehörigkeit ein menschliches Grundbedürfnis ist. Deshalb solltest du dir einen sozialen *safe space* schaffen, aus dem du Kraft, Freude und Ausgeglichenheit schöpfen kannst. Camilla Sohn, die Gründerin von *caminvesta* berichtet, wie sehr sie von dem Ausgleich durch ihre Sozialkontakte profitiert: »Ich brauche den Ausgleich, auch mit Freunden und Familie. Und ich brauche es, nicht jedes Wochenende zu arbeiten. Ich habe lange Samstag und Sonntag gearbeitet. Aber es hilft mir, mir aktiv Zeit für Familie und Freunde zu nehmen und ein gutes soziales Umfeld zu haben, das ich auch regelmäßig pflege.«

Pflege deine sozialen Kontakte und erschließe dir zudem ganz gezielt neue Netzwerke. Du kannst entweder selbst ein Netzwerk aufbauen, oder du trittst einem bestehenden Business-Netzwerk bei. Die Auswahl ist auf jeden Fall riesig und du wirst überrascht sein, wie wohlwollend, unterstützend und empathisch der *spirit* dort ist. Wenn du Hilfe brauchst, bitte darum, nimm die Unterstützung anderer an und biete auch selbst Hilfe in deinem Netzwerk an.

Gerade wenn du Sorge-Verantwortung trägst, ist es enorm wichtig, dein soziales Umfeld miteinzubeziehen. Die Musikerin Ana Rocha hat mir erzählt, wie sie mit ihrem Mann die Vereinbarkeit von Beruf und Familie regelt: »Ich würde sagen, klare Absprachen sind wichtig. Ich habe, bevor ich schwanger geworden bin, viel mit meinem Mann darüber geredet, dass ich diesen Beruf machen möchte. Ich habe ihm gesagt: ›Ich war Musikerin, bevor wir zusammengekommen sind, bevor wir uns für ein Kind entschieden haben. Das werde ich nicht ändern.‹ Wir haben damals abgesprochen, wie es wird. Wir haben uns überlegt, wie wir die Aufteilung machen. Wir haben gesagt, wir reden immer wieder über die Berufs-, beziehungsweise Arbeitsverteilung und über die Stundenverteilung und darüber, wer die finanzielle Verantwortung trägt, damit wir das immer wieder reflektieren können. Er hat dann eine zweijährige Vollzeitstelle angenommen. Also habe ich gesagt: ›Okay, für diese zwei Jahre kann ich mehr Kinderbetreuung übernehmen. Danach müssen wir nochmal überlegen, wie wir es machen.‹ Ich finde diese Zielsetzung hilfreich. Es war immer hilfreich für uns, zu konkretisieren und eben auch einen Partner zu haben, der überhaupt dazu bereit ist, sowas zu besprechen und dem klar ist, er ist genauso verantwortlich für das Kind wie man selbst. Das war mir ganz wichtig, und darüber habe ich auch schon Jahre, bevor ich in Erwägung gezogen hab, ein Kind zu bekommen, mit meinem Partner geredet und gestritten.«

Räume deinen Arbeitsplatz auf

Stress resultiert nicht nur aus einem übervollen Terminkalender. Auch ein überquellender E-Mail-Eingang und ein unaufgeräumter Schreibtisch verursachen Stress. Wenn du an deinem Arbeitsplatz Ordnung herstellst, kehren auch in deinem Kopf Ruhe und Klarheit ein. Ich finde die *KonMari*-Methode der japanischen Aufräum-Expertin Mari Kondo toll, aber sie kostet auch eine Menge Überwindung, weil sie vorsieht, alles auf einmal und in einem Rutsch aufzuräumen. Das kann einem ein bisschen wie der Mount Everest des Aufräumens vorkommen und jeden guten Willen im Keim ersticken. Deshalb ist mein *go-to* bisher eher eine Art *speed cleaning* gewesen. Ich nehme mir ein bestimmtes Zeitfenster vor – irgendwas zwischen 15 und 60 Minuten – und räume in der Zeit so schnell und so viel wie möglich auf, wische einmal über alle Oberflächen und fertig! Mein Ziel ist dabei, möglichst viel wegzuwerfen, alle Oberflächen leer zu bekommen und Dinge nach Kategorien zu ordnen, um sie schnell finden zu können.

Das Gleiche mache ich mit meinem E-Mail-Eingang: möglichst viel löschen, schnell und effizient antworten, Newsletter abbestellen, E-Mails in Ordner einsortieren. Dasselbe gilt für meinen Desktop und meine Dateiverwaltung. Wenn du das durchziehst, ist schon viel gewonnen. Du minimierst durch großzügiges Löschen und Wegwerfen den Ballast, den du mit dir herumschleppst, und hast dadurch natürlich langfristig auch weniger aufzuräumen. Die Oberfläche sieht *nice and clean* aus. Darunter wird's immer ein bisschen *messy* bleiben, aber wenigstens ist alles nach Kategorien geordnet und du findest, was du suchst. Auch hier gilt für mich: *Better done than perfect!*

Strukturiere deine Arbeit

Wie gehst du vor, wenn du dich an die Arbeit machst? Bist du getrieben von *To-dos* und eine Sklavin deines Terminkalenders? Hat deine Arbeit dich im Griff? Oder hast du die Zügel in der Hand? Ich habe lange sehr reaktiv gearbeitet: gemacht, was reinkommt. Das hat sich fürchterlich und nach Hamsterrad angefühlt. Ein enormer Stress! Dann habe ich gelernt, dass es auch andersherum geht: Dass ich genauso viel schaffen kann, mich aber weniger getrieben fühle – und zwar, indem ich Prioritäten setze und meine Arbeit aktiv strukturiere. Als Angestellte hat das meinen Arbeitsalltag extrem erleichtert und angenehmer gestaltet. Als Selbständige ist eine gute Selbstorganisation überlebenswichtig. Was ich heute anders mache als früher? Ich sammele alle *To-dos* und lege dann nach bestimmten Kriterien fest, wann ich was machen will und wie viel Zeit ich auf jede Aufgabe verwenden will. Da ist auch die ein oder andere unliebsame Aufgabe dabei, aber ich bestimme, wann und wie lange ich mich damit beschäftige. Dieser kleine *shift* bewirkt für deine Motivation einen Unterschied wie Tag und Nacht. Ich gebe zu, man trickst sich damit selbst ein bisschen aus, aber irgendwie muss man sich ja auch die Aufgaben, auf die man nie Lust hat und die es in jedem Job gibt, schmackhaft machen. Ich tue das, indem ich mir selbst die Wahl lasse, wann ich sie erledigen will.

Wenn du nach Methoden zum Selbst- und Zeitmanagement suchst, wirst du vielen verschiedenen Ansätzen begegnen. Meine Erfahrung zeigt, dass es sehr unterschiedlich ist, was für wen funktioniert. Ich selbst benutze ein *Trello*-Board, das ich nach der *Kanban*-Methode organisiert habe, um einen Überblick über all meine Ziele, Projekte und Aufgaben zu behalten. Dort kann ich alle *To-dos*, die mir einfallen, jederzeit mit meinem Smartphone erfassen und sie so aus meinem Gedächtnis streichen. Mein *Trello*-Board ist in verschiedene Spalten unterteilt, in die ich meine *To-dos* einsortiere. »Projekte« umfassen mehrere Einzelschritte und dauern längere Zeit. »*Next Actions*« sind ganz konkrete nächste Aufgaben oder Schritte. Unter »Prio« sortiere ich alle *To-dos*, die ich innerhalb der nächsten Woche angehen will. Unter »*Doing*« findet sich immer genau ein *To-do*, an dem ich gerade arbeite. In »*Waiting*« liegen alle *To-dos*, bei denen ich noch auf Zuarbeit oder Antwort von Dritten warte. Und unter »*Done*« finden sich alle *To-dos*, die ich erledigt habe. Ich priorisiere einerseits Aufgaben, die besonders dringlich und zugleich wichtig sind, z. B. das Antworten auf Post vom Finanzamt. Andererseits ziehe ich Aufgaben vor, die besonders stark auf meine Ziele einzahlen. Zu Priorisieren ist enorm wichtig. Du kannst nicht zu allem Ja sagen. Dann wird dein Leben beliebig. Also überlege dir einerseits, was dir wirklich wichtig ist, und andererseits, was unbedingt gemacht werden muss, damit du existentiell abgesichert bist.

Meine Arbeitswoche gestalte ich gern antizyklisch, also Arbeit am Wochenende und dann ein, zwei freie Tage in der Woche. Ich mag es, zu arbeiten, wenn andere frei haben, weil ich dann wenig Mails und Anrufe bekomme und mich gut konzentrieren kann. Und ich mag es, ins Spa, in den Park oder ins Restaurant zu gehen, wenn die meisten Leute arbeiten, weil es dort dann viel leerer ist. Meine Arbeitstage habe ich in verschiedene Arbeits- und

Pausenphasen unterteilt. Vormittags mache ich alles, wofür ich viel Konzentration brauche. Nachmittage nutze ich für Meetings, Telefonate, E-Mails und sonstigen nicht sehr anspruchsvollen Bürokram. Ich habe gelernt, mir eher weniger als zu viele Aufgaben vorzunehmen, weil es viel motivierender ist, alles abzuarbeiten, als immer etwas übrig zu behalten. In der Regel nehme ich mir drei Aufgaben pro Tag vor. Ich breche jede Aufgabe in ihre einzelnen Arbeitsschritte herunter und arbeite jeden Schritt dann in einer vorher festgelegten Zeit ab. Diese Methode nennt sich *Timeboxing*. Sagen wir, ich möchte etwas recherchieren. Dann stelle ich einen *Timer* auf 30 Minuten und versuche, innerhalb dieses Zeitfensters meine Recherche vollständig durchzuführen. Das hilft mir, in dieser Zeit richtig effizient und ohne Ablenkung zu arbeiten. Auch Pausen sollte man meiner Meinung nach fest einplanen. Nur wenn du genug Zeit zur Regeneration hast, kannst du auch Freude an deiner Arbeit haben und leistungsfähig sein. Die Designerin Anne Wolf sagt dazu: »Das Ding ist, man denkt immer, es geht nicht oder man hat keine Zeit. Das ist totaler Quatsch. Wenn man es einplant, dann geht es. Alle Menschen haben die gleiche Zeit. Der Tag ist für alle gleich lang. Und wenn es bei anderen klappt, dann funktioniert es auch bei mir.«

Diese Art, die Arbeit zu strukturieren, passt zu mir. Für dich können aber ganz andere Methoden produktiv sein. Wenn du dich näher mit Selbstmanagement beschäftigen willst, kann ich dir das Buch *Wie ich Dinge geregelt kriege* von David Allen empfehlen.

Die Unternehmerin Mona Ghazi etwa geht ganz anders an die Strukturierung ihrer Arbeit heran, wie sie mir erzählt: »Ich packe mir in den Kalender immer als erstes Freizeit und Freunde, bevor ich Arbeit reinpacke. Ich habe verschiedene Regeln dafür, zu welchen Meetings ich Ja sage und zu welchen nicht. Zum Beispiel habe ich immer freitagnachmittags einen Zeit-*Slot* für Meetings mit externen Leuten wie mit dir, weil ich dann meine Gehirnkapazität anders einteilen kann und auch weiß, dass es leichter für mich ist, einfach so über die Vergangenheit zu erzählen, als mir proaktiv was Neues, Kreatives auszudenken. Dafür habe ich dann eher Montag bis Mittwoch. Ich habe ziemlich genau analysiert, wo und wie meine Energie am besten ist und auch mit welchen Menschen ich wie viel Energie brauche oder bekomme. So plane ich einigermaßen meine Woche. Ich plane auch eher lieber nur die nächsten drei Tage im Voraus als weiter in die Zukunft, weil ich gar nicht weiß, wie ich mich dann fühle. Deswegen halte ich eigentlich meinen Kalender immer ziemlich frei und einfach so, dass ich möglichst viel Zeit für mich habe.«

Probleme erkennen

Mit einem aufgeräumten Arbeitsplatz und einer klaren Struktur in deiner täglichen Arbeit bist du schon mal gut gegen den Stress des Alltags gewappnet. Aber was, wenn es mal richtig brennt? Dann solltest du vorbereitet sein. Dabei hilft dir *Horizon Scanning*, das strategische Absuchen des Horizonts nach Gefahren und Problemen. Mache es dir zur Gewohnheit, regelmäßig darüber nachzudenken, welche Schwierigkeiten auf dich zukommen könnten, und überlege, wie du ihnen vorbeugen oder begegnen könntest. Es geht dabei nicht um Schwarzmalerei, sondern darum, einen festeren Stand zu entwickeln – so wie in der U-Bahn, in der du dich etwas breitbeiniger aufstellst und dich festhältst, um bei einer plötzlichen Bremsung nicht umzufallen.

Für die Podcast-Produzentin Maria Lorenz-Bokelberg gehört *Horizon Scanning* ganz selbstverständlich zu ihrem Berufsalltag, wie sie mir erzählt: »Ich habe in letzter Zeit viele Artikel und auch Bücher über Firmen gelesen, die gescheitert sind. Da habe ich mich richtig reingehängt, weil ich versuchen wollte, zu verstehen: Was war eigentlich das Problem?, um sicherzustellen, dass es uns nicht passiert. Ganz oft ist das Problem fehlende Kommunikation, Sachen, die man noch vor einem halben Jahr hätte vom Eis kriegen können, aber dann irgendwann nicht mehr, weil niemand was gesagt hat. Aber da spielt auch Hybris mit, wenn man denkt: ›So wie es jetzt läuft, läuft es für immer. Wir brauchen nichts beiseitelegen. Wir brauchen uns nicht abzusichern. Wir machen einfach für immer so weiter, und die Situation wird sich nie ändern.‹ Daraus versuche ich zu lernen. Es gehört für mich zum Unternehmertum dazu, nachts oder abends im Bett wach zu liegen und zu denken: ›Oh, oh, hoffentlich funktioniert das alles. Hoffentlich müssen wir niemanden feuern. Hoffentlich kriegen wir neue Projekte und Angebote.‹ Das muss man, glaube ich, abkönnen. Das meine ich auch mit ›Man muss schon eine bestimmte Persönlichkeit haben, wenn man gründen will‹, weil man das ›aushalten‹ können muss. Es ist nicht immer leicht. Wenn Kund*innen wegfallen oder unsicher werden, muss man einerseits die Ruhe bewahren, aber andererseits auch sagen: ›Okay, offenbar ist nicht alles so, wie es immer war. Was machen wir jetzt?‹ Und unter diesem Druck entstehen dann neue Ideen. Das muss man auch zulassen, anstatt einfach nur abzuwarten, dass sich alles wieder beruhigt. Ich bin ein großer Fan davon, proaktiv, wenn es noch nicht so schlimm ist, Dinge anzugehen, damit man dann ein bisschen *safer* ist, wenn es schlimm wird. Ich glaube, dass man dazu aber eine Firmenatmosphäre braucht, in der man bereit ist, als Geschäftsführer*innen miteinander zu schauen: Was läuft gerade nicht ideal? Was machen wir beide gerade nicht ideal? Was können wir besser machen? Sollen wir vielleicht etwas abgeben? Können wir das einfach nicht so gut? Dann lassen wir auch die Finger davon. Was können wir aber gut? Darauf konzentrieren wir uns. Das ist eine Art und Weise, sich selbst zu betrachten, die für manche vielleicht schwierig ist und die auch wirklich anstrengend ist, weil man sich oft hinterfragt. Das gehört einfach dazu und sorgt dafür, dass man ein realistisches Bild von der Situation kriegt. Dann kann man doch erst agieren. Wenn ich jetzt sage, X Prozent unserer Einnahmen kommen über diese eine Sache rein und das ist weniger geworden, dann muss ich mir halt was anderes einfallen lassen und nicht einfach sagen: ›Ach, das wird schon wieder mehr.‹«

Beim *Horizon Scanning* geht es darum, zu überlegen, was morgen sein könnte, um sich heute vorausschauend darauf einzustellen und sich gut vorzubereiten.

Den Resilienz-Muskel trainieren

Deine Resilienz kannst du wie einen Muskel trainieren. Dazu kannst du etwas tun, was ich schon an anderer Stelle empfohlen habe, weil es auch dein Selbstwertgefühl stärkt: Tu gezielt Dinge, vor denen du dich fürchtest. Du hast Angst, öffentlich zu sprechen? Bereite einen Redebeitrag für das nächste Meeting vor. Es fällt dir schwer, neue Kontakte zu knüpfen? Geh zu einem Meetup, einem Business Festival oder einem Netzwerktreffen, und sprich dort mindestens eine fremde Person an und verwickele sie in ein Gespräch. Du wirst sehen: Das, wovor du dich so fürchtest, ist eigentlich gar nicht so schlimm und du überstehst es schon. Dadurch lernst du: Du kannst Herausforderungen meistern.

Du bist mehr als dein Beruf

Daran solltest du dich immer erinnern. Denn wenn dein Selbstwert von deinem Beruf abhängt, setzt du seelisch gewissermaßen alles auf eine Karte. Dazu rät auch die Psychologin Dr. Hannah Schade vom *Leibniz-Institut für Arbeitsforschung* an der *TU Dortmund*: »Man sollte sich nicht ausschließlich in seiner Funktion wahrnehmen. Identifikation mit der Arbeit ist ein zweischneidiges Schwert. Einerseits ist das super, erfüllend und motivierend, und alle wollen das, Arbeitgeber wie Arbeitnehmer. Aber das muss auch Grenzen haben. Ich muss mehr sein als nur meine berufliche Position, sonst ist es einfach schwierig, abzuschalten.«

Besser ist es, deinen Beruf nur als eine Facette deiner Identität zu begreifen. Die Unternehmerin Margot de Broglie erzählt: »Ich würde dazu zwei Dinge sagen. Erstens: Du musst lernen, dich weniger stark mit deinem Unternehmen zu identifizieren und das Unternehmen als getrennt von dir zu betrachten. Ich denke, es passiert leicht, dass man sich zu stark mit dem eigenen Unternehmen identifiziert, und dann befindet man sich ganz schnell in einer Achterbahn zwischen Hochs und Tiefs. Ich habe für mich festgestellt, dass es hilfreicher ist, auf dem Teppich zu bleiben, wenn die Dinge unglaublich toll sind, weil ich weiß, dass sie wahrscheinlich bald wieder beschissen sein werden. Und andersherum gelassen zu bleiben, wenn es gerade schlecht läuft, weil ich weiß, dass es wahrscheinlich bald wieder besser wird. Man sollte also ab und zu mal ein bisschen herauszoomen und das große Ganze betrachten. Die zweite Sache ist, dass es für meine Schwester und mich von Anfang an eigentlich immer mehr ein Spiel war. Wir haben einfach was Neues ausprobiert und uns gesagt: Wenn es schiefgeht, dann ist das echt traurig, aber niemand wird sterben und es wird nichts Schlimmes passieren. Es wird eine persönliche Niederlage sein, aber das war's auch schon. Wir werden eine Menge lernen und eine schöne Erfahrung machen. Ich würde also dazu raten, so eine Perspektive einzunehmen und sich immer daran zu erinnern, dass nicht einmal das schlimmstmögliche Ergebnis einen umbringen wird – auch wenn es sich in dem Moment vielleicht so anfühlt.«

Wenn du etwas im Job vermasselst, fällt es dir leichter, das zu verkraften und daraus zu lernen, wenn du nicht denkst, dass du deswegen weniger wert bist – denn du bist mehr als dein Beruf.

Deine Vision gibt dir Halt

Christian Busch berichtet in seinem Buch *Erfolgsfaktor Zufall* über den Umgang erfolgreicher CEOs mit dem Faktor Unsicherheit: »In einer Interviewserie mit 31 der weltweit erfolgreichsten CEOs, die ich zusammen mit einem Forscherteam von der *Harvard University*, *Leaders on Purpose* und der *Weltbank* durchgeführt habe, stellten wir fest, dass die meisten dieser Führungskräfte sich bewusst sind, dass sie die Zukunft nicht immer vollständig kontrollieren, geschweige denn vorhersagen können. Emmanuel Faber, ehemaliger CEO des Lebensmittelkonzerns *Danone*, sagte beispielsweise, er vertraue mehr einer Vision und der sich abzeichnenden Umsetzung, die den Weg ebnet, als einem exakten Masterplan. Warum? Weil sich die Welt so schnell verändert, dass es seiner Meinung nach keinen Sinn hat, sich an genauen Plänen festzuklammern – aber gleichzeitig brauche man eine Vision, um zu wissen, wohin es gehen soll. Diese Führungskräfte führen, indem sie einem starken Nordstern folgen, anstatt minutiöse Pläne zu erstellen, um ihren Teams zu ermöglichen, ihre eigenen Entscheidungen innerhalb dieses Rahmens zu treffen. Und sie sind transparent hinsichtlich der offensichtlichen Grenzen, was oft zu noch mehr interner Unterstützung führt, da Menschen dazu neigen, Führungskräften zu vertrauen, die mit ihnen gemeinsam über Lösungsansätze nachdenken.«[4] Eine starke Vision zu haben, hilft dir, immer die Richtung zu kennen, in die du weitergehen möchtest, egal wie uneben das Gelände auch wird. Eine Vision ist dein Kompass, wenn es mal unübersichtlich und chaotisch ist. Du kannst zwar nie wissen, was dir auf deinem Weg begegnet. Aber wenn du einen Leitstern hast, wirst du dich nicht so schnell von deinem Weg abbringen lassen. Und wenn du dich doch mal verirrst, findest du durch deinen Leitstern zurück auf den richtigen Pfad.

Meditation

Bas Kast hat in seinem *Kompass für die Seele* zusammengetragen, was Körper und Seele resilient macht. Übereinstimmend mit vielen anderen empfiehlt er, Achtsamkeitspraktiken wie Meditation zu üben. Dadurch lernst du einerseits, deine Gedanken als Gedanken wahrzunehmen und nicht als Realität, wozu wir oft neigen, und gewinnst Abstand zu ihnen. Statt zu denken »Ich werde die Prüfung vermasseln«, könntest du dann denken: »Aha, mein Gehirn produziert den Gedanken, ich würde die Prüfung vermasseln.« Wenn du dir Sorgen machst, wirst du auf diese Weise ruhiger und bekommst eine wohltuende Pause von deinem Kopfkino. Andererseits kannst du durch Meditation die Verbindung zu deinen Gefühlen stärken und sie besser kontrollieren – statt dich von ihnen überwältigen zu lassen.[5] Es gibt viele Wege, Achtsamkeitspraktiken wie Meditation in deinen Alltag zu integrieren: Kurse, *Retreats* oder Apps wie *Headspace*, *7Mind* oder *Baloon*. Zum Teil werden diese Kurse und Apps auch von Krankenkassen bezuschusst.

Tatsächlich haben mir einige der Unternehmerinnen, die ich interviewt habe, erzählt, dass sie meditieren. Für die Tänzerin Claire Chen, die Mehrfachgründerin Mona Ghazi und die Einzelhandelsexpertin Ingrid Lang gehören regelmäßige Meditationseinheiten fest zu ihrem Alltag. Letztere hat mir erzählt, wie Achtsamkeitsübungen dazu beigetragen haben, dass sie in einer Krise wie der Corona-Pandemie, in der sie ihren Laden schließen musste, resilient bleiben konnte:

»Bei *Body Scans* spürst du von einer Region deines Körpers zur nächsten und bemerkst beispielsweise Schmerzen in der Schulter. Dann machst du den *Body Scan* weiter und merkst beim dritten Durchlauf, dass die Schulterschmerzen verschwunden sind. Wenn du das öfter am eigenen Körper erfährst, erlebst du auf physische Art, dass alles kommt und geht, genauso wie auch die Schmerzen. Situationen auszuhalten, wie zum Beispiel damals Corona, oder auch mal einen schlechten Monat, ist das Pendant zu dieser Trockenübung *Body Scan*. Ich denke, das ist eine Form von Resilienz, die man üben kann. Meditation nährt mich, weil sie mir Resilienz schenkt.«

Stoische Lebensweisheiten

Der Stoizismus ist eine Philosophie aus dem antiken Griechenland, die lehrt, Krisen mit größtmöglicher Gelassenheit zu begegnen. Stoisch zu denken und zu handeln bedeutet, sich auf das zu konzentrieren, was du ändern kannst, statt dich wegen Dingen zu martern, die du sowieso nicht ändern kannst.[6] Wie ich dir schon erzählt habe, bin ich anscheinend eine Stoikerin, wie sie im Buche steht. Deshalb kann ich dir sagen: Es tut unheimlich gut, Dinge, die du sowieso nicht ändern kannst, einfach loszulassen und dafür umso mehr Energie für Dinge zu haben, die in deiner Macht stehen.

Den Körper resilient machen

Ich bin in diesem Buch schon mehrmals darauf eingegangen, wie eng unser Körper und unsere Seele zusammenhängen, zum Beispiel als ich beschrieben habe, wie du durch die Einnahme von Power-Posen deine Selbstsicherheit stärken kannst. Bas Kast listet in seinem *Kompass für die Seele* eine Reihe von physischen Faktoren auf, die deine Seele resilienter machen, indem sie deinen Körper stärken.

Gesunde Ernährung

Studien haben gezeigt, dass Junk Food den Hippocampus, der für die Regulierung unserer Emotionen zuständig ist, schrumpfen lässt. Dieser bildet aufgrund des Nährstoffmangels keine neuen Nervenzellen mehr. Während ein intakter Hippocampus emotional ausgeglichen und resilient macht, führt ein beschädigter oder verkleinerter Hippocampus zu emotionaler Instabilität. Bei Menschen mit Depressionen ist beispielsweise der Hippocampus kleiner. Du kannst deinen Hippocampus füttern und stärken, indem du grob gesagt auf eine sogenannte mediterrane Ernährung mit viel Obst, Gemüse, Hülsenfrüchten, hochwertigem nativem Olivenöl und frischem Fisch setzt. Falls du dich vegetarisch oder vegan ernährst, kannst du die wertvollen Omega-3-Fettsäuren des Fisches auch aus Algenöl bekommen.[7]

Bewegung

Durch körperliche Bewegung bauen wir sofort Stress ab: Sowohl unser Blutdruck als auch das Level des Stresshormons Cortisol sinken. Außerdem setzen unsere Knochen und Muskeln zwei Stoffe namens Cathepsin B und Osteocalcin frei, die nach einigen mehr oder weniger komplexen Stoffwechselvorgängen letztendlich dazu führen, dass neue Nervenzellen in unserem Hippocampus gebildet werden. Und der Hippocampus sorgt – genau – für emotionale Stabilität und Resilienz. Wichtiger als eine bestimmte Sportart ist, dass dir die Bewegung Spaß macht und du dranbleibst: Regelmäßige Sporteinheiten von drei- bis fünfmal 45 Minuten pro Woche sind ideal, schreibt Bas Kast.[8]

Ich muss ehrlich zugeben, dass ich kein großer Fan von Sport nur um des Sports willen bin. Ich baue die Bewegung lieber in meinen Alltag ein und fahre zuhause in Berlin fast alle Strecken mit dem Fahrrad. Im Urlaub schwimme ich oft und lange im Meer, mache Strandspaziergänge oder gehe wandern. Regelmäßig nehme ich mir auch die Zeit für eine Yoga-Session mit einer Anleitung von YouTube.

Abhärtung

Nicht nur Sport, sondern auch andere kurzfristige körperliche Belastungen helfen uns sehr effektiv dabei, Stress abzubauen. Aus gutem Grund wird Eisbaden gerade total *gehyped*. Zuhause tut es aber auch die kalte Dusche. Ich dusche jeden Morgen kalt (außer wenn ich krank bin) und genieße es richtig. Zwar bedarf es einiger Überwindung, den Wasserhahn von warm auf kalt zu schwenken, aber ich denke nicht lange darüber nach, sondern mache es einfach. Ich dusche dann zwischen 30 Sekunden und drei Minuten – je nach Tagesform – eiskalt vom Scheitel bis zur Sohle. Weil das Wasser so eisig ist, kann ich mich auf nichts anderes konzentrieren. Das ist also ein wunderbarer Moment des Fokus am Morgen – fast wie eine Meditation. Und anschließend bin ich hellwach, fühle mich fit und bin glücklich. So einfach, so schnell, so effektiv.

Wer das Herz-Kreislauf-System trainieren will, aber mehr Hitze braucht, ist mit regelmäßigen Saunagängen gut beraten. Wenn ich eine gute Sauna in der Nähe meiner Wohnung habe, gehe ich ein- bis zweimal pro Woche in die Sauna, jeweils für zwei bis drei Saunagänge à zehn bis 15 Minuten.

Eine dritte Möglichkeit, durch kurzfristige körperliche Belastung Stress abzubauen und die Resilienz zu trainieren, ist Intervall-Fasten. Das bedeutet, dass du in einem Zeitfenster von acht Stunden isst und in den übrigen 16 Stunden fastest, also außer Wasser, ungesüßten Kräutertees und Kaffee ohne Milch und Zucker nichts zu dir nimmst. Diese Art des Fastens lässt sich leicht in den Alltag integrieren, wirkt stimmungsaufhellend und fördert die innere Ausgeglichenheit. Zudem wird durch das Fasten das Wachstum von Nervenzellen im Gehirn angekurbelt. Intervallfasten ist also immer wie eine Mini-Verjüngungskur für dein Gehirn.[9]

Ab ins Grüne

Viele von uns leben in Städten, wo wir einer permanenten Reizüberflutung ausgesetzt sind. Die Natur ist reizärmer und bietet uns daher Entspannung und Erholung von der Hektik der Stadt. Wenn möglich, richte deinen Arbeitsplatz so ein, dass du von dort aus ins Grüne gucken kannst – auf einen Baum oder eine begrünte Fassade. Gehe in der Mittagspause im Park spazieren und am Wochenende im Wald, am Meer oder in den Bergen. Für den Alltag tut es aber auch eine ruhige Nebenstraße mit Bäumen oder ein bisschen *Urban Gardening* auf dem Balkon.[10]

Ich gehe fast jeden Morgen noch vor dem Frühstück eine Dreiviertelstunde spazieren: entlang eines Kanals, durch Parks und begrünte Nebenstraßen. Dabei lasse ich bewusst das Handy in der Tasche, lausche auf die Vögel, das Rauschen in den Baumkronen und beobachte, wie sich die Wasseroberfläche vom Wind kräuselt. Auch, wenn ich mit einer Arbeit nicht weiterkomme, hilft es mir, lange Spaziergänge zu unternehmen.

Schlaf schön!

Schlaf ist nicht nur die beste Medizin, sondern auch die beste Prävention. Als ich die Psychologin Dr. Hannah Schade vom *Leibniz-Institut für Arbeitsforschung* an der *TU Dortmund* frage, was die beste Burnout-Prävention ist, sagt sie mir: »Ganz zentral ist der Nachtschlaf. Die sogenannten Ruhezeiten sind gesetzlich vereinbart und nicht zum Spaß da.«

Im Schlaf verarbeiten wir die Ereignisse des Tages. Einschneidende Erlebnisse und starke Gefühle kehren oft in unseren Träumen wieder. Indem wir sie nochmals durchleben, können wir sie hinter uns lassen. So bauen sich Emotionen wie Ängste, Wut oder Trauer ab, und wir können auch in schwierigen Zeiten trotz starker Gefühle handlungsfähig bleiben.[11] Ich habe zuvor bereits geschrieben, dass es helfen kann, eine Nacht über schwerwiegende Entscheidungen zu schlafen, weil sich dadurch unsere Gefühlswelt reguliert und wir wieder rationaler denken können.

Für einen erholsamen Nachtschlaf ist eine gute Schlafhygiene hilfreich. Du solltest jeden Tag ungefähr zur gleichen Zeit aufstehen und ins Bett gehen. Rituale wie *Journaling*, Yoga, ein heißes Bad oder entspannende Musik helfen dir, den Tag hinter dir zu lassen und deinen Körper auf den Schlaf einzustimmen.[12] Mein Abendritual besteht aus meiner *Beauty*-Routine im Bad, einem heißen Tee aus schlaffördernden Kräutern und dem Lesen einiger Buchseiten. Koffein und Alkohol sowie schweres Essen kurz vorm Zubettgehen beeinträchtigen den Schlaf. Darauf solltest du verzichten. Ich weiß, das klingt freudlos, aber im Grunde ist es eine Frage der Prioritäten. Als ich entdeckt habe, wie toll es ist, ausgeruht und ausbalanciert durch den Tag zu gehen, wie viel mehr Freude ich dann an allem habe, wie geduldiger, empathischer und liebevoller ich dann bin, war es ein *no-brainer* für mich, meinen Schlaf zu unterstützen.

Margot de Broglie, die Gründerin der App *Your Juno*, schützt ihren Nachtschlaf sehr bewusst vor Störungen. Sie erzählt mir: »Grundlegende Dinge wie Sport und viel Schlaf helfen. Außerdem trinke ich keinen Kaffee, um mein Nervensystem in Balance zu halten. Wir glorifizieren diesen *Start-up Hustle* oft, mit seinen durcharbeiteten Nächten und sechs Espressi pro Tag. Aber ich merke einfach, dass ich keine guten Entscheidungen treffe, wenn ich mich in so einem Zustand befinde. Manchmal geht es nicht anders, und ich muss auch so *hustlen*, weil wir eine nahe Deadline haben, aber generell versuche ich, nicht nach neun oder zehn

Uhr abends zu arbeiten, um noch genug Zeit vorm Zubettgehen zu haben, damit ich mich noch mit etwas anderem als der Arbeit beschäftigen kann.«

Falls du abends schlecht einschlafen kannst oder tagsüber müde und niedergeschlagen bist, könnte (mangelndes) Licht die Ursache sein. Am besten ist es, früh aufzustehen und so schnell wie möglich direkt Tageslicht zu tanken. Auch deshalb gehe ich morgens noch vor dem Frühstück spazieren. Eine Lichtdusche vor der Tageslichtlampe wirkt notfalls auch. Diese sollte wenigstens 10 000 Lux hell sein, und du solltest dich mindestens eine halbe Stunde lang davorsetzen. Ich habe eine kleine Tageslichtlampe auf meinem Schreibtisch, die im Winter den kompletten Vormittag über eingeschaltet ist. Am Abend hingegen solltest du die Beleuchtung dimmen und beizeiten leuchtende Elektrogeräte wie Smartphone, Tablet, Notebook oder Fernseher ausschalten. Das von ihnen ausgehende blaue Licht hemmt die Ausschüttung des Schlafhormons Melatonin und erschwert dir dadurch das Einschlafen. Wenn ich abends noch Smartphone & Co. benutze, schalte ich wenigstens einen sogenannten Nachtmodus ein, bei dem der Bildschirm rötlich erscheint. Zum Schlafen solltest du dein Schlafzimmer am besten komplett abdunkeln oder mit einer Schlafmaske schlafen.[13] Seit ich Letzteres mache, wache ich nachts seltener auf und bin morgens deutlich erholter.

Als Führungskraft Resilienz im Team fördern

Falls du in deinem Beruf Führungsverantwortung hast, kannst du mit Empathie, guter Kommunikation und deiner Unterstützungsbereitschaft die Resilienz deines Teams stärken.

Zeige Einfühlungsvermögen gegenüber deinen Mitarbeiter*innen und nimm deren Wünsche und Bedürfnisse ernst. Etabliere eine vertrauensvolle Arbeitsatmosphäre mit einer gesunden Fehlerkultur.

Sei in deiner Kommunikation eindeutig, transparent und ehrlich. Gib regelmäßig Feedback und nimm selbst Kritik an und ernst. Möglicherweise musst du, gerade wenn du in einer Führungsposition bist, Feedback zu dir und deiner Führung auch aktiv einfordern. Gute Kommunikation kann jede*r lernen. Ich empfehle sehr die Technik der Gewaltfreien Kommunikation nach Marshall B. Rosenberg. Außerdem ist es deine Verantwortung als Führungskraft, eine Vision für dein Team immer wieder klar und positiv zu formulieren. So kannst du deine Mitarbeiter*innen motivieren und ihnen Vertrauen in den gemeinsamen Weg schenken.

Signalisiere deine Unterstützungsbereitschaft, hilf deinen Mitarbeiter*innen und stelle die Ressourcen bereit, die sie brauchen, um voranzukommen. Behalte die Arbeitsbelastung deiner Teammitglieder im Blick und senke sie notfalls. Regelmäßig solltest du auch mit allen dir unterstellten Mitarbeiter*innen Gespräche führen, um mit ihnen gemeinsam ihre persönliche und berufliche Weiterentwicklung zu planen und voranzutreiben.

Meine Buchtipps zum Thema Resilienz

David Allen: *Wie ich die Dinge geregelt kriege. Selbstmanagement für den Alltag*
Friederike Fabritius und Hans Werner Hagemann: *Neurohacks. Gehirngerecht und glücklicher arbeiten*
Bas Kast: *Kompass für die Seele. Das Fazit neuester Studien zu Resilienz und innerer Stärke*

Sinn und Freude durch Kreativität

Obwohl mich meine Kreativität seit meiner Kindheit begleitet und heute die Basis meines Berufs ist, fällt es mir schwer, sie zu erklären. So, wie das eben manchmal mit besonders vertrauten Dingen ist. Meine Kreativität ist wie meine Muttersprache. Ich benutze sie jeden Tag ganz selbstverständlich. Sie ist fester Bestandteil meiner Identität. Ich muss nicht über sie nachdenken, um sie richtig zu benutzen. Aber erklären, nach welchen Gesetzen sie funktioniert, kann ich kaum. Deswegen war es besonders interessant für mich, für dieses Kapitel den Gesetzmäßigkeiten der Kreativität auf den Grund zu gehen.

Alle Tätigkeiten, die mir schon als Kind Freude gemacht haben, waren kreative Tätigkeiten. Ich habe am liebsten gebastelt, gemalt, Geschichten erfunden, getanzt, Höhlen gebaut, kleine Experimente gemacht, Parfüms gemischt und im Rahmen meiner Möglichkeiten gekocht und gebacken. Ich glaube, dass eigentlich alle Kinder kreativ tätig sind und daran auch die größte Freude haben. Man ist versunken in den Prozess des Erfindens, Neuschöpfens, Ausprobierens, und dann erhält man ein erstaunliches Ergebnis. Man hat etwas Neues, Eigenes, Wunderbares erschaffen – mit den eigenen Fähigkeiten und aus den vorhandenen (oft begrenzten) Ressourcen. Doch viele Menschen verlieren im Laufe ihres Lebens den Kontakt zu ihrer Kreativität. Sie scheint auf den ersten Blick nicht mit dem Leistungsdiktat unserer Gesellschaft vereinbar zu sein. Denn Kreativität entsteht nicht aus dem zielgerichteten Tun, sondern aus dem Geschehenlassen oder gar aus dem Nichtstun, der Muße. Kreativität lässt sich nicht erzwingen. Sie stellt sich nur dann ein, wenn wir nichts wollen, nichts müssen und loslassen. Das ist meine Erfahrung. So wurde es mir aber auch von vielen der Unternehmerinnen geschildert, die ich interviewt habe. Und für diese Beobachtung gibt es auch eine neurowissenschaftliche Erklärung, wie wir sehen werden.

So durchdrungen von Kreativität, wie meine Beschäftigungen in der Kindheit waren, ist meine Arbeit erst jetzt als Selbständige wieder. Einerseits beruht meine Arbeit als Autorin natürlich auf Kreativität. Aber auch meine Selbständigkeit an sich erfordert enorm viel Kreativität. Ich habe mir das, womit ich heute Geld verdiene, quasi aus dem Nichts aufgebaut, habe meinen Job selbst geschaffen und tue es jeden Tag aufs Neue. Ich habe nach Einkommensquellen gesucht und sie mir erschlossen, mir ein berufliches *Image* überlegt und aufgebaut, ich habe mir Themen gesucht, die mich interessieren, und herausgefunden, wie ich sie am besten bearbeiten und daraus an irgendeinem Punkt auch Einkommen beziehen kann.

Ich bin jeden Tag mit kleinen Herausforderungen konfrontiert, die ich auf kreative Weise lösen muss. Der eine Veranstalter kann mir zwar Honorar, aber keine Reise- und Übernachtungskosten zahlen. Der nächste Veranstalter ist total engagiert, braucht aber Kooperationspartner*innen, um eine Veranstaltung auf die Beine zu stellen. Ein anderer Auftraggeber rechnet das Honorar über tausend Formulare ab, die ich erst mal verstehen muss und dann die Einnahmen so übersetzen, dass mein Buchhaltungsprogramm sie auch tatsächlich verbuchen kann. Auch wenn das alles vielleicht anstrengend klingt (und auch manchmal ist), erlebe ich es doch als höchst befriedigend, weil ich so eine große Freiheit habe in dem, was ich tue. Individuelle Lösungen für individuelle Probleme zu finden, meinen Arbeitsalltag maximal nach meinem Gusto zu gestalten – das ist einfach sehr erfüllend.

Der Psychologe Mihály Csíkszentmihályi hat sich jahrzehntelang mit Kreativität beschäftigt und zahllose Kreative interviewt, um besser zu verstehen, wie Kreativität entsteht und was kreative Menschen ausmacht. Er beschreibt, genau wie ich es empfinde, Kreativität als »zentrale Sinnquelle in unserem Leben«.[1] Wenn du dir also mehr Sinn in deinem Beruf wünschst, dann solltest du kreativ werden.

In diesem Kapitel erfährst du, was Kreativität ist und wie sie dir im Beruf nützt. Ich zeige dir, was kreative Menschen auszeichnet und was deine eigene Kreativität schwächt und stärkt. Ich gebe dir ganz konkrete Expert*innen-Tipps, wie du sofort mehr Kreativität in dein (Berufs-)Leben integrieren kannst. Außerdem erhältst du am Ende des Kapitels weiterführende Buchtipps zum Thema.

Was ist Kreativität?

Kreativität ist die Fähigkeit, etwas zu erschaffen oder zu gestalten, das neu, erstaunlich oder einzigartig ist. Mihály Csíkszentmihályi beschreibt Kreativität auch als den »Versuch, die Grenzen einer Domäne zu erweitern«.[2] Eine Domäne kann etwa eine bestimmte Kunstrichtung sein, wie die abstrakte Malerei oder der moderne Tanz. Es kann eine Branche sein, wie die Luft- und Raumfahrt, es kann aber auch ein Handwerk sein wie die Patisserie – oder ganz einfach dein persönliches Leben und dein Beruf. Durch Kreativität kannst du deine eigenen Grenzen überwinden, dein Leben und deinen Beruf gestalten und nach deinen Wünschen und Vorstellungen entwickeln. Wovon du heute vielleicht nur träumst, kann durch Kreativität (sowie harte Arbeit und Ausdauer), Wirklichkeit werden.

Kreativität erfordert eine besondere Geisteshaltung. Die Neurowissenschaftlerin Friederike Fabritius beschreibt Kreativität als Offenheit für Optionen in alle Richtungen. Dabei sammelt unser Gehirn alle möglichen Informationen. Unser Unbewusstes verknüpft diese Informationen dann zu innovativen Verbindungen, sodass wir Erkenntnisse gewinnen, die uns sonst womöglich nicht eingefallen wären.[3] Entscheidend ist, dass diese Verknüpfung von Informationen unbewusst stattfindet. Gilt es, eine klar umrissene Aufgabe zu bewältigen, wie etwa eine Addition durchzuführen oder einen Artikel zu lesen, brauchen wir Konzentration. Das bedeutet, unser Gehirn muss alle Informationen, die für diesen Vorgang nicht nötig sind – Gespräche am Nachbartisch, ein vorbeifahrendes Auto, eine Fliege an der Wand –, ausblenden, damit wir nicht abgelenkt werden. Kreativität funktioniert genau andersherum: Wir fokussieren uns auf nichts Bestimmtes, nehmen alle möglichen Reize wahr und Informationen auf, und unser Unbewusstes verknüpft sie dann zu etwas Sinnvollem.

Kreativität sorgt aber nicht nur für Sinn und originelle Lösungen in deinem Berufsleben. Mit Kreativität kannst du auch innovative Produkte, Dienstleistungen und Prozesse entwickeln, deine Wettbewerbsfähigkeit stärken und Risiken senken. Darüber hinaus kannst du durch Kreativität effizienter werden, Zeit und Energie sparen, neue Chancen für deine berufliche Entwicklung erkennen und eine positive Arbeitsatmosphäre schaffen.

Kreativität im Beruf

1. Mehr Sinn

Wenn du deinen Berufsalltag sinnentleert und langweilig findest, bietet dir Kreativität einen Ausweg. Etwas selbst zu gestalten, ist eigentlich immer aufregend und macht Spaß – und wenn es nur so banale Dinge sind, wie eine Pizza selbst zu belegen oder eine Glückwunschkarte zu basteln. Du überlegst dir, was dir wichtig ist, was deine Vorlieben sind und deine Fähigkeiten, und dann kreierst du etwas, was es vorher noch nicht gab. Wenn du so an deinen Beruf und an deinen Joballtag herangehst, kannst du dein Sinn-Vakuum füllen. Du lancierst ein entsprechendes Projekt, gehst zu Netzwerktreffen und Messen, um deine Idee vorzustellen oder Inspiration zu sammeln, gewinnst Mitstreiter*innen, und deine Arbeit wird am Ende mit einem Ergebnis belohnt, das dich mit Stolz erfüllt. Ich habe zum Beispiel in meiner Anstellung als Pressesprecherin ein unternehmensinternes Tool entwickelt, mit dem Mitarbeiter*innen sich eigenständig auf Interviews vorbereiten konnten. Diejenigen, die sich bereiterklärten, der Presse etwas über die Arbeit des Unternehmens zu erzählen, konnten mit meinem Tool ihr Wissen erweitern und auffrischen, konkrete *Wordings* üben oder sich Gedanken zu ihrer Haltung bezüglich bestimmter Aspekte machen.

Solche eigenen kreativen Projekte können entscheidend dazu beitragen, wie interessant und sinnvoll dir dein Job erscheint. Mihály Csíkszentmihályi beschreibt die Magie der Kreativität: »Kreativität [ist] so faszinierend, weil sie uns aus dem Alltag heraushebt, weil sie uns das Gefühl gibt, intensiver zu leben als sonst. Die Aufregung des Malers an seiner Staffelei oder der Wissenschaftlerin in ihrem Labor kommt dem Ideal eines erfüllten Lebens sehr nahe, das wir uns alle erträumen und so selten erreichen.«[4]

2. Bessere Lösungen

Kreativität hilft enorm, Probleme zu lösen und Herausforderungen zu bewältigen, und zwar vor allem dann, wenn der Lösungsweg nicht vorgezeichnet ist, die Probleme sehr komplexer Natur und nicht alle Variablen bekannt sind. Friederike Fabritius erklärt, dass kreative Erkenntnisse – diese Geistesblitze, die wir bekanntermaßen plötzlich mitten in der Nacht erleben – in drei Phasen verlaufen.

Zuerst geraten wir in eine Sackgasse. Es scheint keine Lösung für unser Problem zu geben. Oder wir wissen, es gibt eine Lösung – wie bei Rätseln –, aber sie fällt uns einfach nicht ein. Was dabei neurologisch stattfindet, wie Friederike Fabritius erklärt, ist eine starke Aktivität im präfrontalen Cortex. Dieser ist verantwortlich für höhere kognitive Prozesse, also das bewusste, konzentrierte Nachdenken. In diesem Fall aber ist die Aktivität des präfrontalen Cortex eher hinderlich. Je mehr du versuchst, des Rätsels Lösung zu finden, desto blockierter wirst du. Was helfen würde, wäre, sich bewusst etwas anderem zu- und sich damit von der eigentlichen Frage abzuwenden.

Durch eine intensive Konzentration werden alle irrelevanten Reize blockiert. Erfordert die Lösung aber Kreativität, schießt der präfrontale Cortex mit dieser Abschirmungsstrategie übers Ziel hinaus und beseitigt Informationen, die vielleicht gar nicht so irrelevant sind. So werden mögliche Lösungen von vornherein blockiert. Für eine kreative Erkenntnis sollte die Aufmerksamkeit deshalb lieber breit gestreut sein, damit unser Gehirn auch unerwartete Verbindungen knüpfen kann.[5]

Sicher kennst du das auch: Du grübelst und grübelst, aber erst wenn du dich nicht mehr mit dem Problem oder der Frage beschäftigst, fällt dir eine Lösung ein. Glasklar steht sie vor dir, und du fragst dich, warum du nicht schon früher darauf gekommen bist. – Weil vorher dein präfrontaler Cortex zu aktiv war. Erst wenn deine Konzentration nachlässt und du dich entspannst, kann dir die kreative Erkenntnis kommen. Was dabei in deinem Gehirn passiert, erklärt Friederike Fabritius so: Unmittelbar vor der Erkenntnis können in der rechten Gehirnhälfte stetige Alphawellen gemessen werden, ein Zeichen für tiefe Entspannung und das Gegenteil von zielgerichteter Konzentration. Und dann gibt es ein kleines elektrisches Feuerwerk in deinem Gehirn: »300 Millisekunden, bevor wir die Antwort finden, erreicht der Gammarhythmus im Gehirn einen Höhepunkt, die höchste elektrische Frequenz. Es wird angenommen, dass die Gammawellen mit der Impulsweiterleitung zwischen Neuronen zusammenhängen. Das Gehirn stellt buchstäblich die Zusammenhänge her.«[6] Entscheidend ist, dass die geistigen Berechnungen, die schließlich zur kreativen Erkenntnis führen, unbewusst ablaufen.

Sobald dir die Lösung oder Antwort eingefallen ist, weißt du meistens auch, dass sie richtig ist. Diese Bestätigung fühlst du, weil dein präfrontaler Cortex, ohne dass du dir dessen bewusst warst, genau die Hirnregionen aktiviert hat, die für die Lösung deines Problems notwendig waren. Ist die Lösung gefunden, bestätigt der präfrontale Cortex das Ergebnis, was sich in neurologischen Untersuchungen als Aufleuchten dieser Hirnregion zeigt.[7]

3. Innovationen fördern

Kreativität bringt Innovationen hervor – Neuerungen, die in die Geschichtsbücher eingehen, wie den Surrealismus am Anfang des 20. Jahrhunderts, die Erfindung des Handys in den 1970er-Jahren oder die Entwicklung eines Impfstoffes gegen COVID-19 im Jahr 2020. Kreativität sorgt aber auch im alltäglichen Berufsleben für viele innovative Produkte, Dienstleistungen oder Prozesse. Große Unternehmen haben deshalb zunehmend eigene Innovationsabteilungen, in denen du dich als Angestellte an der Entwicklung neuer Produkte oder Dienstleistungen beteiligen kannst. Du kannst aber auch aus eigener Initiative Ideen entwickeln und versuchen, deine*n Vorgesetzte*n dafür zu gewinnen. So kannst du möglicherweise mit einem extra Zeit- und Geldbudget, das dir dein Unternehmen zur Verfügung stellt, einem eigenen Innovationsprojekt nachgehen. Oder aber du behältst deine Idee für dich und machst dich damit selbständig, wenn du bereit bist, das Risiko selbst zu tragen.

4. Wettbewerbsfähigkeit stärken

Ein Unternehmen, das Innovationen auf den Markt bringen kann, behält die Nase vorn. Wettbewerbsfähig werden und bleiben Unternehmen aber auch, indem sie auf kreative Weise zu einer originellen, starken Marke werden, sich dadurch von anderen Marken abheben und sichtbar und attraktiv auf dem Markt positionieren können.

Und genau dabei hilft dir Kreativität auch als Arbeitnehmerin. Wenn du es schaffst, deine individuellen Stärken, Erfahrungen und deine Vision in eine Personenmarke zu verwandeln und dich und deine Arbeit zu zeigen, hebt dich das von anderen Arbeitnehmer*innen ab. Du wirst, wenn du genug Sichtbarkeit hast, Stellen angeboten bekommen und, wenn du dich auf passende Stellen bewirbst, einen Vorteil gegenüber anderen Bewerber*innen haben.

5. Risiken senken

Kreative Menschen können dadurch, dass sie in alle möglichen Richtungen denken, leichter Risiken antizipieren. Erinnerst du dich an das *Horizon Scanning* aus dem Kapitel »Unbesiegbar durch Resilienz«? Mit Kreativität kannst du dir leichter vorstellen, welche Risiken eventuell am Horizon lauern und wie du dich darauf vorbereiten kannst. Als Angestellte können das zu Beispiel Konflikte mit Kolleg*innen, Stellenkürzungen oder Überlastung durch Personalengpässe sein. Wenn du solche Dinge frühzeitig vorhersiehst, kannst du dich darauf vorbereiten und dein Risiko verringern, davon betroffen oder geschädigt zu werden.

6. Effizienter arbeiten

Wer kreativ ist, kann bestehende Prozesse hinterfragen und optimieren sowie schneller und bessere Lösungen für Probleme finden. Ich habe die Erfahrung gemacht, dass die Art, wie die Dinge »schon immer gemacht wurden« oftmals unnötig kompliziert oder einfach nicht mehr auf dem Stand der technischen Möglichkeiten ist. Gerade wenn man eine neue Arbeitsstelle antritt, hat man noch einen frischen Blick auf die Dinge und kann hinterfragen, welche Prozesse man von dem Vorgänger oder der Vorgängerin übernehmen will und was man lieber anders machen würde.

Eine Offenheit für neue Technologien und eine Neugier auf aktuelle Entwicklungen in der eigenen Branche sind dabei von Vorteil. Diese dann auf den eigenen Arbeitsalltag anzuwenden, erfordert Kreativität.

7. Neue Chancen entdecken

Kreativität hilft dir, auf persönlicher und beruflicher Ebene zu wachsen. Wenn du vielfältig interessiert bist, dich auf Business-Festivals, von Büchern, Podcasts und Artikeln oder in deinem beruflichen Netzwerk inspirieren lässt, wirst du durch Kreativität neue Chancen für deine persönliche und berufliche Entwicklung entdecken. Du wirst erkennen, wie du etwa die Inhalte aus diesem Buch gewinnbringend in deinen Arbeitsalltag integrieren kannst. Du wirst vielleicht auf eine berufliche Nische aufmerksam, in die du durch eine Weiterbildung vordringen kannst. Oder du lernst Menschen kennen, mit denen sich neue berufliche Kooperationen ergeben. Dein Beruf ist mehr als deine Stellenbeschreibung. Wenn du kreativ bist, wirst du Möglichkeiten entdecken, wie du Dinge, die dir wichtig sind, dich interessieren oder auf eine gute Weise herausfordern, in deinen Berufsalltag aufnehmen kannst.

8. Positive Arbeitsatmosphäre

Wenn du dir mehr Wertschätzung und mehr Mitbestimmung im Job wünschst, versuche es mal mit kreativen Ideen. Wenn dein*e Chef*in dich bittet, eine Lösung für ein Problem zu finden oder eine Aufgabe zu erledigen, erarbeite nicht nur Lösungen, von denen du bereits weißt, dass sie ein *safe bet* sind, weil sie deine*n

Vorgesetzte*n zufriedenstellen werden. Überrasche sie oder ihn auch mit einer etwas unkonventionellen, originellen Lösung. Alternativ könntest du aus eigener Initiative kreative Ideen einbringen, wie zum Beispiel Meetings effizienter ablaufen, neue Kund*innen gewonnen oder Produkte verbessert werden können.

Umgekehrt könntest du, wenn du Führungsverantwortung trägst, die Kreativität deiner Teammitglieder stärken, indem du ihnen eine anregende Arbeitsumgebung bietest und sie ermunterst, eigene Ideen einzubringen. Vergiss nicht, ihnen persönliches und detailliertes Feedback zu geben und mit ihnen gemeinsam zu überlegen, wie ihre Ideen im Unternehmen umgesetzt werden könnten.

Die kreative Persönlichkeit

Der Psychologe Mihály Csíkszentmihályi hat im Rahmen seiner Forschungen zahlreiche kreative Menschen interviewt. Dabei hat er herausgefunden, dass sich kreative von anderen Menschen dadurch unterscheiden, dass ihre Persönlichkeit besonders komplex ist. Sie vereinen Denk- und Handlungsweisen in sich, die bei den meisten Menschen einzeln vorkommen. Die komplexen Persönlichkeitsmerkmale kreativer Menschen sind in uns allen angelegt, aber meistens wird durch unsere Sozialisation nur ein Pol der Widersprüchlichkeiten ausgebildet. Die meisten Menschen sind entweder aggressiv oder fürsorglich, wettbewerbsorientiert oder kooperativ – je nachdem, mit welchen Werten sie aufgewachsen sind und was ihr Umfeld ihnen abverlangte. Kreative Persönlichkeiten hingegen sind beides zugleich: aggressiv und fürsorglich, wettbewerbsorientiert und kooperativ – ohne dass sich daraus ein innerer Widerspruch ergibt. Diese Komplexität will Csíkszentmihályi nicht als Mittelmäßigkeit verstanden wissen, sondern vielmehr als die Fähigkeit, je nach Situation vom einen ins andere Extrem zu wechseln.

Beispielsweise arbeiten kreative Persönlichkeiten oft hart und ausdauernd. Sie wenden viel Energie für ihre Arbeit auf und wirken doch häufig ruhig und entspannt. Das liegt nicht etwa daran, dass sie übermenschliche Fähigkeiten besitzen. Sie haben einfach gelernt, sich ihre Energie sehr gut einzuteilen. Csíkszentmihályi hat herausgefunden, dass kreativen Persönlichkeiten Nichtstun, Entspannung und Schlaf besonders wichtig sind. Nur weil sie gelernt haben, sich effektiv zu regenerieren und den Erholungsphasen einen wichtigen Platz in ihrem Alltag einzuräumen, sind sie in der Lage, mit so großer Energie zu arbeiten.[8]

Weiterhin wirken kreative Persönlichkeiten zugleich klug und naiv – wie klug sie tatsächlich sind, so Csíkszentmihályi, sei fraglich. Er hält es für wahrscheinlich, dass kreative Persönlichkeiten besitzen, was Psychologen als Kernintelligenz bezeichnen. Studien deuten laut Csíkszentmihályi darauf hin, dass ein IQ von 120 einen Schwellenwert darstellt. Mit einem geringeren IQ dürfe es schwierig sein, kreativ zu arbeiten. Ein höherer IQ hingegen bedeute nicht automatisch, dass die kreativen Leistungen auch zunähmen, so Csíkszentmihályi. Eine zu hohe Intelligenz könne auch mit großer Selbstgewissheit und -gefälligkeit einhergehen und damit die Neugier hemmen, die ein wichtiger Impuls für Kreativität ist.

Das Zusammenspiel von Klugheit und Naivität zeige sich aber auch in der Fähigkeit kreativer Persönlichkeiten sowohl zu divergierendem (abweichendem, umherschweifendem) als auch zu konvergierendem (konzentriertem, zielgerichtetem) Denken. Beim divergierenden Denken werden sehr viele verschiedene, neue und originelle Ideen entwickelt – die jedoch ohne die Fähigkeit zum konvergierenden Denken nutzlos wären. Das konvergierende Denken wählt aus der Vielzahl unterschiedlicher Ideen, die das divergierende Denken entworfen hat, die besten aus. Es unterscheidet sozusagen die Spreu vom Weizen.[9] Besonders entscheidend für den kreativen Denkprozess ist aber das divergierende Denken, wie die Neurowissenschaftlerin Friederike Fabritius betont. Dieser Prozess finde im Assoziationskortex statt, wo vom Gehirn aufgenommene Informationen so verarbeitet werden, dass sie Sinn ergeben. Und der Assoziationskortex ist am aktivsten, wenn wir unsere Gedanken schweifen lassen.[10]

Ich habe besonders die Interviewpartnerinnen, die in der Kunst- oder Kreativbranche tätig sind, danach gefragt, wie sie ihre Kreativität befeuern.

Die Designerin Anne Wolf sagt: »Es ging mir noch nie so, dass ich dachte, mir fällt jetzt nichts ein. Ich übersetze ständig Sachen auf ›Braut‹. Ich sehe zum Beispiel irgendwo eine Pflanze und denke: ›Oh super, die in einem Brautstrauß!‹ Oder ich sehe irgendwo einen Hut und denke mir: ›Der jetzt in Weiß, das wär auch richtig gut.‹ Oft stelle ich mir Sachen, die ich sehe, in Weiß vor. Weil Weiß für ›Braut‹ steht. Ich übertrage Dinge, die eigentlich nicht mit ›Braut‹ oder ›Hochzeit‹ verbunden werden. Hier auf Mallorca, bei all den Fahrradfahrern zum Beispiel, denke ich oft: ›Cool, so 'ne Fahrradfahrer-Braut. Ich hab voll Bock auf 'ne Rennrad-Braut, also ein Outfit zu entwerfen und dann ein Shooting zu machen.‹«

Dieser innere Drang, etwas zu kreieren, dieser nicht abreißende Ideenstrom, diese überbordende Kreativität – das ist ein wunderbarer Motor für die eigene Arbeit. Aber diese starke intrinsische Motivation kann Kreativen zumindest finanziell auch zum Verhängnis werden, etwa wenn sie eine viel zu geringe Bezahlung akzeptieren, weil sie ihre Arbeit sowieso machen – im Zweifel auch ohne jegliche Vergütung.

Anne Wolf erzählt von einer weiteren Facette dieser Problematik: »Das ist aber auch wieder ein Nachteil, wenn man ans Business denkt. Wenn du ein kreativer Mensch bist, hast du das Bedürfnis, es muss raus. Wie zum Beispiel vor Jahren: Jeansjacken. Hey geil, ich style Jeansjacken zu Brautkleidern. Das war erst ungewohnt, und mit der Zeit fanden es immer mehr Bräute toll. Für mich war es dann aber schon erledigt, weil es raus war. Ich hatte das Bedürfnis, ich hab es umgesetzt. Da hätte ich aber eigentlich dranbleiben müssen, um dann damit wirklich Geld zu verdienen.«

Ich selbst habe auf dieses Thema eine sehr pragmatische Perspektive. Ich möchte meinen Lebensunterhalt unbedingt mit der Arbeit verdienen, die ich am liebsten mache, und nicht mein Schreiben mit einem »Brotjob« kofinanzieren. Also bestehe ich auf angemessene Honorare für meine Bücher, Lesungen, Vorträge und Workshops und betrachte es als Teil meiner täglichen Arbeit, das was ich gern mache, richtig zu vermarkten. Ich will genug Zeit und Energie für meine kreative Arbeit haben. Deshalb muss sie gewinnbringend sein. Ich weiß, dass viele Kreative das anders sehen und sogar mit ein bisschen Verachtung auf das Thema Selbstvermarktung blicken. Ich habe für mich einfach festgestellt, dass ich dann mein Potential am besten entfalten und die beste kreative Arbeit leisten kann, wenn ich genug Geld für meinen Lebensunterhalt habe und meine Energie nicht von einem Brotjob konsumieren lasse. Dass es mir gelingt, mit meiner kreativen Arbeit Geld zu verdienen, ist aber sicher nicht nur meiner Initiative zu verdanken, sondern zu einem Teil auch Privileg und Glück. Dessen bin ich mir bewusst.

Was der Kreativität schadet

Meiner Kreativität schadet es also, zu viel Energie und Zeit für Dinge aufwenden zu müssen, die mir keinen Spaß machen. Und es schadet meiner Kreativität, wenn ich Geldsorgen habe. Damit bestätige ich schon mal die ersten beiden Punkte, die Friederike Fabritius als Kreativitäts-Killer nennt: Stress und schlechte Stimmung.

Wenn du deine Kreativität entfalten möchtest, solltest du also erst mal entschleunigen, dein vegetatives Nervensystem in die Balance bringen, deine Stimmung aufhellen und dir eine angenehme Arbeitsatmosphäre schaffen. Viele Tipps dazu findest du in dem Kapitel »Unbesiegbar durch Resilienz«.

Friederike Fabritius erklärt außerdem, dass strikte Leitlinien unsere Kreativität hemmen, weil sie das konvergierende, zielorientierte Denken und nicht das für die Kreativität notwendige divergierende, abweichende Denken erfordern. Du solltest also erst mal möglichst frei und *out oft the box* denken.

Ein weiterer Kreativitäts-Killer ist laut Friederike Fabritius ein ablenkungsfreies Umfeld, also so etwas wie ein karg und nüchtern eingerichteter Besprechungsraum, der vollkommen unpersönlich erscheint und im Grunde überall auf der Welt sein könnte. In einem Raum, der so *clean* ist, dass nichts deine Neugier weckt, ist es schwer, kreativ zu sein. Es ist deinem Gehirn schlicht zu langweilig. In so einer Umgebung wollen deine Gedanken nicht auf Wanderschaft gehen.

Das fünfte K.o.-Kriterium für die Kreativität, das Friederike Fabritius nennt, ist das sofortige Verbalisieren jedes Gedankens. Demnach ist es sehr schädlich für die Kreativität, wenn in einer Gruppe *Brainstorming* betrieben wird und jede*r jede Idee sofort laut ausspricht oder an ein Whiteboard schreibt. Diese Erfahrung habe ich schon oft gemacht. Mich lähmt es geradezu, die Gedanken anderer zu hören. Ich kann dann an nichts Eigenes denken, sondern halte mich sofort an dem fest, was andere gesagt haben.[11]

Was der Kreativität nützt

1. Freude

Was also nützt unserer Kreativität? Zum Teil habe ich es schon angedeutet. Du solltest, erstens, Spaß an deiner Arbeit haben. Das kannst du erreichen, indem du deinen Stress reduzierst, dir einen gemütlichen Arbeitsplatz schaffst, dich während der Arbeitszeit mit Dingen verwöhnst, die dir Freude machen, wie einem schönen Raumduft, leckeren Getränken und Snacks oder angenehmer Musik. Denke auch daran, genug Pausen zu machen, ausreichend zu schlafen und Tageslicht zu tanken. Auch die soziale Komponente unserer Arbeit spielt eine große Rolle. Plane bewusst Zeit mit Kolleg*innen, die du magst, ein, zum Beispiel ein wöchentliches *Lunch Date*. Und schaffe dir einen Ausgleich zur Arbeit in deiner Freizeit durch Sport, Hobbies und Zeit mit Familie und Freund*innen.

2. Freiheit

Zweitens solltest du für mehr Kreativität so frei wie möglich arbeiten. Friederike Fabritius rät: »Suchen Sie nicht nur nach Lösungen, die den Rahmen sprengen, sondern werfen Sie ihn weg.«[12]

Erinnerst du dich noch an das Konzept des Ikigai? Es besagt, dass man der Tätigkeit, die dem eigenen Ikigai entspricht, um ihrer selbst willen nachgeht, ohne Absicht auf eine Belohnung oder Erfolg. Ich habe eben beschrieben, dass mir die angemessene Entlohnung meiner Arbeit sehr wichtig ist. Deswegen dosiere ich sehr genau, wann ich darüber nachdenke, wie sich das, was ich mache, monetarisieren lässt und wann ich jeden Gedanken an Erfolg oder Geld beiseiteschiebe. Ich trenne diese beiden Arbeitsphasen sehr klar. Zuerst lasse ich meine Gedanken frei schweifen und komme auf kreative Ideen, zum Beispiel für ein neues Buchprojekt. Diese notiere ich mir. Nach einigen Wochen kristallisiert sich heraus, welche der Ideen mir am interessantesten erscheint. Ich entscheide mich dafür und *switche* dann um auf das Nachdenken über die wirtschaftliche Verwertung meiner Idee. Auch das ist im Grunde ein kreativer Prozess. Ich überlege, wen meine Idee ansprechen könnte, wem ich mit meinen Gedanken bei welchem Problem helfen könnte. Und dann verpacke ich meine Idee dementsprechend: Die Idee ist die gleiche, aber ich *frame* sie so, dass die Leute, denen ich damit vermutlich helfen kann, sich davon angesprochen fühlen. Und wenn das richtige Produkt zu den richtigen Leuten kommt, sind die auch bereit, dafür zu zahlen. Indem ich zuerst frei Ideen entwickele und erst dann darüber nachdenke, für wen sie interessant sein könnten, vermeide ich, dass meine Kreativität von einem zielorientierten Nachdenken über Zielgruppen und Vermarktung *gekillt* wird.

3. Abwechslung und Ablenkung

Der dritte Kreativitäts-Booster, den Friederike Fabritius in *Neurohacks* nennt, ist von Zeit zu Zeit etwas Ablenkung. Wir haben schon gesehen, dass Kreativität immer dann entsteht, wenn wir unsere Gedanken schweifen lassen. Deswegen hilft es, sich immer mal wieder von der eigentlichen Arbeit – sei es das Schreiben eines Textes, das Nachdenken über einen Versuchsaufbau oder das Erarbeiten einer Launch-Strategie – zu lösen und sich etwas anderem zuzuwenden. So gibst du deinem Gehirn die Gelegenheit, neue Informationen zu sammeln und sie auf kreative Weise mit deiner Arbeit zu verknüpfen, sodass du auf neue und originelle Ideen kommst.[13] Auch meine Interviewpartnerinnen haben mir erzählt, wie wichtig Auszeiten und Ablenkung von der Arbeit für ihre Kreativität sind. Sich diese auch zu erlauben, fällt trotzdem nicht immer leicht, wie mir Ingrid Lang aka *FrauEinzelhandel* erzählt: »Ich habe oft ein ultraschlechtes Gewissen, wenn ich mir trotz langer To-do-Liste Freizeit gönne, vor allem unter der Woche, wenn alle anderen arbeiten. Damit habe ich richtig zu kämpfen, obwohl ich am Wochenende gearbeitet habe. Dabei habe ich letzten Sommer gemerkt, wie wohltuend das sein kann und wie viel Kraft und auch Kreativität man daraus schöpfen kann. Kreationen kommen bei mir im Ursprung immer aus der Stille. Ich brauche die Stille, um Eindrücke und Erlebnisse zu verarbeiten, eine Idee oder ein Gefühl für etwas zu entwickeln, um daraus etwas entstehen zu lassen. Für mich bedeutet Freizeit gar nicht unbedingt, etwas mit Freunden zu unternehmen. Ich brauche wirklich die Stille. Und das bedeutet dann auch, dass ich *happy* bin, wenn mein Partner ein Wochenende weg ist und ich mir nichts vornehme. Sowas nährt meine Kreativität ziemlich – auch alleine irgendwo hinzugehen oder eine Stadt zu entdecken. Da sehe ich oft etwas Inspirierendes in etwas Unscheinbarem, aber natürlich auch, wenn ich auf *Store Check Tour* bin. Oder ich entdecke neue Trends auf Instagram. Zu starker Social-Media-Konsum ist alles andere als gesund und nervt mich ehrlicherweise auch, aber ich mache dort genauso Entdeckungen, die mich auf neue Ideen bringen. Etwas anderes, das mir hilft, wieder kreativ zu sein, ist auch mal einige Tage in kompletter Stille zu sein – ohne Sprechen und ohne Augenkontakt in der stillen Meditation. Genauso mache ich auf meiner Yogamatte wertvolle Erfahrungen und erkenne die Verbindung zu meinem Sein im Alltag. Dabei begleitet mich zum Beispiel oft dieser Satz: ›Bleib auf deiner Matte und schaue nicht nach links und rechts. Vergleiche dich nicht.‹ Je öfter dir sowas gesagt wird und du es auf der Matte in einer einfachen Situation ausprobierst, desto einfacher kannst du es im Alltag integrieren. Man kann aber auch nicht immer meditieren, um ehrlich zu sein. In der Stille hat man manchmal auch andere spannende Gedanken.«

Auch die Sängerin Ana Rocha betont, wie wichtig Leerlauf für ihre Arbeit ist, und drückt eine klare Haltung zu Social-Media-Konsum aus: »Leerlauf hilft – also mal nichts zu tun. Bewegung hilft mir. Laufen gehen hilft mir. Mich nicht mit meinem Handy zu beschäftigen, hilft mir. Man vergleicht sich und denkt dann darüber nach, was man alles hätte machen sollen, und macht währenddessen tatsächlich weniger. Das lenkt ab und verschwendet Zeit.«

Dieses starke Bewusstsein, was kreative Kraft gibt und was sie eher raubt, sowie die Entschlossenheit, achtsam mit den eigenen Ressourcen umzugehen, sind es, was kreative Menschen unter anderem auszeichnet.

4. Achtsamkeit

Ich habe bereits im Zusammenhang mit Entscheidungen und Serendipität erklärt, dass Achtsamkeitstraining die Hirnareale stärkt, die für unbewusste Denkprozesse und unsere Gefühle zuständig sind. Dadurch fördert Achtsamkeitstraining auch unsere Fähigkeit zum kreativen Denken, denn die basiert darauf, dass unser Assoziationskortex von uns unbemerkt Informationen zu neuen Verbindungen verknüpft.

Achtsamkeitsübungen machen dich aber auch empfänglicher und aufmerksamer für Reize aus deiner Umwelt. Sie öffnen dir gewissermaßen die Augen für die Vielfalt, die dich umgibt. Auf diese Weise kannst du dich von deiner Umwelt für deine kreative Arbeit inspirieren lassen.

5. Schweigen

Ich habe bereits erwähnt, dass es schädlich für die Kreativität ist, sofort über neue Ideen zu sprechen. Geschieht dies in einer Gruppe, wirken die Äußerungen der anderen Gruppenmitglieder wie eine Einschränkung auf dein eigenes Denken. Du wirst dich unweigerlich mit deinen Gedanken auf das Gehörte beziehen. Umgekehrt habe ich die Erfahrung gemacht, dass Ideen, die ich ausgesprochen oder aufgeschrieben habe, besonders hartnäckig sind. Es fällt mir dann schwerer, weiter offen für andere Möglichkeiten oder Ideen zu bleiben. Durch das Aufschreiben oder Aussprechen verfestigen Gedanken sich. Deshalb ist es besser für deine Kreativität, in Stille nachzudenken und auch deine Teammitglieder darum zu bitten, dies zu tun. Irgendwann solltest du dann natürlich deine Gedanken mit anderen teilen, damit sie auch gehört und umgesetzt werden können – aber eben erst nach reiflicher Überlegung in Stille.

6. Neugier

In dem Kapitel über Neugier habe ich bereits geschrieben, wie wichtig Neugier für Kreativität ist. Sie ist gewissermaßen der Funke, der deine Kreativität entzündet. Wenn du neugierig auf die Welt bist, dann bist du nicht nur offen, sondern sogar hungrig nach allen möglichen neuen Erfahrungen und Sinneseindrücken. Ein neugieriger Geist schweift umher und sammelt quasi mühelos alle möglichen Informationen, die dein Assoziationskortex dann zu neuen Verbindungen verknüpft.

Deine Kreativität wecken und stärken

Austin Kleon hat mit *Alles nur geklaut* gleich ein ganzes Buch darüber geschrieben, wie du ganz konkret kreativ werden kannst, und auch Mihály Csíkszentmihályi gibt in seinem Buch über *Flow und Kreativität* Tipps, wie du mehr Kreativität in dein Denken bringen kannst. Ich habe die besten Kreativitäts-Booster hier für dich gesammelt, damit du sofort loslegen kannst.

1. Lass dich inspirieren

Wenn dich bestimmte Menschen besonders begeistern, lass dich von ihnen für deine eigene Arbeit inspirieren. Ob es sich dabei um Forscher*innen, Erfinder*innen oder Künstler*innen aus deinem beruflichen Feld handelt oder nicht, ist eigentlich nicht entscheidend. Wichtig ist, dass dich jemand mit seiner oder ihrer Arbeit neugierig macht. Folge dieser Neugier und konsumiere alles, was die Person geschaffen hat – Songs, Texte, Interviews, Filme, Gemälde, Skulpturen, Installationen, Sinfonien, Briefe, einfach alles. Dabei wirst du auf Referenzen stoßen. Kreative Menschen verweisen häufig auf andere Kreative, von denen sie ihrerseits Inspiration erhalten haben. Gehe diesen Referenzen nach und konsumiere auch diese Werke. Verfolge den Ideenstammbaum zurück. So wirst du langsam begreifen, wie das, was dich so fasziniert, gemacht ist, und wirst daraus für deine eigene kreative Arbeit lernen.[14] Ich notiere mir oft auf meinem Lesezeichen, welche Referenzen ein*e Autor*in in ihrem oder seinem Buch nennt und lese, wenn ich mit dem einen Buch fertig bin, dann einige der Bücher, auf die sich der oder die Autor*in bezogen hat.

2. Pflege Hobbys

Wenn man einmal im Erwachsenen-Alltagstrott angekommen ist, verliert man schnell den Kontakt zu seiner kindlichen und spielerischen Seite. Mit einem Hobby kannst du diesen Kontakt wieder aufnehmen und damit ganz nebenbei deine Kreativität fördern. Ein Hobby bietet dir Entspannung, Ablenkung und Abwechslung von deiner Arbeit – und befruchtet sie dadurch auf kreative Weise.[15] Ich tanze zum Beispiel seit vielen Jahren Swing. Dabei inspiriert mich nicht nur die Dynamik zwischen führenden und folgenden Tänzer*innen, ich probiere mich auch selbst als Führende aus – wichtige Impulse für meine Teamfähigkeit. Außerdem komme ich auf den Partys mit vielen Menschen in Kontakt, die ich sonst nicht treffen würde, weil sie in ganz anderen Berufen und sozialen *Bubbles* unterwegs sind als ich. Dadurch erfahre ich, wie in anderen Berufen und Branchen gearbeitet wird und wie Menschen denken, die eine andere Ausbildung als ich durchlaufen haben. Ich lerne in meiner Freizeit auch gerne und bewusst immer mal wieder etwas Neues. So habe ich zum Beispiel in letzter Zeit einen Töpferkurs und einen Kurs für intuitives Bogenschießen gemacht. Beides waren sehr inspirierende Erfahrungen für mich. Das Töpfern lehrt mich Geduld und eine gewisse Demut, das Bogenschießen Vertrauen und Fokus. Durch Hobbys kann man neue Perspektiven gewinnen, kommt mit neuen Techniken und Denkweisen in Berührung. Das ist wunderbares Futter für die Kreativität.

3. Probiere dich aus

Austin Kleon betont, dass es auch ein Vorteil sein kann, wenn man (noch) unbekannt ist. Man kann sich unbeachtet, ohne Leistungsdruck in allen möglichen Domänen ausprobieren. Und wenn einem etwas nicht gelingt, hängt davon weder ein Job noch das soziale Ansehen ab. Das kann ich absolut bestätigen. Ich male zum Beispiel gern und genieße es, dass ich dabei keinerlei Ansprüchen genügen muss. Ich kann vollkommen frei sein, und das tut bekanntermaßen der Kreativität sehr gut. Also hab keine Scheu und probiere dich aus – niemand sieht dir zu, und du hast nichts zu verlieren.

4. Leg das Smartphone weg

Das Leben findet in der Realität statt. Genau wie Ingrid Lang und Ana Rocha schon gesagt haben, kann Social-Media-Konsum nur bis zu einem gewissen Grad förderlich für deine Kreativität sein. Zu viel raubt dir einfach nur Zeit und lässt dich mit einem schlechten Gefühl zurück, weil du dich mit anderen vergleichst und immer irgendjemanden finden wirst, dessen digitales Leben besser als deines wirkt. Außerdem bleiben wir auf Social Media häufig in unserer eigenen *Bubble*, was nicht besonders inspirierend ist. Also leg das Smartphone weg und mache analoge Erfahrungen, um dich mit anderen Menschen, Meinungen und Haltungen zu konfrontieren. So kannst du deine Persönlichkeit bilden und dir eine eigene Weltsicht mit Substanz erarbeiten – denn Kreativität entsteht aus der Fülle. Geh auf Reisen, ins Museum, Kino, Theater, auf Konzerte und Festivals. Geh in die Natur. Triff dich mit Menschen – auch aus anderen *Bubbles* – und betätige dich handwerklich. Auf diese Weise sammelst du Erfahrungen, die online niemals möglich wären.[16]

5. Nimm dir Zeit

Zwischen Familie, Freund*innen und Job, immer *on the run* und nur noch auf Reserve kannst du nicht kreativ sein. Mihály Csíkszentmihályi rät, sich selbst zu fragen, wie viel ungebundene Aufmerksamkeit – also Aufmerksamkeit, die für nichts anderes benötigt wird –, man eigentlich zur Verfügung hat, um sich mit etwas Neuem zu beschäftigen. Das dürfte bei den meisten berufstätigen Menschen und bei jenen, die zusätzlich noch Eltern sind, ziemlich wenig sein, vermute ich.

Um kreativ arbeiten zu können, musst du dir deshalb Energiereserven bewahren: Zeit, Kraft und Aufmerksamkeit. Wenn ich, wie jetzt, ein Buch schreibe, ziehe ich mich zum Beispiel ein bisschen zurück. Ich sage so wenig berufliche und private Termine wie möglich zu, um genug Aufmerksamkeit für meine kreative Arbeit zu haben. Das erfordert zugegebenermaßen oft viel Verständnis vom sozialen Umfeld. Aber meine Freund*innen und Familie unterstützen mich und nehmen meinen Rückzug nicht persönlich. Zuhause unterstützt mich mein Partner, indem er während meiner Schreibphase mehr Aufgaben im Haushalt übernimmt und die Kosten für Dienstleistungen wie Haushaltsreinigung oder Essenslieferungen mitträgt.

Wenn du wenig oder keine Unterstützung bekommen kannst, rät Mihály Csíkszentmihályi, einen Teil deiner zielgerichteten Aufmerksamkeit von voraussagbaren Zielen wie sauberer Wäsche, einer ordentlichen Wohnung, einer leeren E-Mail-Inbox oder einem makellosen Aussehen abzuziehen und stattdessen zu benutzen, um die Welt um ihrer selbst willen zu erforschen.[17] Sprich: Du kannst deine Ansprüche in manchen Bereichen deines Lebens reduzieren, um mehr Energie und Aufmerksamkeit für deine kreative Arbeit zu haben. Früher sah meine Wohnung deshalb während intensiver Arbeitsphasen immer schlimm aus, und ich habe mich von sehr einfachen (aber trotzdem möglichst gesunden) Gerichten ernährt, um mit meiner Energie zu haushalten. Auch heute spare ich Energie für meine kreative Arbeit, indem ich eine Art Arbeitsuniform trage: immer die gleiche Kombi aus Hose, T-Shirt und Hoodie. So muss ich morgens keine Entscheidung treffen und keine Zeit für Styling aufwenden.

Darüber hinaus solltest du immer wieder längere Phasen einplanen, in denen du dir Zeit für eine tiefergehende Reflexion nehmen kannst: Erreichst du, was du dir vorgenommen hast? Widmest du den Dingen Zeit, die deinen Werten entsprechen? Hast du Freude an deiner Arbeit? Schläfst du genug? Was möchtest du in den kommenden Monaten anders machen? Um im wahrsten Sinne des Wortes aus dem täglichen Hamsterrad auszusteigen und diese Meta-Perspektive einzunehmen, hilft es, die Reflexions-Phasen mit einer Aktivität zu verbinden, die sich stark von deinem Arbeitsalltag unterscheidet.[18] Wenn du am Schreibtisch in einer Stadt arbeitest, gehe in die Natur zum Wandern oder Radfahren. Buche dich in ein Yoga- oder Schweige-*Retreat* ein. Wenn du in der Landwirtschaft arbeitest, mache einen *City Trip*, gehe in Museen, Konzerte, umgib dich mit Kunst und Kultur.

Ich liebe es zum Beispiel, einen ganzen Tag ins Spa zu gehen. Saunen, Eisbäder und Massagen helfen mir, meine Aufmerksamkeit weg von meinen Gedanken und meiner geistigen Arbeit hin zu meinem Körper zu lenken. Ich kann dort sehr gut entspannen und Abstand zu meinem Alltag gewinnen. Nach ein paar Stunden widme ich mich dann den Reflexions-Fragen, die ich auf einem Blatt Papier notiert und mitgebracht habe. Ich nehme sie immer mal wieder vor und denke darüber nach, während ich in der Sauna sitze, unter einem Baum liege oder eingekuschelt in dicke Decken einen Tee trinke. Und während ich früher Schlaf als Zeitverschwendung betrachtet habe, achte ich heute darauf, so gut wie jede Nacht neun Stunden zu schlafen.

6. Mach, was dir Spaß macht

Wir wissen, dass Kreativität nur entstehen kann, wenn wir Freude an einer Tätigkeit haben. Mihály Csíkszentmihályi schlägt deshalb vor, jeden Tag so viel Zeit wie möglich mit Dingen zu verbringen, die dir Freude bereiten – und die Dinge, die dir keinen

Spaß machen, zu reduzieren oder in erfreuliche *To-dos* zu verwandeln. Wie so oft, gelingt das am besten, wenn du klein anfängst und dich dann Schritt für Schritt vortastest. Für den Anfang solltest du dir eine konkrete Aufgabe pro Tag vornehmen, auf die du dich in deinem Job freust. Das können auch banale Dinge sein: dein LinkedIn-Profil updaten oder endlich mal deine E-Mail-Signatur hübsch machen. Auf diese Weise bekommst du Übung darin, nach den freudvollen Aufgaben Ausschau zu halten und diese in jeden Arbeitstag zu integrieren. Notiere dir außerdem eine Weile, womit du deinen Tag verbracht hast und welche deiner Tätigkeiten dir Freude gemacht haben. Perspektivisch solltest du dich irgendwann überwiegend mit Dingen beschäftigen, die dir Freude machen. Organisiere deinen Tag so, dass du mehr von dem integrierst, das dir Spaß macht. Vielleicht kommst du zu dem Schluss, dass du ab jetzt immer mit dem Rad zur Arbeit fahren, gern vor allen anderen morgens im Büro sein und eine Stunde in vollkommener Stille arbeiten, abends öfter lesen statt Serien gucken und am Wochenende mit deinen Kindern in die Natur gehen willst. Was es auch ist: Ich bin überzeugt, in deinem Alltag ist mehr Platz für freudvolle Aktivitäten, als du vermutest.

Reduziere Aufgaben, die dir keine Freude machen, auf ein Minimum und »verwandele« die, die zwingend sein müssen, in etwas Positives.[19] Damit das gelingt, musst du dich vielleicht gelegentlich selbst etwas austricksen. Ich verpacke zum Beispiel Dinge, die mir keinen Spaß machen, so, dass die Freude, die ich an anderen Aufgaben habe, auf die unliebsamen *To-dos* abfärbt. Ich denke mir zum Beispiel gern neue Veranstaltungsformate aus. Aber ich überarbeite nicht gern meine Website. Also motiviere ich mich zum Überarbeiten meiner Website, indem ich mir einen neuen Vortrag ausdenke, den ich dann natürlich auf meiner Website veröffentlichen muss. Wenn ich dann einmal dabei bin, überarbeite ich gleich noch ein paar andere Details.

Oder ich ändere die Art, wie ich an etwas arbeite. Ich mag es zum Beispiel nicht, Texte am Bildschirm zu lesen. Also drucke ich etwa meine Manuskripte lieber aus, wenn ich sie korrekturlese. Manchmal stelle ich auch fest, dass bestimmte Aufgaben einfach so langweilig sind, dass ich sie nicht ertragen kann. So geht es mir zum Beispiel, wenn sich wieder mal ein riesiger Papierstapel aus Rechnungen, Verträgen, Zeitungsseiten, Notizen, Kassenbons und anderen Unterlagen auf meinem Schreibtisch aufgetürmt hat. Das alles zu sichten, zu sortieren und, wenn nötig zu kopieren und abzuheften finde ich unglaublich langweilig. Da hilft es mir, nebenbei einen Podcast, ein Hörbuch oder einfach gute Musik zu hören. Was ich auch nicht mag, sind berufliche Telefonate, die unnötig lange dauern. Die mache ich mir erträglich, indem ich mich währenddessen auf mein *Balance Board* stelle und so etwas für meine Fitness tue.

Mihály Csíkszentmihályi weiß außerdem aus seinen Forschungen über *Flow* bei der Arbeit, dass Dinge, die wir sorgfältig machen, uns tendenziell mehr Freude bereiten. Das bedeutet, je mehr wir uns anstrengen, desto mehr Spaß macht uns eine Aktivität. Klingt paradox, aber auf diese Weise kann man auch Dinge, die man nicht gern macht, in angenehme Aktivitäten verwandeln. Ich kann das bestätigen. Ich bin zum Beispiel nicht wild darauf, *Power-Point*-Präsentationen anzufertigen. Wenn ich mir aber vornehme, sie besonders schön zu machen, und richtig viel Liebe in jedes Detail stecke, dann packt es mich irgendwann und ich hab Spaß bei der Sache. Laut Mihály Csíkszentmihályi kann man mit den Regeln des *Flow* Alltagsaktivitäten so verwandeln, dass sie Freude machen: »Man muss bei allem, was man tut, klare Ziele und Erwartungen haben, man muss die Folgen des eigenen Handelns berücksichtigen, die eigenen Fähigkeiten und die äußeren Handlungsmöglichkeiten aufeinander abstimmen und sich ohne Ablenkungen auf die anstehende Aufgabe konzentrieren.«[20]

7. Bestimme über deine Zeiteinteilung

Unser Tagesrhythmus wird zu einem großen Teil von äußeren Faktoren bestimmt: Sonnenauf- und -untergang, Kernarbeitszeit, Meetings, Deadlines, Kita-Öffnungszeiten, Wochenende, Schulferien. Vielleicht kommst du gut mit diesen Strukturen zurecht, und du empfindest es als angenehm, dass sie dir die Entscheidung ersparen, was du gerade tun möchtest. Vielleicht haderst du aber auch mit der ein oder anderen Gegebenheit. Vielleicht würdest du gern später aufstehen, lieber drei Tage Wochenende und dafür vier längere Arbeitstage haben. Vielleicht würde es deiner Konzentration eher helfen, am Morgen fokussiert und in Stille zu arbeiten und am Nachmittag Meetings zu haben, statt den ganzen Morgen über in Meetings zu verbringen und dann nachmittags zu müde und zerstreut für kreative Arbeit zu sein. Es ist sehr individuell, wann wir uns am besten konzentrieren können, wann wir Hunger haben oder das Bedürfnis nach Ruhe. Deshalb solltest du versuchen, deine Zeiteinteilung deinen Bedürfnissen anzupassen. Je stärker du deine Zeiteinteilung optimierst, desto effizienter wirst du arbeiten können und desto mehr freie Aufmerksamkeit hast du, um kreativ zu arbeiten. Schöpfe den Spielraum aus, den es in deinem Leben und Beruf dafür gibt – er ist größer, als du denkst.[21]

Ich habe in meiner letzten Anstellung gemerkt, dass ich durch die Vielzahl von Meetings total unproduktiv werde: Sie haben mir

Zeit und Energie geraubt, die mir dann für meine eigentlichen Aufgaben fehlten. Also habe ich darum gebeten, nicht mehr standardmäßig zu Meetings eingeladen zu werden, sondern nur noch dann, wenn meine Anwesenheit tatsächlich vonnöten war. Dadurch hat sich meine Zeit in Meetings mehr als halbiert, und ich konnte mit mehr Freude und Effizienz arbeiten. Heute, als Selbständige, widme ich mich am liebsten dann kreativen Tätigkeiten, wenn alle anderen frei haben oder schlafen, weil ich dann nicht gestört und gebraucht werde.

8. Gestalte deinen Raum

Ich habe bereits beschrieben, wie ungünstig ein steriler Arbeitsraum für kreative Arbeit ist. Du solltest deshalb dein Büro, dein Arbeitszimmer oder den Arbeitsplatz in deiner Wohnung so gestalten, dass du dich darin wohlfühlst. Gib deinem Arbeitsraum eine persönliche Note mit Dingen, die dir etwas bedeuten. Das können Fotos sein, Gegenstände, die du von Reisen mitgebracht hast, Bilder, die dich emotional berühren, Pflanzen, Möbel und Dekoration, die deinem ganz persönlichen Geschmack entsprechen. Vielleicht hast du auch Urkunden, Pokale oder Zertifikate, die dich daran erinnern, was du bereits geschafft hast und dich motivieren, weiterzumachen.[22]

Ich habe mir mit Möbeln, die ich von meiner geliebten Großmutter geerbt habe, eine Arbeitsecke in unserer Wohnung eingerichtet. Die meisten meiner Arbeitsmaterialien sind, nach Kategorien sortiert, in zwei Sideboards untergebracht. Nur die Bücher, mit denen ich gerade arbeite, ein Blumenstrauß und eine Kerze stehen oben drauf. Mein Schreibtisch ist so klein, dass darauf nur mein Laptop und eine Tasse Tee passen und kein Platz für

Unordnung ist. Ich habe es gern aufgeräumt, um konzentriert arbeiten zu können. An den Wänden hängen Bilder, die meine Kreativität wecken und mich an meine Vision erinnern. Auf dem einen ist ein wütendes Mädchen zu sehen, das mit einem Pflasterstein wirft. Sie steht für die Wut, die ich empfinde, wenn ich über die ungleichen Chancen der Menschen in unserer patriarchalen und kapitalistischen Gesellschaft nachdenke. Auf einem anderen Bild ist eine Frau mit einem *Martini*-Glas in der Hand zu sehen. Neben ihr steht der Satz: »Mom, I am a rich man.« – Ein Zitat von Cher, das mich an meine Vision von einer Gesellschaft erinnert, in der Frauen Männern wirtschaftlich ebenbürtig sind. Und das dritte Bild zeigt die Schwanzflosse eines Buckelwals, der gerade im Meer untertaucht. Dieses Bild ist eine Metapher für meine Arbeit: Wenn ich ein Buch schreibe, dann kommt es mir vor wie ein Wal. Der Text, der entsteht, ist riesengroß. Ich sehe ihn verschwommen vor meinem inneren Auge, wie einen Wal unter der Wasseroberfläche. Klar sehe ich immer nur für wenige Momente den Textabschnitt, an dem ich gerade arbeite. Einzelne Absätze tauchen dann wie die Schwanzflosse des Wals auf und werden greifbar für mich. Diese Metapher hilft mir, Vertrauen in mich und den Schreibprozess zu haben. Auch wenn ich nicht zu jeder Zeit alles ganz klar vor mir sehe und überblicke, weiß ich, es ist da und wird sich mir *peu à peu* zeigen.

9. Fördere deine wenig entwickelten Seiten

Wir haben gesehen, dass kreative Persönlichkeiten sich durch ein hohes Maß an Komplexität auszeichnen. Auch du kannst versuchen, deine stark ausgeprägten Persönlichkeitsmerkmale durch ihr jeweiliges Gegenteil zu ergänzen. Analysiere dafür, welche deine am stärksten ausgeprägten Persönlichkeitsmerkmale sind, und verhalte dich von Zeit zu Zeit bewusst gegenteilig. Wenn du etwa stärker dazu neigst, die Kooperation zu suchen und den Wettbewerb zu scheuen, begebe dich bewusst hin und wieder in den Wettbewerb. Bist du typischerweise impulsiv, übe dich in Besonnenheit. Wenn du sehr verkopft bist, triff zur Abwechslung mal eine Entscheidung aus dem Bauch heraus.[23]

Der Psychologe Mihály Csíkszentmihályi gibt zu bedenken, dass es schwierig, aber nicht unmöglich ist, die eigene Persönlichkeit zu ändern. Er sagt: »Mit Gewohnheiten zu brechen ist ein wenig, als würde man sich selbst die Knochen brechen. Was Sie bei der Stange halten sollte, ist die Gewissheit, dass Sie Ihr Leben immens bereichern können, wenn Sie die Welt aus einer anderen Perspektive wahrnehmen.«[24]

10. Wechsele zwischen Offenheit und Geschlossenheit

Sowohl Mihály Csíkszentmihályi als auch Friederike Fabritius bezeichnen die gleichzeitige Fähigkeit zu konvergierendem und divergierendem Denken als essentiell für die Kreativität: »Die vielleicht wichtigste Dualität, die kreative Menschen integrieren können, ist die Fähigkeit, einerseits offen und empfänglich und andererseits fokussiert und zielstrebig zu sein. Gute Wissenschaftler ebenso wie gute Künstler müssen ihre Gedanken spielerisch schweifen lassen, oder sie werden keine neuen Tatsachen, keine neuen Muster oder Beziehungen entdecken. Gleichzeitig müssen sie auch in der Lage sein, jede neue Entdeckung kritisch zu bewerten. Sie müssen schlechte Ideen sofort wieder vergessen und Ihre Aufmerksamkeit darauf konzentrieren, die wenigen vielversprechenden Ansätze weiterzuentwickeln und umzusetzen.«[25]

Diese Fähigkeit kannst auch du erlernen. Übe bei deiner Arbeit, zwischen Phasen, in denen du deine Gedanken schweifen lässt, und Phasen, in denen du dich auf eine konkrete Aufgabe konzentrierst, hin und her zu *switchen.*[26] Wenn du beispielsweise einen Förderantrag schreiben willst, könntest du so vorgehen: Du beginnst mit einer offenen Haltung, dem divergierenden Denken. Zuerst entspannst du dich, siehst aus dem Fenster oder schließt kurz deine Augen. Dann notierst du die wichtigsten Aspekte des Antrags. Worauf kommt es wirklich an? Wer ist deine Zielgruppe, und was ist für sie wichtig zu erfahren? Gehe auch auf deine Gefühle ein. Welcher Aspekt des Antrags oder der Förderung liegt dir persönlich am Herzen? Welche Botschaft möchtest du unbedingt transportieren? Notiere zunächst so viele unterschiedliche und so viele ausgefallene Ideen wie möglich. In einem zweiten Schritt sortierst du die weniger guten Ideen aus. Das sollte die Mehrzahl sein. Was übrig bleibt, sind deine besten Gedanken. Versuche dann, diese in eine sinnvolle Reihenfolge zu bringen. Jetzt ist der Punkt gekommen, an dem du von der Offenheit in die Geschlossenheit übergehst. Wähle sorgfältig deine Worte, und schreibe Satz für Satz deinen Antrag. Behalte dabei deine persönlichen Ziele sowie die Erwartungen deines Adressaten oder deiner Adressatin im Blick. Drücke dich dabei so klar und präzise wie möglich aus. Auf diese Weise wirst du eine überzeugende Bewerbung schreiben, die sowohl originell und persönlich als auch professionell und zielgerichtet ist.

Meine Buchtipps zum Thema Kreativität

Mihály Csíkszentmihályi: *Flow und Kreativität. Wie Sie Ihre Grenzen überwinden und das Unmögliche schaffen*

Friederike Fabritius und Hans Werner Hagemann: *Neurohacks. Gehirngerecht und glücklicher arbeiten*

Christian Busch: *Erfolgsfaktor Zufall. Wie wir Ungewissheit und unerwartete Ereignisse für uns nutzen können*

Austin Kleon: *Alles nur geklaut. 10 Wege zum kreativen Durchbruch*

Die Grenzen des Intrapreneurships

Ganz grundsätzlich denke ich, dass es immer eine gute Idee ist, selbst zu gestalten. Deine Arbeitszeit ist deine Lebenszeit, und die solltest du so gut wie möglich für dich nutzen. Außerdem denke ich, dass es in jeder noch so verfahrenen Situation etwas gibt, was wir selbst tun können, um sie für uns zu verbessern – und wenn es nur ist, unsere Einstellung dazu zu ändern. Ich selbst finde es immer besser, wenigstens irgendetwas zu tun und meine Selbstwirksamkeit zu spüren, statt mich ohnmächtig zu ergeben.

Nichtsdestotrotz hat das Konzept Intrapreneurship auch seine Grenzen, und um die soll es in diesem Kapitel gehen. Ragnhild Struss beschreibt in ihrem Buch *Wie Sie mit Jobcrafting Ihre Arbeit wieder lieben lernen*, welche Erfahrungen sie als Coach in ihrer eigenen Berufs- und Karriereberatung *Struss & Claussen Personal Development* mit Menschen gemacht hat, die versucht haben, ihren Beruf mehr nach ihren Wünschen und Werten zu formen. *Jobcrafting* beschreibt nach Definition der Autorin »ein Konzept aus der Wirtschafts- und Arbeitspsychologie, genauer der positiven Organisationspsychologie. Sein Ansatz ist, die eigene Arbeit so zu gestalten oder zu verändern, dass sie besonders gut zur Person und zur aktuellen Lebenssituation passt.«[1] *Jobcrafting* und Intrapreneurship, wie ich es in diesem Buch vorschlage, haben also eine relativ große Schnittmenge. Insofern denke ich, dass die Erfahrungen von Ragnhild Struss' Klient*innen erhellend sind. Andererseits werfe ich einen Blick auf eine qualitative Befragung von Arbeitnehmer*innen zum Thema Intrapreneurship, die einige Eindrücke aus der Praxis deutscher Unternehmen versammelt, inwiefern Intrapreneurship dort gelebt werden kann und inwiefern es andererseits vielleicht auch ausgebremst oder abgelehnt wird.

In allererster Linie solltest du überprüfen, ob die Wurzel deiner beruflichen Unzufriedenheit tatsächlich in der Art und Ausgestaltung deines Berufs liegt, oder eher darin, dass du zu viel Stress hast – privat oder beruflich. Ragnhild Struss berichtet von Klient*innen, die im Hamsterrad eines unmenschlichen Leistungsanspruchs gefangen sind, und rät dazu, erst mal diese Stressfaktoren zu beseitigen, bevor man weitere Energie für die Gestaltung des Berufslebens aufwendet.[2] Denn das persönliche Engagement im *Jobcrafting* und auch im Intrapreneurship erfordert natürlich Kraft, Zeit oder zumindest mentale Kapazitäten zur Reflexion. Wenn dir aber gerade alles über den Kopf wächst, bist du gar nicht in der Lage, den Status quo zu hinterfragen, geschweige denn, ihn zu ändern. Je nachdem, was deine Stressquelle ist, ob berufliche Überlastung, private Konflikte oder gesundheitliche Probleme, solltest du professionelle Unterstützung in Form von Coaching, Psychotherapie oder ärztlicher Behandlung in Anspruch nehmen. Resultiert deine Erschöpfung aus deinem Job, hinterfrage, welche (ungünstigen) Glaubenssätze dich antreiben, wie du selbst sofort deine Arbeitsbelastung senken kannst und was sich im Unternehmen ändern muss, damit deine Arbeitsbelastung sinkt.

Ich selbst bin in meiner letzten Anstellung an eine Belastungsgrenze gelangt. Einer der Glaubenssätze, die mich damals angetrieben haben, war: »Wenn du denkst, du kannst nicht mehr, beiß die Zähne zusammen und streng dich mehr an.« Als ich einsehen musste, dass ich mir mit diesem Arbeitsethos enorm schade, habe ich die Notbremse gezogen und sofort ein ambitioniertes Projekt, das sehr *nice*, aber nicht notwendig war, auf »unbestimmt« vertagt und meinem Arbeitgeber klargemacht, dass ich Unterstützung brauche. In einem sehr schnellen Prozess habe ich dann ein Budget für einen Freelancer bekommen, den ich innerhalb von ein oder zwei Wochen an Board geholt habe. So konnte ich mich relativ kurzfristig entlasten und danach wieder viel klarer sehen, wo die Prioritäten liegen, was das Unternehmen braucht und was ich brauche. Kümmere dich um dich selbst, bevor du dich um deinen Beruf kümmerst. Auch wenn ich denke, dass Arbeit enorm zu einem zufriedenen, sinnerfüllten und glücklichen Leben beitragen kann, ist die Arbeit »nur« ein Teil deines Lebens und nicht umgedreht.

Aber auch wenn du genug Ressourcen hast, um deinen Beruf stärker zu gestalten, sind deinen Möglichkeiten Grenzen gesetzt. Sehen wir uns zuerst an, welche Grenzen du dir vielleicht selbst setzt. Ragnhild Struss schildert die Vorbehalte, die manche ihrer Klient*innen gegenüber *Jobcrafting* haben und die sie davon abhalten, ihren Beruf stärker nach den eigenen Vorstellungen zu formen. So berichtet sie von einem geringen Gestaltungsspielraum aufgrund starrer Unternehmensstrukturen, von mangelnder Unterstützung durch autoritäre Führungspersonen, von einem zu geringen *Impact* aufgrund befristeter Arbeitsverträge, von mangelnden Ressourcen in Krisenzeiten und zuletzt auch von der Angst, den eigenen Arbeitsplatz zu gefährden. Vorurteile, Angst und negative Glaubenssätze sind auch die inneren Grenzen des Intrapreneurship. Wer denkt, dass es sich sowieso nicht lohnt, dass es nicht möglich oder sogar nachteilig ist, mit einer unternehmerischen Haltung Verantwortung für die eigene Berufslaufbahn und den eigenen Arbeitsalltag zu übernehmen, wird nichts an der eigenen Situation ändern.

Während die genannten Einwände berechtigt klingen, ermutigt auch Ragnhild Struss, dennoch aktiv und eigeninitiativ zu bleiben. Ganz richtig merkt sie an, dass auch kleine Veränderungen eine große Wirkung auf die eigene Arbeitszufriedenheit und Motivation haben können. Es geht nicht darum, dass du gleich das ganze Unternehmen umkrempelst, sondern darum, überhaupt erst mal zu reflektieren, wie du arbeiten möchtest, und dann kleine Veränderungen vorzunehmen. Es geht um Selbstbestimmung statt Fremdbestimmung. Darüber hinaus, so Struss, könne die Gestaltung des eigenen Berufs sich auch positiv auf die genannten vermeintlichen Risiken auswirken. So könnten sich etwa die Chancen auf einen sicheren Arbeitsplatz erhöhen, wenn man sich engagiert und motiviert zeigt. Und selbst wenn man dadurch doch keine Entfristung oder Beförderung erreiche, lohne es sich, den eigenen Beruf stärker zu gestalten, um die Entwicklung der eigenen Karriere zu beeinflussen.[3] Denn nur wenn du weißt, was du willst und dich entsprechend orientierst, kannst du auch da ankommen, wo du dich beruflich wohlfühlst.

Darüber hinaus, so Ragnhild Struss, rege *Jobcrafting* den Dialog zwischen Führungskräften und Mitarbeitenden an und verbessere dadurch die Kommunikation im Unternehmen.

Zwar denke ich auch, dass eine gute Kommunikation zwischen den Hierarchieebenen eines Unternehmens wichtig ist, befürchte aber, dass es nach wie vor viele Führungskräfte in deutschen Unternehmen gibt, die sich durch kritische und engagierte Mitarbeitende eher bedroht fühlen. Hier sind also Glück und sehr gute Kommunikations-*Skills* gefragt, um überhaupt auf offene Ohren bei dem oder der Vorgesetzten zu stoßen. Die Psychologin Dr. Hannah Schade vom *Leibniz-Institut für Arbeitsforschung* an der *TU Dortmund* bestätigt im Interview meine Befürchtung: »Ich vermute, die Unternehmen wollen engagierte Arbeitnehmer, aber die konkreten Führungskräfte sind selten dafür ausgebildet, mit den engagierten Arbeitnehmern umzugehen. In manchen Fällen fühlen sie sich auch durch engagierte Mitarbeiter bedroht. In der bisherigen Führungskultur, die sich aktuell zum Glück langsam – sehr langsam – ändert, wird immer noch gedacht, der Chef macht keine Fehler, der wird nicht kritisiert, der wird nicht überflügelt, der weiß alles am besten. Und der engagierte Arbeitnehmer sagt eben auch, was er will und was man besser machen könnte. Und wenn man sehr empfindlich ist – und so war das nun mal früher in vielen Unternehmenskulturen oder Führungskulturen –, dann ist ein Verbesserungsvorschlag eben auch eine Kritik daran, wie es bisher passierte.«

Diese Vermutung bestätigen auch die Befunde einer qualitativen Studie, die untersucht, inwiefern Intrapreneurship innerhalb deutscher Unternehmen erwünscht oder bereits existent ist. Dabei verstehen die Autor*innen der Studie Intrapreneurship in erster Linie als Innovationsförderung in dem Sinne, dass Angestellten Zugang zu Plattformen und Informationen gegeben wird, ihre Forschungsvorhaben durch das Unternehmen mit internen und externen Ressourcen unterstützt werden oder Unternehmen spezielle Innovationsprogramme einrichten.[4] Zwar sagen alle Befragten der Studie, dass sie in ihrem Job innovative Ideen einbringen dürfen. Aber die Mehrheit von ihnen berichtet auch von Widerständen gegenüber diesem unternehmerischen Verhalten: »Die Widerstände betreffen dabei verschiedene Bereiche: Von den Führungskräften über das Unternehmensinteresse bis hin zu Vorschriften, welche das Innovationspotential negativ beeinflussen, weil sie nicht umgangen werden können. Häufig werden die Widerstände allerdings mit den Vorgesetzten und deren Verhalten gegenüber Innovationen in Verbindung gebracht.«[5]

Die Lage scheint, wie von Dr. Hannah Schade vermutet, paradox: Die Unternehmen wünschen sich Innovationen und haben ihre Angestellten auch als wichtige Ressource dafür erkannt, aber die konkreten Führungskräfte sind nicht qualifiziert, unternehmerisch denkenden Angestellte zu leiten. Dr. Hannah Schade sagt: »Wenn Führungskräfte nicht von den Unternehmen *empowert* werden, ihre Mitarbeitenden zu *empowern* oder Mitarbeitern auch einfach die Lizenz zu geben, offen zu denken, mitzudenken und Vorschläge zu machen, dann wird das im Keim erstickt. Ich könnte mir vorstellen, dass sich das alle auf dem Papier wünschen, aber niemand so richtig weiß, wie man das umsetzt. Da sind wir wieder bei der Sozialpsychologie. Letzten Endes geht es darum, Bedingungen zu schaffen, in denen Menschen gedeihen können. Ich finde gut, dass die GenZ darüber Feedback gibt, was das Umfeld mit Ihnen macht. Das ist das Feedback, das eben auch Führungskräfte und Unternehmen brauchen, um sinnvoll zu justieren, welche Art von Führung eigentlich am besten mit dem vorhandenen Team funktioniert. Ich denke, bisher ist ganz viel aufgrund des Hierarchiedenkens verloren gegangen. Feedback geben wir für Strukturen im Zweifelsfall ausschließlich über die Abstimmung mit den Füßen. Dass Leute kündigen und sich woanders bewerben ist mühsam, nicht der effizienteste Weg, aber einer, der zumindest gehört wird.«

Und manchmal ist die Kündigung eben sinnvoller, als weiter zu versuchen, die eigene Rolle im Unternehmen zu optimieren, denn all deine Bemühungen bleiben vergeblich, wenn sie auf unfruchtbaren Boden fallen. Manchmal ist die berufliche Umgebung einfach nicht die richtige, etwa weil es eine konservative und risikoabgeneigte Unternehmenskultur, eine autoritäre Führung, Wertekonflikte, ein toxisches Arbeitsumfeld, Missmanagement oder mangelnde Entwicklungsmöglichkeiten gibt. Wenn du also das Gefühl hast, dass du schon viel versucht hast, um als Angestellte mehr Verantwortung zu übernehmen, mehr mitzugestalten, mehr Gehalt zu verhandeln oder dein eigenes Potential besser auszuschöpfen, und trotzdem auf der Stelle trittst und dir permanent den Kopf an den Strukturen deines Unternehmens stößt, ist es vielleicht Zeit, dich nach einem anderen Arbeitgeber umzusehen. Ragnhild Struss rät, auch auf das eigene Bauchgefühl zu hören: »Manchmal sagt Ihnen auch Ihre Intuition, dass es Zeit für einen beruflichen Neuanfang ist.«[6] Wenn du immer wieder darüber nachdenkst, den Job zu wechseln, gehe diesem Gedanken nach. Um Klarheit zu gewinnen, kann es hilfreich sein, mit Freund*innen, Familie, vertrauenswürdigen Kolleg*innen, einem Mentor oder einer Mentorin oder auch mit einem Job Coach zu sprechen.[7]

So ein beruflicher Neuanfang kann aber nicht nur bedeuten, den Arbeitgeber oder die Arbeitgeberin zu wechseln. Es kann auch bedeuten, im selben Unternehmen einen anderen Job auszuüben, in eine andere Branche oder sogar einen anderen Beruf zu wechseln. Dr. Hannah Schade erzählt mir, dass berufliche Unzufriedenheit auch sehr häufig daraus resultiert, dass der Beruf einfach nicht zum Arbeitnehmer oder der Arbeitnehmerin passt: »Man sollte besser darauf achten, wer wo gut hinpasst. Ich finde, das ist ein Bereich, der aktuell deutlich unterschätzt wird, obwohl er absolut win-win bedeutet. Damit meine ich natürlich nicht, dass man einen IQ-Test macht und danach einen Job zugeteilt bekommt. Aber das Gegenteil ist ja aktuell der Fall. Eine Freiheit der Berufswahl beginnt bei der Wahl des Studienfachs oder der Ausbildung. Dabei fühlen sich viele allein gelassen. Darauf kann man viel besser vorbereiten, Talente besser nutzen und die Überforderung von Menschen minimieren. Wir als Arbeitspsychologen rechnen regelmäßig Moderations-Analysen. Dabei sehen wir, dass nicht jeder in gleichem Maße von denselben Arbeitsanforderungen belastet wird. Der *Person-Job-Fit** ist ein Thema, aus dem man viel rausholen kann, wenn man Produktivität steigern möchte.« Je besser die Anforderungen und Angebote deines Berufs zu dir passen, desto weniger Stress bereitet er dir und desto produktiver kannst du sein: Win-win für dich und deine*n Arbeitgeber*in. Möglicherweise ist es also sinnvoll für dich, über einen anderen, neuen Beruf nachzudenken. Auch hierbei helfen Gespräche mit Menschen, die dich sehr gut kennen und es gut mit dir meinen, sowie mit professionellen Coaches und Mentor*innen. Ich persönlich finde es auch hilfreich, darüber nachzudenken, was man als Kind gern gemacht hat und in welchem Beruf sich diese Tätigkeiten widerspiegeln.

Für eine berufliche Neuorientierung ist es nie zu spät. Auf einem Finanz-Symposium habe ich mal eine Frau getroffen, der mit fünfzig bewusst geworden ist, dass sie auf die Altersarmut zusteuert, wenn sie nicht schleunigst Gegenmaßnahmen ergreift. Sie hat sich dann im Selbststudium das nötige Finanzwissen angeeignet und begonnen, intensiv für ihr Alter vorzusorgen. Daraus ist nicht nur eine Leidenschaft, sondern, zehn Jahre vorm Rentenalter, auch noch eine neue Karriere geworden. Sie hat sich als Finanzberaterin für Frauen Ü50 selbständig gemacht und so zwei Fliegen mit einer Klappe geschlagen: Einerseits kann sie sich weiter inten-

---

* Der *Person-Job-Fit* entstammt dem *Person-Environment-Fit*. Das ist ein Modell aus der Psychologie, um zu erklären, wie Stress entsteht. Der *Person-Job-Fit* beschreibt die Passung zwischen individuellen Fähigkeiten und Bedürfnissen und den Anforderungen und Angeboten des Arbeitsplatzes oder Berufs. Ein *Person-Job-Misfit* bedeutet demnach, dass die Anforderungen und Angebote eines Arbeitsplatzes oder Berufs nicht zu den individuellen Fähigkeiten und Bedürfnissen des Arbeitnehmers oder der Arbeitnehmerin passen. (Annelies van Vianen: Person–Environment Fit. A Review of Its Basic Tenets. In: Annual Review of Organizational Psychology and Organizational Behavior 5, 2018, S. 75–101, S. 76 f.)

siv mit dem Wissen beschäftigen, das sie selbst braucht, um der Altersarmut zu entkommen, andererseits eine Karriere aufbauen, die es ihr durch einen hohen Grad an Flexibilität erlaubt, auch mit zunehmendem Alter noch ein Einkommen zu erwirtschaften, weil sie selbst entscheiden kann, wie viel, wann und wo sie arbeitet. Ragnhild Struss führt, dazu passend, unsere steigende Lebenserwartung als Argument ins Feld, warum es sich auch in späteren Jahren immer noch lohnt, sich beruflich neu zu orientieren.[8]

Ich möchte außerdem zu bedenken geben, dass die gesetzliche Rente für die wenigsten von uns ausreichen wird und wir gut beraten sind, uns fürs Alter zusätzliche Einkommensquellen zu erschließen. Wer auf kein großes Vermögen zurückgreifen kann, kein Erbe zu erwarten hat und finanziell unabhängig bleiben will, hat eigentlich kaum eine andere Wahl, als auch über den Eintritt ins Rentenalter hinaus zu arbeiten. Während das eine bittere Wahrheit ist, sehe ich darin auch eine Chance – für die Unternehmen, die von der Erfahrung älterer Arbeitnehmer*innen profitieren können, und die Senior*innen selbst, die durch eine Berufstätigkeit Sozialkontakte, eine sinngebende Tätigkeit und die finanziellen Mittel für einen höheren Lebensstandard erhalten. Vorausgesetzt natürlich, die körperliche und geistige Gesundheit lassen es zu und man hat einen positiven Arbeitsbegriff. Der Arbeitsmarkt jedenfalls verändert sich gerade in einer Weise, dass es zukünftig noch leichter sein wird, sich beruflich neu- oder umzuorientieren: Es werden so viele Fachkräfte gebraucht – und dieser Mangel wird sich noch verschärfen –, dass auch Quereinsteiger*innen gute Chancen auf einen Job haben.

Last but not least ist natürlich auch der Schritt von einer Anstellung in die Selbständigkeit eine Möglichkeit, beruflich neu zu beginnen. Vielleicht stellst du ja wie ich fest, dass die beruflichen Inhalte deiner Anstellung zu dir passen, aber du ein so starkes

Autonomiebedürfnis hast, dass es die Grenzen jeder Anstellung sprengt. Dann möchte ich dir im kommenden Kapitel ein paar Denkanstöße zum Thema (weibliche) Selbständigkeit und (weibliches) Unternehmertum mitgeben.

Von Intrapreneurship zu Entrepreneurship

Nach den Gesprächen mit Frauen, die mir ihre Unzufriedenheit im Beruf schilderten, habe ich mich immer wieder gefragt: ›Warum machen sich eigentlich nicht viel mehr Frauen selbständig?‹ Die Selbständigkeit würde meiner Meinung nach viele Probleme lösen, die Frauen heute in der Arbeitswelt begegnen, und viele Bedürfnisse befriedigen, die sie im Hinblick auf ihren Job äußern, denn die Selbständigkeit bietet einerseits einen ultimativen Gestaltungsspielraum und andererseits nahezu unbegrenzte Verdienstmöglichkeiten. Hast du schon einmal darüber nachgedacht, dich selbständig zu machen oder ein eigenes Unternehmen zu gründen? Als Selbständige mit Leib und Seele möchte ich dich ermutigen, das zu tun, wenn du Lust auf viel Raum zum Ausprobieren und Wachsen, auf Selbstbestimmung und Verantwortung hast. Vielleicht geht es dir aber auch wie manchen meiner Interviewpartnerinnen, für die die Selbständigkeit oder ein eigenes Unternehmen nie eine Option gewesen sind, bis sie per Zufall gemerkt haben, dass sie als Selbständige oder Unternehmerin nicht nur ihrer Leidenschaft nachgehen, sondern auch ganz gut verdienen könnten – so wie Sarah Grunewald aus Oklahoma (USA). Was als Hobby begann, wurde zum lukrativen Geschäftsmodell: das Backen mit Sauerteig. Heute verbringt Sarah zwei Tage pro Woche in ihrer heimischen Backstube und verkauft ihre Waren direkt vor der eigenen Haustür. Damit erwirtschaftet sie ein Einkommen, welches vergleichbar mit einem Vollzeitgehalt ist. Dass aus ihr einmal eine Unternehmerin werden würde, hat Sarah lange nicht geglaubt: »Ich wollte meinem Mann und *seiner* Selbständigkeit immer eine Stütze sein. Und ich wollte meinen Kindern eine wirklich gute, präsente Mutter sein. Ein eigenes Unternehmen zu gründen, kam nie und nimmer in meinem Denken vor. Ich dachte auch nicht, dass ich das überhaupt könnte. Meiner Persönlichkeit entspricht es mehr, anderen zu helfen, ihre Träume zu verwirklichen. Da mein Mann immer den Gedanken hatte, mal sein eigenes Bau-Unternehmen zu gründen, war für mich klar, dass ich ihn dabei unterstützen würde. Ich hatte außerdem nie eine Idee, was ich beruflich machen wollte. Ich wollte ihm den Rücken frei halten und mich um den Haushalt kümmern. Ich habe keine sehr starke Persönlichkeit; nicht so wie die Leute in Filmen, die eigene Unternehmen gründen. Die erscheinen mir immer sehr, sehr stark.«

Sarah hat recht. Die Protagonistinnen, die ich zuletzt in Filmen als Unternehmerinnen gesehen habe, haben sich entweder in extrem widrigen Umständen behaupten müssen (*Selfmade. Das Leben von Madam C.J. Walker*), waren kriminell (*Inventing Anna*), haben aus nichts ein millionenschweres Imperium aufgebaut (*Girlboss*) oder sind mit ungewöhnlich viel Talent, *commitment* und extrem harter Arbeit zu Weltstars avanciert (*Jennifer Lopez – Halbzeit* und *Miss Americana – Taylor Swift*) – nicht wirklich *relatable* für die ganz normale Durchschnittsfrau. Aber, wie du in diesem Buch gesehen hast, es gibt sie, diese ganz normalen Frauen, die mit mal mehr, mal weniger naheliegenden Ideen erfolgreiche kleine Unternehmen gründen oder sich eine solide Selbständigkeit aufbauen. Sie machen sogar die Mehrheit der Selbständigen aus. Was du an dir selbst gewöhnlich findest, ist möglicherweise genau das, was dich von allen anderen unterscheidet, ist deine Superkraft. Du hast sie vielleicht nur noch nicht als solche erkannt. Deswegen möchte ich dich ermutigen, für das Thema Selbständigkeit offen zu sein – einfach weil es deinen beruflichen Handlungsspielraum erweitert.

Vorurteile gegenüber der Selbständigkeit

Ich weiß, dass die meisten eine Menge Vorbehalte gegen die Selbständigkeit haben. Zwar kann etwa ein Drittel aller Erwerbsfähigen sich vorstellen, sich einmal selbständig zu machen, aber nur 17 Prozent ziehen, unabhängig von ihrer aktuellen persönlichen Situation, die Selbständigkeit tatsächlich der Anstellung vor. Und Frauen würden sich noch seltener für eine Selbständigkeit entscheiden als Männer.

Die acht vorherrschenden Gründe, warum Menschen sich nicht selbständig machen wollen, sind das finanzielle Risiko, überbordende Bürokratie, eine zu geringe Einkommenssicherheit, zu geringe soziale Sicherheit, fehlendes Kapital, eine zu geringe Arbeitsplatzsicherheit, ein Mangel an entsprechenden Kenntnissen und Fähigkeiten sowie die Wahrnehmung, selbst kein Unternehmertyp zu sein.[1] Im Laufe dieses Buches hast du gesehen, dass diese Hindernisse zwar eintreten können, aber nicht müssen.

Auch Maria Lorenz-Bokelberg hatte, bevor sie sich als Podcast-Produzentin selbständig gemacht hat, lange ein allzu negatives Bild von der Selbständigkeit, wie sie mir erzählte: »Ich war immer Angestellte, seit meiner Schulzeit. Ich habe studiert und eine Ausbildung gemacht und war dann immer in Anstellungsverhältnissen. Für mich war Selbständigkeit so ein ganz gruseliges, dunkles Etwas, was ich nicht verstanden habe und wovor ich wahnsinnigen Respekt hatte. Ich dachte immer, ich könnte das nicht, nicht zu wissen, wann ich das nächste Mal bezahlt werde. Man fühlt sich ja auch irgendwann sehr wohl in einem Anstellungsverhältnis. Es wird sich ja um alles gekümmert, wenn man angestellt ist, angefangen bei der Krankenversicherung. Ich finde auch, was einen sehr verunsichert, ist das Steuersystem. Man denkt: ›Ich müsste jetzt nochmal studieren, um das richtig zu machen.‹ Und auch diese Angst, dass man was falsch macht, ohne dass man es wollte und das dann schlimme Konsequenzen hat! Mit 29 habe ich dann noch Amerikanistik studiert und bin dabei über Podcasts gestolpert. Ich war so begeistert davon, dass diese Begeisterung und der feste Glaube daran, dass das in Deutschland bald auch groß sein wird, die Angst vor der Selbständigkeit überwogen haben.« Indem sie ihre Angst überwunden hat, hat Maria dann entdeckt, dass eine Selbständigkeit doch keine Zauberei ist.

Dass vielleicht doch eine Unternehmerin in einem schlummert, obwohl man sich nicht für den »Unternehmertyp« hält, hat auch Sarah aus den USA schon sehr eindrucksvoll bewiesen. Ich glaube deshalb, dass viele der gegen eine Selbständigkeit genannten Gründe eigentlich Vorurteile sind, die sicher ein Körnchen Wahrheit enthalten, aber nicht absolut und immer zutreffen. Zu jedem der acht Vorurteile hat mir mindestens eine Unternehmerin Erfahrungen geschildert, die die damit verbundenen Sorgen entkräften. Während Risiko, das Management von Ressourcen wie Zeit, Geld und Kraft, der eigene Selbstwert und das unternehmerische *Skillset* und *Mindset* definitiv Themen sind, mit denen sich Unternehmerinnen auseinandersetzen müssen, haben meine Interviewpartnerinnen mir viele überraschende und überzeugende Ansätze geliefert, wie man diese Herausforderungen meistern kann.

Keine Angst vor der Selbständigkeit!

Maria Lorenz-Bokelbergs Erfahrungen und Erkenntnisse illustrieren sehr schön, warum sich meiner Meinung nach mehr Frauen den Schritt in die Selbständigkeit zutrauen können. Die folgenden Impulse von Maria können dir vielleicht ein paar Ängste nehmen.

1. Hilfe holen

Selbständigkeit bedeutet »selbst und ständig«, denkst du? Ganz und gar nicht, weiß Maria Lorenz-Bokelberg, seit sie selbst Unternehmerin ist: »Dadurch, dass ich nie selbständig war, war mir auch nicht klar, dass man nicht alles selber können muss, sondern Hilfe von Steuerberater*innen und anderen Expert*innen hat.« Als Selbständige musst du nicht alles selbst können. Du kannst – und solltest – Profis um Hilfe bitten.

2. Von anderen Selbständigen lernen

Maria Lorenz-Bokelberg hat sich, als ihr die Idee kam, Podcast-Produzentin zu werden, erst mal in ihrem Bekanntenkreis umgehört: »Ich habe mit vielen Selbständigen gesprochen, die ich kannte, und mir erklären lassen, wie eigentlich ihr Berufsalltag aussieht. Dann dachte ich: ›Okay, das kann ich auch. Das kriege ich auch hin.‹ Bis heute spreche ich mit Menschen, die Erfahrung haben. Nicht jeder Rat ist gut, weil man auch etwas sehr Individuelles, Eigenes macht, und oft muss man einsehen: ›Ich verstehe, warum du das so gemacht hast, aber das würde für mich nicht funktionieren.‹ Diese Informationen sollte man alle sammeln und dann auch ein bisschen aus Bauchgefühl und Erfahrung heraus entscheiden: Welche will ich für mich nutzen?«

3. Viele kleine Schritte führen zum Ziel

Niemand erklimmt den Mount Everest mit einem Schritt, sondern in vielen einzelnen Schritten nacheinander. Genauso ist es auch mit der Selbständigkeit. Erinnere dich an Ikigai: Du kannst klein anfangen und Schritt für Schritt Verbesserungen und Erweiterungen an deinem Business vornehmen. So hat es auch Maria gemacht: »Ursprünglich dachte ich, dass ich allein als Unternehmerin selbständige Podcasterin werde. Aber dann wurden die Aufträge so zahlreich, dass ich in kleinen Schritten irgendwann diese Firma gegründet habe. Ich habe – wie es meiner Meinung nach am gesündesten ist – mich immer nur um das gekümmert, was ich als Nächstes brauchte: ›Ich habe zu viele Aufträge, also hole ich mir eine zweite Person dazu. Ich habe jetzt drei Personen, die müssen irgendwo sitzen, also miete ich mir ein kleines Büro.‹ Ich habe nicht eine Firma gegründet und schon mal alles für 20 Mitarbeiter*innen vorbereitet, in der Hoffnung, so weit zu wachsen. Sondern ich bin – und so machen wir es bis heute – einfach einen Schritt nach dem anderen gegangen.«

4. Wissenslücken füllen

Eine Selbständigkeit ist so vielfältig, dass es immer etwas geben wird, was du noch nicht kannst. Aber keine Sorge, du kannst es lernen. Diese Erfahrung hat auch Maria Lorenz-Bokelberg gemacht: »Ich habe rausgefunden, dass Gründen keine Magie ist. Es ist auch einfach viel Organisationsaufwand. Die erste Hälfte meines Arbeitslebens habe ich gedacht, dass ich das nicht kann, weil ich zum Beispiel kein BWL studiert habe. Ich dachte, das wäre eine Voraussetzung. Aber das ist es gar nicht, und man braucht das auch nicht. Mittlerweile habe ich natürlich viele Weiterbildungen gemacht, weil ich es auch wichtig finde, zu wissen, was man nicht weiß, und diese Lücken zu füllen. Aber du musst nicht sechs Jahre BWL studiert haben und einen Anzug tragen, um eine Firma gründen zu dürfen. Wenn deine Idee toll ist und du leidenschaftlich bist und das Gefühl hast, eine Marktlücke gefunden zu haben, dann kannst du diese Schritte einfach gehen. Man kann sich auch Hilfe holen oder Bücher lesen. Ich habe wahnsinnig viele Bücher zum Thema Unternehmensgründung gelesen. Das hat mir auch sehr geholfen, weil ich dadurch herausgefunden habe: Es ist ja gar keine Magie, es ist keine Zauberei. Es ist kompliziert und harte Arbeit, aber das kann theoretisch jede*r machen. Ich sage ›theoretisch‹, weil ich das Gefühl habe, jetzt, wo ich es schon lange mache: Man braucht doch eine gewisse Persönlichkeit. Man muss es schon wirklich wollen. Und ich verstehe auch, dass es für bestimmte Menschen viel erfüllender ist, angestellt zu sein, sich auf ihren Job zu konzentrieren und nicht auf das Drumherum. Aber theoretisch kann das wirklich jede*r.«

»Kann ja sein«, denkst du vielleicht, »aber ich bin Mutter und habe jetzt schon viel zu viel zu tun und zu wenig Zeit. Auf keinen Fall kann ich mich selbständig machen!« Weil ich weiß, dass die

Vereinbarkeit von Beruf und Familie beziehungsweise die Doppelbelastung von Care-Arbeit und Erwerbsarbeit für viele Frauen ein riesiger *pain point* ist, möchte ich an dieser Stelle auch und insbesondere darauf eingehen, warum Selbständigkeit und Mutterschaft wunderbar zusammenpassen können. Falls du damit *struggelst*, Mutterschaft und Berufstätigkeit unter einen Hut zu bringen, lies bitte weiter. Vielleicht würde eine Selbständigkeit deine Situation erleichtern.

Mama ist Unternehmerin – Vereinbarkeit von Selbständigkeit und Familie

Sarah Grunewald, die Sauerteigbäckerin aus Oklahoma, hat mir erzählt, dass ihr Lebensplan primär vorsah, Ehefrau, Hausfrau und Mutter zu sein. Hätte sie einen normalen Vollzeitjob in den USA angenommen, hätte sie ihre Kinder in die Kita bringen müssen, statt sie zuhause zu betreuen. Das wollten Sarah und ihr Mann aber auf keinen Fall: »Mein größter Traum war immer, Mutter zu sein. Ich möchte so viel Zeit wie möglich mit meinen Kindern verbringen. Und dann hat sich die Gelegenheit mit dem Sauerteigbrot ergeben, und das ist so ein Segen. Meine Arbeit in der Bäckerei orientiert sich an den Bedürfnissen meiner Kinder, was bedeutet, dass ich oft frühmorgens und spätabends arbeite. Aber das ist ja meine Entscheidung, und ich habe dafür fünf, sechs Tage die Woche Zeit mit meinen Kindern.« Sarah verrät mir auch, wie genau ihre Woche zwischen Arbeit und Familienleben aufgeteilt ist: »Montag und Dienstag verbringe ich mit meinen Kindern. Wir gehen raus oder machen was zuhause. Mittags schlafen sie immer zwei Stunden oder beschäftigen sich alleine ruhig in ihren Zimmern. In der Zeit arbeite ich an meinem

Online-Geschäft. Ich schneide Videos, arbeite an meiner Website oder mache eben das, was gerade anfällt. Mittwoch ist dann mein Vorbereitungstag in der Küche. Da mache ich 15 Stunden lang Teig. Donnerstags stehe ich ganz früh auf und backe. Jetzt habe ich einen Steinofen, in dem ich 15 Laibe gleichzeitig backen kann. Wenn ich insgesamt 80 Laibe backe, dauert es also nicht mehr so sehr lange. Am Nachmittag holen die Leute ihre Brote ab, und ich hab um 19.00 Uhr Feierabend. Freitags öffne ich dann das Formular mit Vorbestellungen für die folgende Woche und habe bis Dienstag Freizeit mit meiner Familie. Diese Zeit ist mir sehr wichtig. Ich liebe mein Leben so, wie es gerade ist. Ich arbeite an zwei Tagen pro Woche und verdiene damit ein volles Einkommen. Den Rest der Zeit kann ich mich meiner Familie und meinem Online-Business widmen.« Dieses Online-Business ist eine Erweiterung von Sarahs Kerngeschäft mit den Sauerteigbroten. Über ihre Website verkauft sie zum Beispiel Sauerteig-Starter, ein E-Book zum Backen mit Sauerteig und Backzubehör. Auf diese Weise erschließt sie sich weitere Einkommensquellen und verdient immer mehr Geld, ohne dafür aber bedeutend mehr Zeit aufwenden zu müssen. Im Gegensatz zu den selbstgebackenen Broten erlauben digitale Produkte wie das E-Book Sarah, theoretisch unendlich große Mengen zu verkaufen, ohne dafür mehr arbeiten zu müssen, denn der Verkauf und die Auslieferung des E-Books passieren vollkommen automatisch über ihren Online-Shop. So kann Sarah Zeit mit ihren Kindern verbringen, während ihr Business gleichzeitig Geld einspielt.

Sarah sagt ganz klar, dass der Wunsch, möglichst viel Zeit mit ihren Kindern zu verbringen, den Anstoß für ihre Unternehmensgründung gegeben hat: »Die Tatsache, dass ich mit meinen Kindern zuhause bleiben wollte, hat mich wirklich motiviert, das Unternehmen so aufzuziehen, dass ich das auch tun kann. Überhaupt ist der Wunsch, es mir erlauben zu können, mit meinen Kindern zuhause zu bleiben, der Grund gewesen, warum ich aus dem Hobby ein Geschäft gemacht habe. Als Selbständige muss ich bei meinem Wunsch, mit meinen Kindern zuhause zu bleiben, keine Kompromisse machen.«

Auch die Sängerin Ana Rocha schätzt die Flexibilität, die ihr die Selbständigkeit schenkt. Diese könne sie als Mutter einer Tochter sehr gut gebrauchen. Sie ermöglicht ihr aber auch, sich besser um sich selbst zu kümmern. Bei unserem Interview in einem Berliner Café erzählt sie mir: »An meiner Selbständigkeit feiere ich besonders, sowas wie das hier machen zu können – an einem Dienstagmorgen brunchen zu gehen und ein Interview zu geben. Oder meine Tochter in die Kita bringen zu können und danach erst mal ’ne Stunde oder 40 Minuten laufen gehen zu können. Dann habe ich vielleicht ein bisschen mehr Stress den restlichen Tag über, aber dafür habe ich das durchsetzen können, was mir wichtig war. Selbst über meine Zeit zu entscheiden, ist sehr wertvoll. Das bedeutet zwar, dass manchmal meine Arbeitszeiten drunter leiden, also ich mal weniger Zeit für meine Arbeit habe und dann umso effektiver sein muss oder auch mal eine Verzögerung entsteht. Aber die Verantwortung kann ich übernehmen.«

Von einer ganz anderen Perspektive guckt die Schriftstellerin Mirna Funk auf die Vereinbarkeit von Beruf und Kind: »Ich habe einen etwas anderen Arbeitsbegriff als so manch anderer. Arbeit ist für mich überhaupt nicht negativ konnotiert. Ich halte es für extrem ungesund, wenn Leute nicht arbeiten gehen. Ich glaube, dass das das Ungesündeste ist, was der Mensch machen kann, nicht arbeiten zu gehen. Ich glaube, dass das Tätigsein total notwendig ist. Ich glaube auch, dass es extrem wichtig ist, dass Kinder einen in diesem Tätigsein erleben und auch lernen, Rücksicht zu nehmen aufs Tätigsein und damit auch Raum für ihr eigenes Tätigsein bekommen und begreifen, dass es das gibt, dass das zum Leben gehört. Deswegen bin ich natürlich auch so gegen Hausfrauen. Es ist einfach ungesund, wenn ein Kind die Mutter nie in einem kreativen und schöpferischen Tätigsein kennenlernt.« Damit dreht Mirna den Spieß gewissermaßen um: Ihre Arbeit ist für Mirna nichts, was ihrer Tochter etwas wegnimmt, sondern etwas schenkt: Das Vorbild einer tätigen Mutter, ein Verständnis davon, dass das Tätigsein ein essentieller und bereichernder Teil der menschlichen Existenz ist, sowie den Raum für eigenes Schaffen. Diese Haltung ist das komplette und – wie ich finde – befreiende Gegenteil von der Stigmatisierung der arbeitenden Frau als »Rabenmutter«.

Juliane Schreiber, die Gründerin des *Working-Mom*-Netzwerks *Mamameeting*, berichtet, dass der Schritt in die Selbständigkeit genau die Flexibilität bringen kann, die Mütter brauchen und in Anstellungsverhältnissen oft nicht bekommen: »Die Selbständigkeit bringt Selbstbestimmung. Meiner Erfahrung nach entscheiden sich viele in der Elternzeit für eine Selbständigkeit, weil sie merken: Wenn man ein Kind hat, gerade ein kleines Kind, ein Baby, ist man erst mal gefangen in einer Fremdbestimmung und versorgt dieses Kind. Man kann ja nicht sagen: ›Jetzt hab ich keinen Bock mehr. Heute bräuchte ich Pause. Heute füttere ich das Kind mal nicht.‹ Das geht ja nicht. Man muss einfach auf das reagieren, was dieses neue Lebewesen braucht. Dann ist ein Schritt in die Selbständigkeit ein Zurückerlangen von Selbstbestimmung. Man sagt: ›Das ist jetzt der Rahmen. Ich bestimme selber. Da ruft mich kein Chef an und sagt: Ich brauche dies und jenes von dir. Oder: Du machst das bis dahin. Oder: Wir machen das so.‹ Sondern ich kann selbst entscheiden. Ich glaube, das ist was, was für Mütter wahnsinnig attraktiv ist an der Selbständigkeit.« Ich glaube das auch, und ich denke: Wenn die Unternehmen sich nicht den Bedürfnissen ihrer Mitarbeiter*innen anpassen, liegt es nahe, zu sagen: »Dann mache ich eben mein eigenes Ding.« Wenn das System kaputt ist und niemand es repariert, muss man vielleicht aussteigen.

Juliane Schreiber sieht das ähnlich. Sie sagt mir im Interview: »In die Selbständigkeit zu gehen, bedeutet, sich in gewisser Weise unabhängig zu machen von solchen anderen Systemen, in denen man als Mutter abgewertet wird, und einfach zu sagen: ›Die Fähigkeiten, die ich bisher einem Unternehmen zur Verfügung gestellt habe, nutze ich jetzt selbst als Unternehmerin und biete sie dem Markt an.‹ Aber auch ganz unabhängig von Mutterschaft sollten wir uns fragen, welche Arbeitsprozesse wir uns wünschen. Worauf legen wir Wert? Ich bin immer sehr erstaunt, wie stark noch an dem Thema ›Präsenz‹ festgehalten wird. Manche, die aus der Elternzeit zurückkehren und mir erzählen, sie arbeiten jetzt in Teilzeit, arbeiten 32 Stunden. Die machen genauso viel wie vorher und werden einfach nur schlechter bezahlt. Da finde ich es total sinnvoll zu sagen: ›Dann mache ich mich eher selbständig, weil die Ausbeutung meiner Arbeitszeit dadurch unterbrochen wird. Dann entscheide ich selber, welche monetäre Wertschätzung ich für meine Arbeit verdiene.‹«

Und sie fügt hinzu, eine wichtige Kompetenz für die Selbständigkeit erwerben Frauen automatisch, wenn sie Mütter werden: Die Kompetenz, zu lernen, was gerade nötig ist. Juliane sagt: »Es ist auch etwas Positives an der Selbständigkeit, zu verstehen, wie die Businessbereiche funktionieren. Da nutzt man diese Fähigkeit aus der Elternzeit des *training on the job*: Ich suche mir zusammen, was ich jetzt brauche, damit dieses Kind überlebt. Das kann man in der Selbständigkeit übernehmen und in gewisser Weise nochmal neu anfangen. Man kann mit dem, was man schon beruflich gemacht hat, aber auch mit den Themen, die aktuell gesellschaftlich relevant sind, etwas Neues aufbauen.«

Warum Selbständigkeit gerade Frauen nützt

Es ist wohl eine Mentalitätsfrage, ob wir eher die Chancen als die Risiken einer Sache sehen. Aber ich bin überzeugt, dass die Selbständigkeit, wenn sie zu dir passt und mit Bedacht aufgebaut ist, dir bieten kann, was du im Berufsleben suchst. Die Selbständigkeit kann eine bessere Vereinbarkeit von Care- und Erwerbsarbeit ermöglichen. Als Unternehmerin bist du frei in der Gestaltung deiner Preise und musst dich nicht mit dem Gehalt zufriedengeben, was dein Chef bereit ist, dir zu zahlen. Du bist deine eigene Herrin und niemandem Rechenschaft schuldig, wenn du früher gehen, von zuhause aus arbeiten oder länger Urlaub nehmen möchtest. Du suchst dir selbst aus, mit wem du zusammenarbeiten möchtest, bestimmst selbst, in welche Richtung du dich weiterentwickeln willst, und hast theoretisch grenzenlose Aufstiegs- und Wachstumschancen. Du beschäftigst dich mit Dingen, die dir persönlich sinnvoll und wichtig erscheinen, dir Spaß machen und deinen Werten entsprechen.

Als ich meine Interviewpartnerinnen danach gefragt habe, was sie an ihrer Selbständigkeit besonders feiern, haben sie mir genau diese Dinge genannt. Maria Obermeier aus Bayern, die die Firma *OBM Baumaschinen* von ihrem Vater übernommen hat, sagte etwa: »Was mir auch wichtig ist, ist die Freiheit, wenn ich eher an Digitalisierung arbeiten will oder an inneren Strukturen arbeiten will, nicht gleich das Unternehmen wechseln zu müssen, um in eine andere Abteilung zu kommen. Das ist die Freiheit, mich zu entwickeln. Dieses Vielseitige gefällt mir.« Sehr Ähnliches schildert auch Radhika Singh, die in Brüssel eine Firma mit einem Geschäft für Heimtextilien gegründet hat: »Ich bin Einzelunternehmerin. Es gibt Tage, an denen ich Bestellungen einpacke. An anderen Tagen designe ich. An wieder anderen mache ich Inventur. Das gefällt mir auch. Ich mag die neuen Herausforderungen, die jeder Tag bringt. Ich vermute aber, das mögen nicht alle.« Diese Vermutung teile ich, möchte aber hinzufügen, dass es dir als Selbständige natürlich freisteht, jede Aufgabe, die du nicht selbst übernehmen möchtest, auszulagern. Am Ende ist es immer eine Abwägungssache: Kannst du, was getan werden muss, selbst? Möchtest du es auch selbst machen? Kannst du es gegebenenfalls lernen? Was kostet es dich, diese Tätigkeit auszulagern? Ich persönlich bin ein Fan davon, so viel wie möglich wenigstens am Anfang selbst zu machen. Erstens kann man nur so merken, ob man etwas gern macht. Zweitens kann man, wenn man wenigstens ein bisschen Ahnung von der Materie hat, eine Menge Nerven und Kosten sparen, wenn man später etwas auslagert, weil man das Preis-Leistungs-Verhältnis und die Professionalität eines externen Dienstleisters besser einschätzen kann.

Die Flexibilität ihres Arbeitsalltags ist ein anderer Punkt, den Radhika im Interview hervorhebt: »Ich schätze besonders die Freiheit, meinen Tag so zu gestalten, wie ich will. Das passt sehr gut zu meiner Persönlichkeit. Ich kann einen langen Spaziergang machen, wenn die Sonne scheint, was ich bei einem *Nine-to-Five-Job* niemals könnte. Man muss sich aber auch an sein Unternehmen anpassen. Sonst wird man immerzu arbeiten. Ich fühle mich zum Beispiel nicht schlecht, wenn ich an einem Dienstag ein ausgedehntes Mittagessen mit einer Freundin mache, die auch gerade nicht bei der Arbeit sein muss. Das bedeutet nämlich andererseits, dass ich vielleicht am Samstag oder Sonntag arbeite, weil mein Geschäft dann geöffnet ist, während meine Freund*innen frei haben.

Ich habe gelernt, Freiheit und Momente im Alltag zu finden, in denen ich mich um mich kümmern kann. Man hat nicht von Tag eins an eine feste Struktur. Aber mir gefallen diese Aufs und Abs des Unternehmens – wahrscheinlich, weil ich damit aufgewachsen bin. Unsere Ferien haben wir meistens an Orten verbracht, die mein Vater aus beruflichen Gründen besucht hat. Er hat gesagt: ›Zuerst das Unternehmen, und dann kann ich zwei Tage freimachen.‹ Die zwei freien Tage waren dann eben nicht am Wochenende. Darin steckt eine Menge Kreativität. Man muss einzigartige Lösungen finden. Das liebe ich.« Außerdem bedeutet es Radhika viel, dass sie durch ihr Unternehmen einen positiven *Impact* auf die Welt haben kann: »Was ich auch sehr mag, ist, dass ich meine Werte in die Welt bringen und einen Wandel herbeiführen kann. Wenn man heute ein Unternehmen führt, dann kann man das nicht mehr so machen, wie früher Unternehmen geführt wurden. Man muss den Planeten und die Menschen mitbedenken. Das mag ich, weil ich das Gefühl habe, dass ich mit meinen beschränkten Mitteln einen positiven Wandel in der Welt bewirke.«

Ich denke, diese Stimmen machen deutlich, dass jede Chance auch Herausforderungen mit sich bringt. Eine flexible Arbeitszeitgestaltung bedeutet auch, dass ich meinem Tag selbst eine Struktur geben muss. Unendliche Wachstumschancen bedeuten auch, dass ich Ziele definieren muss. Ein abwechslungsreiches Aufgabenspektrum bedeutet auch, dass ich mich in viele neue Themenfelder einarbeiten muss. Diese Herausforderungen zu meistern, kann man aber lernen. Auch das beweisen die Unternehmerinnen, die ich für dieses Buch interviewt habe, und die mir allesamt bestätigen, dass sie in ihre Rolle als Unternehmerin langsam hineingewachsen sind.

Selbstverständlich ist es primär Aufgabe von Politik und Wirtschaft, die Arbeitsbedingungen von Frauen zu verbessern. Aber ich habe wenig Hoffnung, dass das in absehbarer Zeit geschehen wird, weil die Entscheider einfach viel zu stark von dem patriarchalen System profitieren. Wenn sich heute etwas ändern soll, dann müssen wir es selbst vorantreiben. Die Kraft und die Fähigkeiten dazu tragen wir in uns. Ich will mit diesem Buch Frauen Mut machen, die Arbeitswelt, unter der sie leiden, stärker selbst zu gestalten. Man kann, wie ich gezeigt habe, als Angestellte mehr Verantwortung und Gestaltungsmacht übernehmen. Ich schlage aber auch vor, dass mehr Frauen Unternehmen gründen und dort die Arbeitsbedingungen schaffen, die sie sich wünschen – für sich selbst und andere. Und ich schlage vor, dass Frauen in Unternehmen in Führungspositionen gehen, um von dort aus den Standard zu verändern. Damit will ich nicht die Verantwortung für den gesellschaftlichen Wandel auf das Individuum abwälzen. Ich will vielmehr Möglichkeiten aufzeigen, wie wir selbst etwas am System ändern *können*. Dabei ist mir bewusst, dass wir nicht alle in gleichem Maße die Ressourcen oder die Freiheit haben, unseren Job zu kündigen, uns selbständig zu machen oder in eine Führungsposition zu gelangen. Ich weiß, dass das, was ich als Kind fürchtete, für viele bittere Realität ist: Sie rackern sich Tag für Tag unter schlechten Arbeitsbedingungen in irgendeinem *Shit Job*[*] ab, um finanziell irgendwie über die Runden zu kommen, und müssen zusätzlich enorm viel Energie aufwenden, um mit der Mehrfach-

---

[*] Auch hier bediene ich mich eines von David Graeber geprägten Begriffs. Als *shit jobs* bezeichnet er Berufe, die niemand machen will, weil die Arbeitsbedingungen und die Bezahlung, die sie bieten, so miserabel sind. Obwohl es sich hierbei um systemrelevante Berufe wie Gebäudereinigung, Müllentsorgung oder Kurierdienste handele, genössen die Arbeitskräfte in diesen Berufen keinerlei Ansehen, sondern würden häufig auch noch für ihre Erwerbstätigkeit herabgewürdigt. (Eamonn Fitzgerald: »Bullshit jobs« and »shit jobs«. <www.business-spotlight.de/business-englisch-hoeren/bullshit-jobs-and-shit-jobs> (Letzter Zugriff: 14.01.2024).)

Diskriminierung, die sie erfahren, umzugehen. Ich weiß aber auch, dass es Frauen gibt, die sowohl Ressourcen als auch Lust haben, unsere Arbeitswelt zu verändern. Was auch ihnen jedoch häufig fehlt, sind Vorbilder und Selbstvertrauen, um sich als Frau selbständig zu machen oder ein Unternehmen zu gründen.

Ich selbst, das möchte ich an dieser Stelle ganz deutlich machen, bin mit Privilegien ausgestattet, die es mir im Alltag vergleichsweise leicht machen und mir deshalb Ressourcen lassen, um sowohl meine eigene Karriere voranzutreiben als auch mich für eine Veränderung der Arbeitswelt zu engagieren. Ich bin als *weiße* cis hetero Frau in einem bürgerlichen Haushalt aufgewachsen, habe von meiner Mutter ein Studium bis zum Master-Abschluss komplett finanziert bekommen und lebe heute in dem Bewusstsein, dass die Menschen, die mir am Nächsten sind, mich niemals im Stich lassen würden. Ich kann also aus sehr viel Freiheit, Sicherheit und einer hervorragenden Ausbildung schöpfen. Diese Privilegien haben mir die Entscheidung, mich selbständig zu machen, sicher sehr erleichtert. Zwar habe auch ich Bekanntschaft mit einem winzigen Einkommen und dem Bezug von Sozialleistungen gemacht, musste beides aber zu keiner Zeit als bedrohlich empfinden, weil ich mir einerseits sicher war, dass ich jederzeit einen Job mit einem auskömmlichen Gehalt finden und andererseits notfalls auf mein soziales Netz zurückgreifen könnte. Es gab Zeiten in meinem Leben, in denen ich mit sehr wenig Geld auskommen musste, aber diese Situationen waren nie alternativlos für mich, sondern der Preis, den ich gezahlt habe, um mich selbst zu verwirklichen. Ich habe während meines Studiums mit wenig Geld gelebt, weil ich mehr studieren und weniger arbeiten wollte. Ich habe in meinem ersten Berufsjahr mit wenig Geld gelebt, weil ich unbedingt in der Kulturbranche Fuß fassen wollte. Ich habe während des Schreibens meiner Doktorarbeit mit wenig

Geld gelebt, weil ich nur in Teilzeit gearbeitet habe, damit mir mehr Zeit für meine Forschung blieb. Und ich habe im ersten Jahr der Selbständigkeit mit sehr wenig Geld gelebt, weil ich mich ganz auf den Aufbau meines Business konzentrieren wollte, dieses aber noch kaum Einkünfte erwirtschaftete. Ich konnte mir also leisten, den Schritt in eine Selbständigkeit zu wagen, die per se keine rosigen Honorare versprach, und sie für mich zu einem erfüllenden und profitablen Business ausbauen. Was ich dabei gelernt habe, möchte ich gern teilen, damit anderen dieser Schritt auch glücken kann. Während ich in diesem Buch viele Einsichten in mein Berufsleben und meinen Arbeitsalltag gewährt habe, möchte ich damit keinesfalls einen Maßstab setzen, sondern Inspiration geben, wie Dinge gelingen können.

Uns fehlen Vorbilder

Ich habe von zuhause nicht nur einige Privilegien, sondern auch zwei Vorbilder in Sachen Selbständigkeit mitbekommen. Meine Mutter hatte als Ärztin ihre eigene Praxis, und mein Vater ist, genau wie ich heute, freier Autor. Damit war unsere Familie eine große Ausnahme. Deutschland ist nicht gerade das Land der Selbständigen. Hier weht der Gründergeist deutlich schwächer als etwa in der Start-up-Nation USA. Als Selbständige gehöre ich in Deutschland zu einer seltenen Spezies: Nur etwa 8,5 Prozent der Erwerbstätigen sind Selbständige.[2] Von denen wiederum sind nur ein Drittel Frauen – aus meiner Perspektive ein Vakuum, das darauf wartet, mit Leben gefüllt zu werden.[3] Ich wittere hier eine riesige Chance für viele Frauen, einer erfüllenden, fair bezahlten Erwerbsarbeit nachzugehen und zugleich Beruf und Privatleben einfacher miteinander zu vereinbaren.

Die genannten Zahlen zeigen auch: Besonders Frauen fehlt es an Vorbildern – in der eigenen Familie wie in der Gesellschaft. Viele kommen deshalb, wenn sie ins Berufsleben einsteigen, gar nicht auf die Idee, sich selbständig zu machen oder ein Unternehmen zu gründen. Eine dreifache Mutter und frisch gebackene Selbständige schrieb mir nach einer meiner Lesungen: »Für mich war die Selbständigkeit bis vor Kurzem eigentlich noch undenkbar – einfach sooo weit weg. Und ich finde es wichtig, dass die Selbstständigkeit für Mädchen genauso eine Option wird wie eine Festanstellung. Dass sie wissen, dass sie nicht allein auf eine Festanstellung angewiesen sind, sondern sich auch da ihren ganz eigenen Weg suchen dürfen.« Um (junge) Frauen überhaupt auf die Idee zu bringen und zu ermutigen, sich selbständig zu machen, braucht es also Vorbilder, wie ich sie in diesem Buch vorgestellt habe.

Alle profitieren von weiblichem Unternehmertum

Sich selbständig zu machen oder ein Unternehmen zu gründen, ist in einer kapitalistischen Gesellschaft tatsächlich ein politischer Akt. Kevad Belle Saarepera bringt das auf den Punkt: »Eigentlich wollte ich gar nicht unbedingt Unternehmerin werden. Es hat sich dann einfach so ergeben, weil mir irgendwann klargeworden ist, dass ich als Unternehmerin relativ schnell selbst für den Wandel in der Welt sorgen kann, den ich mir wünsche. Ich schätze, in unserem kapitalistischen System kann ich als Unternehmerin sogar eher etwas bewegen als als Politikerin. Dabei bin ich noch nicht mal ein großer Fan des Kapitalismus, aber ich wüsste auch nicht, welches System besser funktionieren würde. Also nehme ich die Regeln des Kapitalismus und benutze sie, um etwas aus meiner

Sicht Sinnvolles damit zu erschaffen. Wenn mir etwas nicht gefällt, jammere ich nicht lange herum, sondern versuche, es zu verändern. So war ich schon als Kind, und deswegen bin ich wohl schon früh Unternehmerin geworden.«

Politik und Wirtschaft sind in unserer Welt so eng verknüpft, dass, wer wirtschaftliche Kraft besitzt, auch politische Macht hat. Wer Kapital hat, kann mitentscheiden. Während ich dieses Prinzip zutiefst ablehne, komme ich nicht umhin, zu akzeptieren, dass sich in meiner Lebensspanne daran wohl nichts ändern wird. Also habe ich es mir zur Aufgabe gemacht, denen die Spielregeln dieses Systems näher zu bringen, die darin bisher zu kurz kommen. Ich möchte, dass die an Macht gewinnen, die bisher die Verlierer*innen des patriarchalen, kapitalistischen Systems waren – aus Prinzip und weil ich mir von ihnen gute Antworten auf die drängenden Probleme unserer Gesellschaft erhoffe: Würden etwa Frauen und junge Menschen mehr ökonomische Kraft besitzen, wäre unsere Gesellschaft eine andere. Wir hätten dann ausreichende, qualifizierte und fair entlohnte Kinderbetreuung, Lehrkräfte, Alten- und Krankenpfleger*innen. Care-Arbeit würde endlich gleich aufgeteilt und honoriert. Unsere Wirtschaft würde nach strengen Umwelt- und Klimaschutzstandards ausgerichtet.

Maria Lorenz-Bokelberg sieht das ähnlich: »Es braucht wirklich mehr Frauen. Ich denke auch, dass es vielleicht mehr Probleme lösen würde, wenn mehr Frauen in Führungspositionen wären.« Und auch Juliane Schreiber sagt: »Wenn mehr Frauen gründen würden, würde die Gesellschaft von der Vielfalt, von den verschiedenen Blickwinkeln profitieren. Wir bekämen Lösungen für viele Probleme, die oft zu Unrecht abgetan werden, bei denen gesagt wird: ›Das ist halt so.‹«

Umwelt und Soziales sind die Themen von Frauen und Jugendlichen – weil sie direkt davon betroffen sind. Frauen gründen häufig im grünen oder sozialen Bereich.[4] Und eine Umfrage aus dem Jahr 2021 zeigt, dass auch in der Gen Z großes Interesse an einer Unternehmensgründung mit einem Schwerpunkt auf Nachhaltigkeit besteht. Allein – es fehlen Vorbilder und Wissen, beklagen die Befragten.[5] Das möchte ich ändern, damit unsere Gesellschaft in Zukunft gerechter und nachhaltiger wird.

Wer sind die Unternehmerinnen Deutschlands?

Aber wie sieht die Realität der Unternehmerinnen in Deutschland aus? Zugegeben: Unternehmertum, Unternehmensgründung, Unternehmerin – das klingt alles ziemlich behäbig, schwer und für manch eine vielleicht auch ein bisschen einschüchternd. Neben den Vorurteilen gegenüber der Selbständigkeit, die ich bereits beleuchtet habe, ist unser Bild vom Unternehmer weithin das eines alten *weißen* Mannes im dunklen Anzug, der in seinem geräumigen, hellen Büro auf einem riesigen Ledersessel hinter einem Schreibtisch aus Mahagoni sitzt und sinnierend aus dem Fenster auf seine Fabrik schaut. Maria Lorenz-Bokelberg teilt meine Vermutung, dass dieses von den Medien tradierte Unternehmerbild alle abschreckt, die ihm nicht entsprechen: »Ich wünsche mir so sehr, dass, wenn 20 CEOs in einem Raum sind, nicht nur zwei davon Frauen sind. Ich wünsche mir so sehr, dass Frauen sich das mehr trauen. Ich glaube, dass wir von unserer Gesellschaft, von der Kultur, aus Filmen, Serien gelernt haben, CEOs sind immer Männer, tragen Anzug, meistens sind sie *weiß*. Und deswegen denken viele, ohne dass sie sich dessen bewusst sind: ›Ich bin so nicht und deswegen darf ich kein Unternehmen gründen. Das dürfen nur Leute, die so aussehen.‹ Ich habe so oft in Meetings gesessen mit Leuten, die eigene Firmen haben, und dachte: ›Also, das sollten sich wirklich mehr Menschen trauen.‹ Ich habe gemerkt, die sind nicht alle besonders schlau oder sehr weise und haben BWL studiert. Das sind superviele Quereinsteiger, die einfach eine coole Idee hatten und losgelegt haben.«

Während das oben gezeichnete Bild auf manche Unternehmer*innen sicher zutrifft, ist es für die allermeisten von ihnen nicht passend. Fast alle Unternehmen (99 Prozent) in Deutschland sind klein oder mittelständisch.[6] Viel häufiger als ein luxuriöses Büro mit Blick auf die eigene Fabrik haben Unternehmer*innen in Deutschland also ein Restaurant, ein Nagelstudio, einen Bauernhof mit ein paar Angestellten oder sind solo als IT-Spezialist*innen, Musiker*innen oder Physiotherapeut*innen unterwegs. Die meisten fangen klein an und vergrößern ihr Angebot, ihren Kundenkreis und ihre Mitarbeiter*innen-Zahl dann langsam. Viele tasten sich erst mal nebenberuflich an die Selbständigkeit heran. Sie gründen also, während sie im Hauptberuf festangestellt arbeiten, nebenher ein Unternehmen. Der Schritt in die Selbständigkeit kann ein riesiges Wagnis, ein Sprung ins kalte Wasser und eine radikale Entscheidung sein – aber er muss es nicht sein. Man kann Unmengen an Geld in eine Unternehmensgründung stecken und ein super innovatives Produkt erfinden – aber man muss es nicht. Ich selbst habe zwar eine unbefristete Vollzeit-Festanstellung hinter mir gelassen, um mich in einem eher prekären Feld selbständig zu machen, aber ich habe mein Risiko geringgehalten, indem ich so gut wie kein Geld investiert habe. Außerdem habe ich ein sehr etabliertes Produkt – das Buch – gewählt und einfach mit einem neuen Inhalt gefüllt. Ich hatte die Idee für ein Buch, das es so noch nicht gab und von dem ich glaubte, es würde viele Leserinnen interessieren. Bis mein Buch schließlich auf den Markt gekommen ist, habe ich ausschließlich Zeit investiert, um es zu schreiben. Alles, was darin steht, wusste ich bereits oder konnte es recherchieren. Ich konnte also überwiegend aus meinen geistigen Ressourcen und der mir zur Verfügung stehenden Zeit schöpfen. Genauso habe ich dann mit den Vorträgen und Workshops weitergemacht, um die ich mein Angebot erweitert habe, als ich merkte, dass es dafür eine Nachfrage gab. Ich brauchte ausschließlich Zeit, um mein Wissen in diesen Formaten zu bündeln.

Aber ich wäre nicht aufrichtig, würde ich verschweigen, dass Deutschland bisher nicht gerade die günstigste Umgebung für Frauen ist, um ein eigenes Unternehmen zu gründen. Deshalb werfe ich an dieser Stelle einen kritischen Blick auf die Gründerinnen-Realität hierzulande. In Deutschland leben etwa eine Million Unternehmerinnen. Ganz generell gründen Frauen weniger häufig ein Unternehmen als Männer, und oft im Nebenerwerb. Auch gründen sie viel seltener sogenannte Start-ups, also Unternehmen mit einer neuartigen Geschäftsidee und großem Wachstumspotential.[7] Diese Zurückhaltung kann mit zwei Faktoren erklärt werden. Erstens sind Frauen in Sachen Karriere und Finanzen viel vorsichtiger als Männer, und zweitens ist es für Gründerinnen viel schwieriger, Investor*innen zu finden als für Gründer.

Frauen trauen sich in Bezug auf Geld und Beruf leider weniger zu als Männer. So fand eine Studie der *Boston University* beispielsweise heraus, dass Frauen aufgrund ihrer geringeren Risikobereitschaft Job- und Gehaltsangebote deutlich früher annehmen als Männer, und sich dadurch allzu oft mit geringeren Positionen und kleineren Gehältern zufriedengeben.[8] Eine andere Studie zeigte zudem, dass Frauen ihre Leistung geringer einschätzen als Männer, und kam sogar zu dem Schluss: »Die männliche Selbstüberschätzung ist nach unseren Beobachtungen der Hauptgrund dafür, dass Frauen trotz objektiv besserer Eignung vielfach die Führungsposition verwehrt bleibt.«[9]

Natürlich, gibt Juliane Schreiber zu bedenken, birgt der Schritt in die Selbständigkeit oder die Gründung eines eignen Unternehmens ein finanzielles Risiko, und das in einer Zeit, in der Frauen besonders viel Verantwortung tragen: »Der *Female Founders Monitor* hat mal rausgebracht, dass das Durchschnittsalter von Gründerinnen bei 36 liegt. Das ist die Phase, wo die meisten Kinder haben, das heißt Verantwortung für andere Familienmitglieder. Vielleicht kommt auch schon langsam die Pflege von Angehörigen ins Spiel, wo man auch mehr Verantwortung trägt. Bei vielen spielen auch Kredite für Eigentumswohnungen oder Häuser eine Rolle. Deswegen ist das eigentlich eine total furchtbare Lebensphase, um sich selbständig zu machen, weil das finanziell ein sehr großes Risiko ist – zumindest ein viel größeres, als wenn man sich parallel zum Studium selbständig macht, wo man abgesichert ist, das mal testet, merkt, das ist nichts für einen. Dann fängt man eben als Dreißigjährige nochmal an. Das finanzielle Risiko ist schon ein Faktor. Wobei da auch immer eine Rolle spielt, was man vorhat. Möchte man sich in einem Bereich, in dem man früher angestellt war, selbständig machen? Wie gut lässt sich das planen? Möchte man irgendwas produzieren, wofür man viel Kapital braucht? Wenn man mehr Kapital braucht, wird es leider schwierig, vor allem wenn dann noch das negative Image von Müttern hinzukommt, von wegen: ›Die arbeitet so ein bisschen nebenher.‹ Oder: ›Die Frau macht jetzt halt auch was.‹ Wenn hingegen der coole junge *Start-up Dude* mit 22 kommt und eine große Idee hat, bekommt er Kapital. Deswegen gehen auch mehr Mütter in die Soloselbständigkeit, starten erst mal klein und bringen seltener diese großen Projekte oder Produkte auf den Markt.«

Es ist natürlich besonders bitter, wenn Frauen endlich den Mut, das Selbstvertrauen und auch die Risikobereitschaft aufbringen, ein Unternehmen zu gründen, und dann keine Investor*innen finden, die ihnen vertrauen, an sie glauben und bereit sind, ihnen Geld zu geben. Risikokapital fließt tatsächlich zu 87 Prozent in männergeführte Start-ups, zu 11 Prozent in gemischtgeführte und zu zwei mickrigen Prozent in frauengeführte Start-ups.[10] Kein Wunder also, dass die Frauen zurückhaltender planen – sie sind förmlich dazu gezwungen. Diese Hürde können sie nur umgehen, indem sie Geschäftsideen entwickeln, die kaum Kapital-Investitionen benötigen oder auf andere als die klassischen Finanzierungsmodelle – Bankkredite und Investor*innen – zurückgreifen. So könnten sie etwa Freund*innen und Familie um Privatkredite bitten, ein Crowdfunding starten oder sich um eine Förderung bewerben, etwa durch Stipendien oder Wettbewerbe.

Fest steht jedoch auch: Selbst die beste Businessidee kann scheitern. Das »Scheitern« ist sogar integraler Bestandteil fast jeder erfolgreichen Unternehmer*innen-Biografie. Wer immer wieder Neues wagt, sich auf unbekanntes Terrain begibt, wird immer mal wieder auch scheitern. Brené Brown, Forscherin über Scham und Verletzlichkeit, verspricht etwa Führungskräften, die sich mehr Innovation in ihren Unternehmen wünschen: »Wenn Sie oft genug mutig sind, werden Sie auch mal hinfallen.«* Zu scheitern, ist also kein Problem. Die Frage ist, wie wir damit umgehen. Ich spreche eigentlich auch nicht gern von »scheitern«, weil das so endgültig klingt, und sage stattdessen lieber: Etwas hat nicht funktioniert. Und wenn etwas mal nicht funktioniert, erhalten wir die Gelegenheit, zu lernen: Warum hat es nicht funktioniert, und wie könnte es das nächste Mal besser klappen? Fatal wäre, aufzugeben, wenn etwas nicht funktioniert hat. Je innovativer die Idee, mit der man sich selbständig macht, desto resilienter sollte

* Im Original: »If you're brave enough, often enough, you're going to fall.«

man sein. Start-ups, also Unternehmen, die ganz neue Businessideen verfolgen, gehen sogar zu zwei Dritteln wieder ein. Gründe dafür werden viele genannt: von fehlendem Kapital über schlechte Finanzplanung, mangelnde Nachfrage, schlechte Führungskompetenzen der Gründer*innen bis hin zu externen Ursachen wie Umweltkatastrophen oder Pandemien. Tom Eisenmann von der *Harvard School of Business* hat die zwei häufigsten vermeidbaren Gründe für das Scheitern von Unternehmen identifiziert: unzuverlässige Geschäftspartner*innen und unzureichende Marktanalyse.[11] Gründer*innen können das Risiko, zu scheitern, also vermindern, wenn sie

1. Ausschließlich besonders zuverlässige und professionelle Expert*innen zu Geschäftspartner*innen machen
2. Ihre Zielgruppe ganz genau kennenlernen, *bevor* sie Geld und Zeit in die Herstellung und Erprobung eines Prototyps investieren

In seinem Buch *Why Start-ups Fail* stellt Tom Eisenmann diese und vier weitere Gründe für das Scheitern von Start-ups vor und bietet so die Möglichkeit, diese Fallen zu vermeiden. Frauen, so zeigen Studien,[12] scheint das ganz gut zu gelingen. Sie sind mit ihren Unternehmensgründungen langfristig erfolgreicher als Männer. Möglicherweise kommt ihnen hier ihre Risikoscheu und Zurückhaltung zugute, denn wer sich weniger zutraut und vorsichtiger agiert, bereitet sich vermutlich auch besser vor und überschätzt sich nicht. Auch haben Gründerinnen eher den langfristigen Erfolg als den kurzfristigen Gewinn im Blick. Sie agieren vorausschauender, und das zahlt sich aus.

Das Zeug zur Unternehmerin haben auf jeden Fall mehr Frauen, als sie denken. An den Gründerinnen, die ich für dieses Buch interviewt habe, zeigt sich deutlich, welches *Skillset* und

Mindset Unternehmer*innen auszeichnet, darunter etwa Resilienz, Entscheidungsfähigkeit und Kreativität. Ich behaupte, die Care-Arbeit, die viele Frauen leisten, wäre ohne Resilienz, Entscheidungsfähigkeit und Kreativität kaum zu bewältigen. Unzählige Frauen beweisen meiner Meinung nach jeden Tag, dass sie großes Potential zur Unternehmerin haben. Und auch Studien belegen, dass frauengeführte Unternehmen und Unternehmen, in deren Führungsteam mindestens eine Frau ist, erfolgreicher als rein männergeführte Unternehmen sind.[13] Umso erstaunlicher, dass Gründerinnen es so schwer haben, Investor*innen zu finden. Sie würden diese immerhin durchschnittlich mit einem um 35 Prozent höheren Gewinn auf ihre Investition belohnen.[14]

Ratschläge von den Profis

Ich weiß, ich habe es schon mehrmals geschrieben, und auch meine Interviewpartnerinnen haben es gesagt: Wenn man etwas Neues ausprobieren möchte und unsicher ist, wie es geht, sollte man diejenigen fragen, die es schon gemacht haben. Und genau das habe ich für dich getan: Ich habe jeder »meiner« 16 Unternehmerinnen die Frage gestellt: »Was macht deiner Meinung nach eine Unternehmerin erfolgreich?« Die Antworten sind so unterschiedlich wie meine Gesprächspartnerinnen und spiegeln die Themen dieses Buches wider:

»Aus eigenen Fehlern lernen. Nicht einfach das Gleiche wiederholen, sondern eben mit seinen Aufgaben wachsen und trotzdem dranbleiben an dem, was man eigentlich erreichen möchte, also ein Ziel vor Augen haben. Es muss nicht mal ein konkretes Ziel sein, aber dass man doch daran hängt, dass die Lebens- und

Arbeitsbedingungen besser werden, sich progressiv und konstant neue Ziele setzt.« (Ana Rocha)

»Das Bedürfnis oder der Wille, sich ständig weiterzubilden.« (Anne Wolf)

»Einfach machen und nicht so viel nachdenken, sondern lieber umsetzen und durchziehen. Viele reden viel, nehmen sich viel vor und sagen: ›Das werde ich dann und dann machen‹, aber machen es einfach nicht.« (Camilla Sohn)

»Ich glaube, es ist der Wille. Dieser Wille, meine Entscheidung ist wichtig. Für mich ist das wie in einer Beziehung, in der ich mich jeden Tag für diese Person entscheide. Und genauso ist es mit dem Job. Wenn ich keine Lust habe, wenn ich keinen Sinn sehe, wenn ich nicht mehr glücklich bin, dann muss sich was ändern. Ich stelle mir immer wieder die Frage: ›Will ich das noch weitermachen?‹ Wenn du dich dafür entscheidest, dann kommen auch Ideen oder Verbesserungsvorschläge und Neugier. Dann denkst du dir: ›Ich habe mich dafür entschieden. Was kann ich noch besser machen? Jetzt habe ich Zeit, jetzt habe ich gerade eine Lücke, gerade habe ich keinen Auftritt. Kann ich neue Flyer machen? Kann ich ein Shooting machen?‹ Da kommen dann Ideen. Aber ich frage mich immer: ›Will ich das noch machen, oder will ich was ganz anderes machen?‹« (Claire Chen)

»Da habe ich, glaube ich, mehrere Punkte. Zum einen sollte man Charakter reinbringen, sich selbst zeigen, weil man damit die Leute abholt, mit denen man zusammenarbeiten möchte oder die man auch als Kunden haben möchte. So ist ein viel stärkeres *Bonding* möglich. Menschen kaufen von Menschen. Da muss man auf jeden Fall Leidenschaft mit reinbringen. Zum anderen, was ich auch gerade noch lerne, dass es mir noch viel egaler sein muss, was die anderen Leute von einem denken. Das ist, glaube ich, einer der größten Hebel, dass man einfach so sein Ding komplett durchzieht, ohne daran zu zweifeln und sich zu sorgen, was die anderen über einen denken.« (Ingrid Lang)

»Persönlichkeitsentwicklung ist besonders wichtig. Wer ein Unternehmen und ein Team führen will, muss zunächst einmal sich selbst besonders gut kennen. Das ist aber auch wichtig, um langfristig am Ball zu bleiben.« (Kevad Belle Saarepera)

»Ich würde sagen, Resilienz. Auf jeden Fall. Aber die Resilienz kommt aus der Verspieltheit. Halte es leicht und bleib in der Lage, mal *rauszuzoomen*, alles nicht allzu ernst zu nehmen. Das verleiht einem eine Menge Stärke und Kraft, vor allem dann, wenn es mal stressig wird. Denk einfach dran: Es ist alles nur ein Spiel. Das ist auf jeden Fall sehr hilfreich.« (Margot de Broglie)

»Wenn jemand eine Firma gründen will, ist meiner Meinung nach der beste *Life Hack*, das zu zweit zu machen, mit gleich verteilter Verantwortung und Anteilen. Dann muss man nicht ganz alleine alle Entscheidungen treffen, und man ist emotional nicht alleine. Es ist auch *safer*, wenn es eine Person auf Augenhöhe gibt, mit der man sich austauschen kann. Die hat immer nochmal eine andere Perspektive auf bestimmte Dinge, die man diskutieren kann. Das ist total wichtig, und dadurch, glaube ich, haben wir schon eine Menge gute Entscheidungen getroffen, die ich alleine oder meine Geschäftspartnerin Frida alleine nicht so getroffen hätten.« (Maria Lorenz-Bokelberg)

»Was ich super wichtig finde, ist flexibel zu sein, immer zu fühlen, was das Unternehmen braucht, wo es sich anpassen muss.« (Maria Obermeier)

»Wer als Selbständiger erfolgreich sein will, braucht den Willen zur Macht. Entweder hat man eine Marktlücke gefunden, und es kommen so viele Aufträge, weil alle brauchen, was man anbietet. Aber wie oft passiert sowas? Als Selbständiger muss man schon gerne arbeiten. Man muss auch bereit sein, hart und viel zu arbeiten. Man muss diese Arbeit zu einem identitätsstiftenden Teil seines eigenen Lebens machen. Diese Selbständigkeit, die atmet man – genauso, wie eine Wohnung Teil der eigenen Identität ist, oder wie ich eben braune Haare habe.« (Mirna Funk)

»Man sollte sich unbedingt definieren, was Erfolg für einen bedeutet. Das ist das Allerwichtigste. Und man sollte sich überlegen, wann man sich in der Vergangenheit am meisten erfolgreich gefühlt hat und wie es dazu gekommen ist, und dann möglichst versuchen, öfter solche Situationen zu kreieren. Wenn man verstanden hat, was für einen Erfolg ist, sollte man vielleicht mit einem Coach arbeiten. Ein Coach ist einfach ein *Cheatcode*, um schneller ans Ziel zu kommen und die Fehler zu überspringen, die man sonst machen muss. Deswegen würde ich immer empfehlen, mit Coaches zu arbeiten. Aber es müssen richtig gute sein, die man sich aus dem Netzwerk empfehlen lässt oder die man irgendwo anders her gut kennt.« (Mona Ghazi)

»Das ist Ausdauer. Es gibt keinen unmittelbaren Erfolg. Es gibt keine Schnellstraße zum Erfolg. Es wird dauern, bis du Geld verdienen und von deinem Unternehmen leben wirst. Am Anfang wirst du einfach nur Geld bluten. Und man muss auch Risiken eingehen. Jeder mit einem eigenen Unternehmen muss das. Und wenn man das nicht will, ist vielleicht der *Nine-to-Five-Job* besser für einen.« (Radhika Singh)

»Was eine Unternehmerin erfolgreich macht, ist die Bereitschaft, Risiken einzugehen. Du darfst keine Angst davor haben, dich lächerlich zu machen. Auch dass ich eine Weile meinen ganzen Gewinn reinvestiert habe, war ein Risiko. Risiken einzugehen, hat mein Unternehmen zu dem werden lassen, was es heute ist. Lass dich nicht von deiner Angst bremsen! Der zweite Aspekt, der eine Unternehmerin erfolgreich macht, ist eine Geber-Mentalität. Nimm nicht nur. Viele Leute suchen nach Abkürzungen oder einem Weg, andere auszunutzen, um selbst einen größeren Profit zu machen. Sowas merken die Kund*innen. Sei keine Nehmerin, sei eine Geberin! Ich gebe meinen Kund*innen zum Beispiel immer gratis Kostproben. Und meiner Küchenhilfe zahle ich mehr, als hier in der Gegend üblich ist – einfach, weil ich ihre Zeit schätze. Ich denke, diese Gebermentalität auf jeder Ebene deines Unternehmens zu haben, ist super wichtig. Die Leute schätzen dich dafür. Dann wollen sie dir treu bleiben und dabei sein, wenn du erfolgreich wirst.« (Sarah Grunewald)

Ich selbst würde sagen, eine hohe Qualität und hohe Quantität zugleich sind wichtig. Damit meine ich, dass man einen eigenen hohen Anspruch an seine Arbeit haben und nach der persönlichen Definition von Exzellenz streben sollte. Das hält nicht nur langfristig die Motivation hoch, sondern bringt auch Ergebnisse von besonderer Qualität hervor, die andere früher oder später entdecken, wertschätzen und belohnen werden. Mit Quantität meine ich, dass man hartnäckig sein sollte. Niemand darf erwarten, sofort, nach einem Buch, einem Album, einem Monat im Business entdeckt zu werden. Da braucht es Hartnäckigkeit: Man sollte immer wieder Neues hervorbringen, sich immer wieder zeigen und ins Gespräch bringen, immer wieder auf sich und das eigene Business aufmerksam machen.

Für den Fall, dass du mit dem Gedanken spielst, dich mit einer eigenen Geschäftsidee selbständig zu machen, dir aber noch der Mut fehlt, deine Idee in die Tat umzusetzen, beziehungsweise dein Respekt vor den Risiken noch überwiegt, haben meine Interviewpartnerinnen mir Ratschläge für dich mitgegeben:

»Es ist natürlich mit Risiko verbunden, auf sich zurückgeworfen zu sein. Ich würde jemanden sehr ermutigen, sich für die Selbständigkeit zu entscheiden, wenn man das Gefühl hat, man kann das tragen. Ich glaube auch, es können mehr Leute tragen, als sie denken. Ich habe trotzdem großes Verständnis dafür, wenn man sich das nicht traut, weil es eine krasse Hürde ist, wenn man gar kein Sicherheitsnetz hat. Aber grundsätzlich mehr im eigenen Leben zu gestalten, ist etwas Wichtiges.« (Ana Rocha)

»Ein- oder zweimal jährlich sollte man einen Check-up machen oder einen Business Coach konsultieren. Man muss versuchen, den Blick von außen aufs Business und auf sich zu werfen: Wo will ich hin? Was ist meine Vision? Und gucken: Was braucht es, um dahin zu kommen?« (Anne Wolf)

»Man sollte sich selbst kennenlernen und hinterfragen: Warum traue ich mich nicht, und was brauche ich, damit ich mich traue? Wenn es die Finanzen sind, dann sollte man sich ein finanzielles Polster aufbauen. Wenn einem Kontakte fehlen, dann sollte man auf Veranstaltungen gehen und sich ein Netzwerk aufbauen. Man sollte eine Lösung finden für das Problem, das einen noch hemmt.

Man sollte sich mit anderen zusammentun, sich austauschen und Wissen aneignen. Andere kochen auch nur mit Wasser. Man denkt immer, andere machen das so toll, aber eigentlich kann man jede Fähigkeit erlernen.« (Camilla Sohn)

»Für manche Menschen ist es einfach, zu planen. Aber bei anderen Menschen sind die Gedanken so durcheinander. Die müssen erst mal ihre Gedanken sortieren. Wenn das so ist, lass dich coachen! Aber ich glaube, wenn man etwas unbedingt will, dann macht man es auch. Man muss auf sein Gefühl hören. Frag dich selbst immer wieder: Willst du das? Aber gib nicht so schnell das, was dich finanziell stabilisiert, auf. Ich hab auch nicht sofort gekündigt. Wenn man dann etwas angefangen hat, dann merkt man auch die Resonanz: Funktioniert das? Wenn es funktioniert, dann geh weiter. Wenn nichts kommt, auch wenn du dich mehr anstrengst, dann mach eine Pause. Zwing dich nicht. Du kannst es noch so sehr wollen, aber man muss Geduld haben. Ich finde es gefährlich, wenn man etwas zu sehr will. Ich finde es auch gefährlich, wenn zu viel Druck entsteht. Druck kommt ja oft von einem selbst: ›Ich will unbedingt, will es unbedingt beweisen.‹ Am Ende merkt man: ›Wem will ich eigentlich was beweisen?‹ Manchmal hat das, was wir glauben, nichts mit den Möglichkeiten zu tun, die uns wirklich weiterbringen würden.« (Claire Chen)

»Man sollte sich bewusst machen, was man ganz konkret zu verlieren hätte und wie wichtig dieser Verlust wäre im Vergleich zu dem, was auf der Gewinnseite steht, und wie glücklich es einen machen würde, sich mit seinen Ideen und seiner Kreativität auszudrücken.« (Ingrid Lang)

»Ich denke, es muss nicht damit beginnen, ein Risiko einzugehen. Ich denke, das Risiko einzugehen, ist fast schon Schritt 10. Nehmen wir an, du hast die Idee, ein Technologieunternehmen zu gründen. Dann fängst du vielleicht einfach damit an, einen Instagram-Account für dieses Unternehmen zu erstellen und zu sehen, ob du eine kleine Community zusammenbekommst, und das machst du jeden Tag nach der Arbeit für 20 Minuten. Dann siehst du, ob das auf Resonanz stößt, ob es ein bisschen Zugkraft gibt. Vielleicht startest du einen Newsletter und organisierst eine Veranstaltung. All das ist nicht wirklich risikoreich, denn du kannst in deinem Job bleiben. Du musst dein Leben nicht umkrempeln. Und wenn man diese Dinge getan hat und eine Gemeinschaft um sich versammelt hat, wenn man einen guten Einblick hat, wenn man weiß, dass die Leute das wollen, dann ist es ein viel kleinerer Schritt, den man machen muss. Ich denke, dass die Leute oft von dem Punkt ausgehen, an dem sie heute stehen, und den Schritt 11 sehen, nämlich ihren Job zu kündigen und die Finanzierung aufzubringen, aber das ist nicht der erste Schritt, den man macht. Es gibt viele Schritte auf dem Weg dorthin.« (Margot de Broglie)

»Frauen haben die Tendenz, alles perfekt abgeklärt haben zu wollen, bevor sie etwas starten, und alle Probleme, die passieren können, schon gelöst haben zu wollen, während Männer oft – und ich möchte betonen, dass ich ›oft‹ sage und nicht ›alle‹ und ›immer‹ – eine Idee haben und am nächsten Tag anfangen. Das ist ein Unterschied, den ich auch oft beobachte, wenn wir neue Konzepte besprechen. Manchen Frauen oder auch FLINTA* möchte ich ans Herz legen: ›Fangt doch einfach mal an, also löst auch mal ein paar Probleme unterwegs, weil ihr sowieso keine Ahnung habt, was passieren wird. Die paar Probleme, die ihr jetzt vorher schon lösen wollt, die passieren vielleicht gar nicht. Dafür passieren aber andere, auf die ihr gar nicht kommt.‹ Ich rate vor allen Dingen weiblichen potentiellen Unternehmerinnen immer, dass sie sich viel mehr trauen und auch viel mehr einfach erst mal anfangen sollen und dann gucken, was passiert, und dann Probleme lösen und Dinge anpassen, anstatt vorher alles auf dem Papier schon mal lösen zu wollen. Nichtsdestotrotz, was mir total geholfen hat, ist, dass man einmal einen Businessplan schreibt – egal ob man den irgendwann jemandem geben muss oder nicht. Ich finde das schon wichtig, weil ich nicht will, dass die Leute wahnsinnig viel Geld investieren, vielleicht auch aus ihren privaten Ersparnissen, um irgendetwas zu starten und dann zu merken: ›Ach du meine Güte, das habe ich ja gar nicht bedacht!‹ Deswegen ist es vielleicht auch so ein bisschen ein paradoxer Rat – einerseits: Traut euch, mehr und schneller loszulegen. Ihr könnt und müsst nicht alles vorher lösen. Andererseits: Stellt euch aber mal in Ruhe drei Fragen zu eurer Idee. Man kann auch mal sagen: Diese Frage kann ich noch nicht beantworten, dafür muss ich es jetzt erst mal machen. Aber dann weiß man schon: Irgendwann wird diese Frage mal auf einen zukommen. Deswegen finde ich immer diese Mischung wichtig: Sei selbstbewusster und starte einfach mal. Trau dich das. Egal welche Idee du hast, es gibt viel schlechtere. Und gleichzeitig: Sei dir auch darüber im Klaren, was du nicht weißt und kannst, und trau dich, Fragen zu stellen.« (Maria Lorenz-Bokelberg)

»Ich würde jeder Frau raten, bevor man in die völlige Selbständigkeit geht, die Selbständigkeit neben der Festanstellung in Teilzeit aufzubauen und die Festanstellung erst dann zu verlassen, wenn man merkt, man kann sich finanzieren. Dann weiß man auch, wie man selbständig arbeitet. Das kann auch nicht jeder. Man muss erst mal gucken, bin ich ein selbständiger Charakter.« (Mirna Funk)

»Ich würde raten, was ich meistens sage: einfach machen. Aber das machen die meisten ja trotzdem nicht. Deswegen sage ich dann: am Selbstwert arbeiten und an den Ängsten arbeiten und sich fünf Wahrheiten überlegen: Wenn alle anderen Leute es geschafft haben, zu gründen, warum bin ich auch qualifiziert zu gründen? Diese fünf Gründe, die man aufschreibt, sollte man sich jeden Tag durchlesen und wie Affirmationen sich immer wieder sagen. Dadurch wird nach einer Zeit klar, ich kann das ja eigentlich auch. Warum mache ich das dann nicht?« (Mona Ghazi)

»Ich fange mal mit etwas Negativem an. Unternehmertum ist echt hart. Und einsam. Du musst jeden Tag eine andere Rolle ausfüllen, zumindest, wenn du das allein machst. Wenn du einen Geschäftspartner oder einen Investor hast, sieht das ganz anders aus. Aber wenn du das alleine machst, dann ist es oft einsam, es ist sehr schwer und herausfordernd. Also gehe diesen Schritt nicht leichtfertig. Denk gut darüber nach, wie das dein Leben verändern wird, deine Beziehungen, deine *Work-Life-Balance*. Es wird dein Unternehmen sein. Na klar kannst du auch mal bis zwei Uhr nachts aufbleiben und schnell was erledigen. Aber durchdenk das wirklich gut, weil du Mut und Ausdauer dabei brauchst. Und du kannst auch nicht jede Nacht bis zwei Uhr durchmachen und dann auch noch tagsüber arbeiten. Nicht jahrelang. Also denk gut darüber nach und triff die Entscheidung nicht leichtfertig. Und dann würde ich dir raten, dich mit einer Gemeinschaft zu umgeben. Wenn du eine Frau bist, dann umgib dich mit anderen Frauen, die dich anfeuern, dich unterstützen, die du nach Rat fragen kannst, die an dich glauben, wenn du es gerade nicht tust. Denn solche Tage wird es geben, und dann wirst du das wirklich brauchen. Und zuletzt: Glaub an dich selbst. Glaub an deine Idee, denn es ist deine Idee. Ich erlebe so viele junge Mädchen, die an sich und ihren Ideen zweifeln. Ich war auch so ein Mädchen und habe an mir gezweifelt. Und ich wünschte, ich hätte mein Unternehmen schon früher gegründet. Das tue ich wirklich. Wenn ich meinem jungen Selbst einen Rat geben könnte, dann wäre es, früher zu gründen. Meine Idee ist nämlich cool. Wirklich, vertraut und glaubt euch selbst und eurem Urteilsvermögen mehr.« (Radhika Singh)

»So, wie die Welt heute ist, sind die Möglichkeiten schier unendlich. Nimm irgendeine deiner Interessen und mache sie zu Geld. Das ist doch wunderbar! Man sollte sich einfach fragen: Was mache ich so richtig gerne? Und wie kann ich das auf kreative Weise zu Geld machen? Ich kann zum Beispiel auch nur eine begrenzte Menge an Geld damit verdienen, Brot zu backen. Aber durch das Internet habe ich die Möglichkeit, auch weitere Geldquellen zu erschließen, die mit dem Backen zu tun haben. Die Möglichkeiten sind wirklich unbegrenzt.« (Sarah Grunewald)

Zuletzt möchte auch ich dir ein paar Gedanken mitgeben, die dir Mut zur beruflichen Selbständigkeit machen sollen. Zuallererst: Ich denke, du schuldest es dir, das bestmögliche Leben zu leben. Wenn dazu gehört, einer eigenen unternehmerischen Idee nachzugehen, dann solltest du das unbedingt tun – und zwar in dem Maß, wie du es dir zutraust und wie es sich gut für dich anfühlt. Niemand sagt, dass du so *crazy* wie ich sein musst, und deinen unbefristeten gut bezahlten Job kündigen, ohne einen Plan zu haben, wie es dann weitergeht. Du kannst deinen Job behalten und nebenbei gründen. Wir alle haben Freizeit. Die Frage ist, wie du diese verbringst. Ich behaupte nicht, dass man alles zu vollen Teilen haben kann: Einen sicheren Job, viel Zeit mit Freund*innen und Familie, tolle Hobbys und genug *Me-Time*. Aber man kann von allem ein bisschen haben. Wenn du nebenberuflich gründest, dann musst du selbstverständlich deine Ressourcen neu verteilen. Vielleicht kannst du es dir leisten, von einer vollen auf eine Teilzeitstelle herunterzustufen. Oder du kannst mit deinem Partner aushandeln, dass er eine Weile den Löwenanteil der Care-Arbeit übernimmt, damit du Zeit hast, deine Selbständigkeit aufzubauen. Oder ihr könnt bestimmte Anteile der Care-Arbeit stärker an externe Dienstleister*innen auslagern. Vielleicht kannst du jeden Tag eine Stunde oder jede Woche einen Tag für deine Selbständigkeit reservieren. Meine Erfahrung zeigt: Wenn man etwas wirklich will, dann schafft man es auch, sich die Ressourcen dafür zu organisieren. Wenn dir wirklich wichtig ist, eine eigene Businessidee zu verfolgen, dann wirst du die Energie dafür aufbringen, dann wirst du dir Zeit dafür freischaufeln und dafür auch mal bei anderen Dingen Fünfe gerade sein lassen. Fange klein an, so klein wie nötig. Aber fang an. Und dann mache dir bewusst, dass die Entscheidung für die Selbständigkeit nicht für immer ist. Wenn du merkst, dass es doch nicht dein Ding ist oder es nicht klappt, kannst du dir immer wieder eine Anstellung suchen. Du wirst dann sogar durch deine Erfahrungen als Unternehmerin mit neuen *Skills* glänzen können. Und *last but not least*: Such dir Gleichgesinnte. Es hilft enorm, sich mit Menschen auszutauschen, die vor ähnlichen Herausforderungen wie du stehen und nachempfinden können, wie es dir geht. Ich glaube an dich! Glaub du auch an dich!

Schluss

Kürzlich habe ich auf einer Party eine junge Frau kennengelernt, die mir erzählte, dass sie Zahnärztin sei. Sie arbeitete angestellt und litt darunter, dass ihre Vorgesetzten ihr kaum Möglichkeiten gaben, eigene Vorstellungen in die Organisation der Praxis und des Tagesgeschäfts einzubringen. Deshalb hatte sie sich entschlossen, sich über kurz oder lang selbständig zu machen. Sie zögerte aber noch, diesen Schritt zu gehen, weil sie damit die erste Unternehmerin in ihrer Familie wäre. Sie sei zudem auch die Erste, die studiert und die Erste, die Abitur gemacht habe. Sie liebte ihren Beruf als Zahnärztin, aber sie wagte den Schritt in die Selbständigkeit nicht, weil sie sich damit allein fühlte. Sie sagte, ihr fehlten Vorbilder. Sie kenne keine*n Unternehmer*in persönlich, habe keine Selbständigen in ihrem Umfeld, die sie um Rat und Hilfe bitten könnte.

Auf derselben Party lernte ich eine weitere junge Frau kennen, die mir erzählte, sie arbeite als Juristin in einer Bank. Ihr Job war es, grob gesagt, Geldwäsche zu verhindern. Ich war beeindruckt und sehr interessiert. Für mich klang das nach einem Wirtschaftskrimi. Sie berichtete jedoch, dass die spannenden und außergewöhnlichen Momente in ihrem Arbeitsalltag rar waren und ihr Job hauptsächlich aus Routine-Tätigkeiten und vielen Konfliktgesprächen mit Kund*innen bestand. Sie war entschlossen, eines Tages in einem anderen Unternehmen, vielleicht in einer anderen Branche zu arbeiten, um nochmal etwas Neues kennenzulernen.

Aber sie gab auch zu, dass der Schritt in eine unbekannte, neue Sphäre ihr immer schwerer falle, je länger sie bei der Bank arbeitete. Gerade ein gut bezahlter Job mit angenehmen Arbeitsbedingungen kann bequem machen.

Die beiden Geschichten spiegeln exakt wider, warum ich dieses Buch geschrieben habe: Ich möchte Mut machen, die eigenen Vorstellungen im Berufsleben umzusetzen, Vorbilder zeigen, denen das gelungen ist, Strategien an die Hand geben, die dabei helfen können, und Lust wecken, aus der eigenen Komfortzone herauszutreten. Frauen wie diese beiden zu treffen, die Lust haben, ihr Potential auszuschöpfen, etwas in der Welt zu bewegen und eigene Ideen zu verwirklichen, begeistert mich und macht mich neugierig. Ich möchte wissen: Welchen Weg gehen sie, wenn sie sich trauen? Was stellen sie auf die Beine, wenn sie genug Mut und Ressourcen haben? Wie verändern sie unsere Welt durch ihren Beitrag?

Unsere Arbeitswelt im Wandel

Für die meisten von uns ist Erwerbsarbeit eine ökonomische Notwendigkeit. Wir müssen Geld verdienen, um unseren Lebensunterhalt zu bestreiten. Die Statistik, die ich zu Anfang dieses Buchs zitiert habe, legt nahe, dass für die meisten Arbeitnehmer*innen in Deutschland ihre Berufstätigkeit das und nur das ist: eine ökonomische Notwendigkeit. Ich rede von den 86 Prozent der deutschen Arbeitnehmer*innen, die nur noch Dienst nach Vorschrift machen oder bereits innerlich gekündigt haben.[1] Zusätzlich schwindet die finanzielle Motivation zur Erwerbsarbeit weiter, weil es Angestellten heute kaum noch möglich ist, denselben individuellen Wohlstand zu erwirtschaften wie etwa die Generation der Babyboomer. Angesichts steigender Preise und teurer Kredite ist zum Beispiel ein Eigenheim für heutige Arbeitnehmer*innen viel schwieriger und langwieriger zu finanzieren als etwa für die Generation ihrer Eltern oder Großeltern. Erwerbsarbeit lohnt sich also ganz objektiv heute aus finanzieller Sicht weniger. Auch deshalb ziehen sich viele auf das absolute Minimum zurück und genießen lieber mehr Freizeit. Grundsätzlich keine ungesunde Einstellung, denke ich, aber die Motivation dahinter finde ich schade, denn Erwerbsarbeit kann viel mehr leisten, als nur den Lebensunterhalt zu finanzieren. Sie kann sinnstiftend und erfüllend sein. Sie kann Wertschätzung, Sozialkontakte und ein Gefühl der Selbstwirksamkeit schenken. Arbeit kann Spaß machen, leicht fallen und dem Leben eine Richtung geben.

Leider, auch das habe ich zu Anfang dieses Buchs gezeigt, bietet unsere Arbeitswelt, so wie sie heute gestaltet ist, dafür nicht die idealen Voraussetzungen. Es herrschen Chancenungleichheit und Diskriminierung, veraltete Strukturen und oftmals ungenügend gute Arbeitsbedingungen. Außerdem verbrennt unsere Wirtschaft so, wie sie heute funktioniert, zu viele Ressourcen – die des Planeten und die der Menschen. Frauen sind nur eine von vielen Gruppen, die in unserer Arbeitswelt benachteiligt und oftmals nicht fair behandelt werden. Fest steht: Unsere Arbeitswelt muss sich ändern. Und die gute Nachricht ist: Sie wird sich ändern – unweigerlich. Der sich verschärfende Arbeitskräftemangel und die voranschreitende Digitalisierung haben den Wandel bereits eingeläutet. Entscheidend ist, dass und wie wir diesen Wandel aktiv gestalten. Du als Arbeitnehmerin oder Selbständige bist dabei in einer besonders günstigen Position, denn deine Arbeitskraft wird mit jedem Tag wertvoller für den Markt. Wenn Unternehmen weiter profitabel wirtschaften wollen, müssen sie auf die Wünsche und Vorstellungen ihrer Angestellten eingehen. Sonst stehen sie ohne leistungsbereite und -fähige Arbeitskräfte da. Und wenn unsere Volkswirtschaft weiter wettbewerbsfähig sein und einen Sozialstaat finanzieren soll, braucht sie Unternehmer*innen mit zeitgemäßen, innovativen und nachhaltig erfolgreichen Geschäftsideen, die die Vielfalt unserer Gesellschaft widerspiegeln.

Ich möchte dich dabei unterstützen, deine Chance zur Gestaltung der Arbeitswelt und deines Berufslebens bestmöglich zu nutzen. Ich wünsche dir, dass du selbstbestimmt und unabhängig entscheiden kannst, wie du deinen Beruf ausübst. Berufliche Selbstbestimmung – das heißt für mich: echte Vereinbarkeit von Beruf und Familie, eine eigene Definition von Erfolg, das Erreichen selbstgesteckter Ziele, eine angemessene Arbeitsbelastung und Entlohnung, ein nährendes Arbeitsumfeld, Aufstiegs- und Entwicklungschancen, interessante Aufgaben, eine konstruktive Führung voller Ehrlichkeit, Wertschätzung und Loyalität.

Wer gestaltet den Wandel und wie?

Es muss sich also etwas ändern in unserer Arbeitswelt. Aber wie? Und wer ist in der Verantwortung? Ich denke, wir alle. Ich sehe die Regierung und politische Entscheidungsträger*innen in der Verantwortung, Diskriminierung, Lohnunterschiede und Eintrittsbarrieren unterrepräsentierter Gruppen durch verbindliche Richtlinien zu bekämpfen. Außerdem sollten Gewinne umverteilt und in Bildung, Kinderbetreuung und Pflege investiert werden.

Bildungsinstitutionen sehe ich in der Pflicht, finanzielle, soziale und physische Hürden abzubauen sowie Ressourcen bereitzustellen, um allen gleiche Chancen zu gewähren. Sie sollten Berufsorientierung und -beratung anbieten, um zukünftige Arbeitskräfte dabei zu unterstützen, einen Beruf zu wählen, der zu ihnen passt. Außerdem sollten Lehrinhalte an die sich wandelnden Anforderungen des Arbeitsmarktes angepasst werden, um Lernende bestmöglich darauf vorzubereiten.

Arbeitsvermittlungen sind meiner Meinung nach verantwortlich, ihre Mitarbeiter*innen durch Schulungen dabei zu unterstützen, Vorurteile ab- und objektive Bewertungskriterien aufzubauen. Bewerber*innen sollten flexible Arbeitsregelungen angeboten werden, um mehr auf deren individuelle Situation zu reagieren. Außerdem sollten Arbeitsvermittlungsagenturen mehr in die Qualifikation und Beratung der Bewerber*innen investieren, um eine hohe Passgenauigkeit zwischen den Anforderungen eines Jobs und dem Profil eines Bewerbers oder einer Bewerberin zu erreichen.

Gewerkschaften und Interessenvertretungen sind meiner Ansicht nach in der Pflicht, sich nicht nur für die Interessen und Rechte ihrer Mitglieder einzusetzen, sondern auch den Dialog und die Kooperation zwischen Arbeitnehmer*innen, Arbeitgeber*innen und der Regierung zu fördern. Außerdem sollten auch sie Bildungs- und Beratungsdienste für ihre Mitglieder anbieten, um sie dabei zu unterstützen, einen Job zu finden, der wirklich zu ihnen passt.

Arbeitgeber*innen schließlich sehe ich in der Verantwortung, eine gerechte Personalpolitik zu betreiben und eine wertschätzende und partizipative Arbeitskultur zu etablieren. Zudem sollten sie auf faire Arbeitsbedingungen und Löhne achten, das heißt, flexible Arbeitszeitmodelle, Weiterbildungsmöglichkeiten, Benefits wie Zuschüsse zur Altersvorsorge und Kinderbetreuung anbieten. Sie sollten außerdem die Arbeitsbelastung ihrer Mitarbeiter*innen regulieren und konstruktives Feedback geben. Und *last but not least* sollten Arbeitgeber*innen sich aktiv für Diversität und Inklusion am Arbeitsplatz einsetzen, zum Beispiel indem sie unterrepräsentierte Gruppen in Führungspositionen fördern.

Diese gesamtgesellschaftlichen Bemühungen, um unsere Arbeitswelt fairer, diverser und zeitgemäßer zu gestalten, sind enorm wichtig. Wir sollten dafür demonstrieren gehen und sie lautstark einfordern. Aber wir können noch mehr tun: Wir können selbst mit anpacken – als Arbeitnehmer*innen, Selbständige und Unternehmer*innen. Wir müssen nicht ohnmächtig abwarten, bis sich endlich etwas ändert, sondern können selbst viele kleine Veränderungen im Rahmen unserer Möglichkeiten vornehmen, die individuell und kollektiv einen riesigen Unterschied machen werden.

Was kannst du selbst tun?

Es gibt eine Unmenge an Dingen, die du selbst tun kannst, um für dich und andere bessere Arbeitsbedingungen zu schaffen und mehr als nur Geld aus deinem Job herauszuholen.

Ich selbst sehe es als meine eigene Verantwortung:

- meine hinderlichen Glaubenssätze zu überwinden
- mich mit dem zu konfrontieren, wovor ich Angst habe
- mich mit Menschen zu umgeben, die mich unterstützen und die wohlwollend sind
- auszudrücken und einzufordern, was ich mir wünsche
- anzuprangern, was mir missfällt
- mir Ziele zu setzen
- ein entsprechendes *Skillset* (Fähigkeiten), *Mindset* (Haltung) und *Actionset* (Handlungen) zu entwickeln, um meinem Ziel näher zu kommen
- mir ein Netzwerk aufzubauen oder zu suchen
- andere zu unterstützen
- um Hilfe zu bitten
- das Vorbild zu sein, das ich mir selbst wünsche
- zu leben, was ich predige

Ich fühle mich für die Ausgestaltung meines Berufslebens selbst verantwortlich und ich bin schon immer – nicht erst als Selbständige – mit dieser unternehmerischen Haltung zur Arbeit gegangen. Ich habe mich immer gefragt, was ich selbst tun kann, um meine Wünsche zu verwirklichen, und habe es getan. Nicht jede*r wird von seinem*ihrem Umfeld ermutigt, aktiv selbst zu gestalten, und nicht jede*r geht mit so einem Autonomiebedürfnis durch die Welt. Aber es lohnt sich meiner Meinung nach, sich wenigstens eine Prise Unternehmer*innengeist anzueignen, um selbstbestimmt im Beruf zu bleiben, statt sich von To-dos oder Vorgesetzten bestimmen zu lassen.

Ich rate dir deshalb, zu definieren, was für dich persönlich beruflicher Erfolg bedeutet, und dir Ziele zu setzen, die dich Schritt für Schritt diesem Erfolg näher bringen. Lass dich nicht von dem Leistungsdiktat unserer Gesellschaft beirren, sondern überlege, was dich ganz persönlich mit Freude und einem Gefühl von Sinn erfüllen würde. In diesem Buch habe ich dir viele Beispiele gezeigt, wie solche individuellen beruflichen Ziele aussehen können und mit welchen Mitteln und Maßnahmen du sie erreichen kannst. Ich möchte dich ermutigen, Chancen, die sich dir bieten, wahrzunehmen und zu nutzen, sowie selbst dafür zu sorgen, dass sich dir Möglichkeiten eröffnen: indem du aufstehst und Hier! rufst; indem du dich zeigst; indem du dir Verbündete suchst; indem du einfach mal etwas Neues ausprobierst.

Für den Fall, dass du zur Fraktion »Arbeit ist ein notwendiges Übel« gehörst, möchte ich dich inspirieren, Erwerbsarbeit neu zu denken. Statt deinen Beruf als Schicksal zu begreifen, das du bis zur Rente erdulden musst, könntest du ihn als Projekt verstehen, das du entwickeln, formen und lenken kannst. Man mag es als Selbstbetrug bezeichnen, sich eine Notwendigkeit schmackhaft zu machen. Aber was ist die Alternative? Dienst nach Vorschrift und die innere Kündigung sind legitim, aber schade, finde ich, denn dadurch ändert sich rein gar nichts – weder für dich noch für andere. Wenn *du* dich nicht auf die Suche nach dem Sinn und der Freude in deiner Arbeit machst, wenn *du* nicht versuchst, den Job zu finden, der dir Freude macht, wird es niemand für dich tun. Ich verspreche dir: Du kannst nur gewinnen, denn du wirst in jedem Fall etwas lernen.

Sicher klingen diese Worte für manche abgehoben: für die, die keine oder wenig Wahlmöglichkeiten haben, weil sie eine geringe Ausbildung, eine große Verantwortung für andere, keinerlei Ressourcen, eine Behinderung, eine Erkrankung oder einfach keine Kraft haben. Eine Wahl zu haben, ist immer ein Privileg. Dessen bin ich mir bewusst. Und ich finde auch: Privilegien kommen mit Verantwortung. Ich empfinde es als meine Verantwortung, die Privilegien, die ich genieße, so zu nutzen, dass ich auch zum Wohle anderer beitrage. Wenn du mit deinen Ideen und Handlungen den Status quo in deinem Unternehmen hinterfragst, bereitest du damit den Weg für andere. Wenn du in eine Führungsposition gelangst, kannst du auch anderen diesen Weg ebnen. Wenn du dich auf eine Bühne traust, kannst du dort eine Perspektive aufzeigen, die ansonsten unterrepräsentiert ist. – All das unter der Voraussetzung, dass du tatsächlich den Anspruch hast, nicht nur für dich selbst, sondern auch für andere Positives zu bewegen.

Der Wandel unserer Arbeitswelt wird nicht an einem Stichtag stattfinden, sondern vollzieht sich langsam, über Jahre und Generationen hinweg. Und es ist auch kein neues Phänomen, dass sich die Arbeitswelt ändert. Sondern der Wandel ist eine Konstante. Trotzdem stehen wir heute vor anderen Herausforderungen als die Generationen vor uns. Die Ressourcen unseres Planeten sind so gut wie ausgeschöpft, und auch viele Arbeitskräfte sind ausgelaugt. Es ist Zeit, wirtschaftliches Wachstum nicht mehr über alles zu stellen, sondern nach Wegen zu suchen, wie unsere Erde und wir Menschen gesund werden und bleiben, statt zu verbrennen. Es ist Zeit, Arbeit als schöpferische Tätigkeit zu definieren statt durch ein zerstörerisches Leistungsdiktat. Wie die Forderungen der Gen Z zeigen, wissen Arbeitskräfte ganz genau, was gute Arbeitsbedingungen ausmacht, und die Chancen stehen gut, dass sie angesichts des Arbeitskräftemangels diese Forderungen auch durchsetzen können. Doch wir müssen verstehen, dass die nächste große Transformation unserer Arbeitswelt, die bereits begonnen hat, nur dann zum Wohl aller beitragen wird, wenn auch alle mitgestalten. Das Engagement jedes und jeder Einzelnen macht einen Unterschied. Du kannst für dich selbst bessere Bedingungen schaffen. Und wenn du gut für dich selbst gesorgt hast, kannst du auch für andere sorgen. Du kannst dich in Gewerkschaften und Interessenvertretungen für Arbeitnehmer*innenrechte und -interessen einsetzen. Du kannst dich an deinem eigenen Arbeitsplatz für Inklusion und Diversität engagieren sowie deine eigenen Privilegien und Vorurteile reflektieren. Und du kannst dich bemühen, zuhause die Care-Arbeit gleich aufzuteilen. Damit tust du sowohl dir selbst als auch deinen Liebsten etwas Gutes.

Wenn ich daran denke, welches Potential in jeder Einzelnen meiner Leser*innen steckt, werde ich ganz euphorisch. Ich hoffe, dass die Geschichten der Unternehmerinnen in diesem Buch sowie die Einblicke, die ich selbst in meine Arbeit geben konnte, ein Schlüssel sind, mit dem du dein Potential aufschließen kannst. Denn ich bin überzeugt, dass du Ideen, Fähigkeiten und Wissen in dir trägst, die dich selbst und unsere ganze Gesellschaft einen großen Schritt nach vorn bringen können – hin zu mehr Chancengleichheit, Vielfalt und Nachhaltigkeit.

Darf ich vorstellen: Meine Interviewpartnerinnen

Ana Rocha ist eine deutsch-portugiesische Sängerin, Texterin und Komponistin, mit Abschlüssen in Jazz-Gesang und Komparatistik. Sie lebt und arbeitet zwischen Berlin und Brüssel. Ihre letzten Veröffentlichungen sind ihre EP »Sleepless«, mit Diederik Wissels und Nicolas Kummert auf dem belgischen Label *Igloo Records* und »Three's a Crowd«, mit ihrem Trio *Ana & the Duorkestra*.

Die Designerin **Anne Wolf** gründete ihr gleichnamiges Label *ANNE WOLF Couture* im Jahr 2006 in ihrer Geburtsstadt Berlin. Zuvor hat sie bis 2004 an der FHTW in Berlin Modedesign studiert. Seit Oktober 2022 lebt Anne auf der schönen Insel Mallorca und hat dort in Sineu ihr Atelier für Brautkleider. 2022 hat Anne eine Ausbildung zum Life und Business Coach abgeschlossen und unterstützt seitdem Bräute als *Bridal Coach*. Als solcher hilft sie Brautpaaren, mit dem Erwartungsdruck und Vorbereitungsstress während der Hochzeitsplanung umzugehen.

Komplexe Finanzthemen einfach verständlich erklärt – das ist die Mission von *caminvesta*. In unterhaltsamen Kurzvideos unterstützt Gründerin **Camilla Sohn** mittlerweile über 200 000 Menschen dabei, eigenständige Finanzentscheidungen zum Thema Geldanlage und Altersvorsorge zu treffen. Vor zwei Jahren hat sie den Schritt in die Selbstständigkeit gewagt – eine Entscheidung, die sie bis heute nicht bereut.

Mit 15 Jahren Erfahrung im Swing-Tanz, sowohl als Performerin als auch als Lehrerin, hat **Claire Chen** sich weiterentwickelt und ihre Leidenschaft neu als Coach und Mediatorin entdeckt. Durch die Kombination ihrer vielfältigen Lebenserfahrungen und beruflichen Expertise hat sie ihre wahre Mission im Leben gefunden. Als Empowerment Coach für Lebenswege ist Claire bestrebt, ihre Erkenntnisse zu teilen und die junge bi- und multinationale Generation dabei zu unterstützen, ihre Identität anzunehmen und zu wachsen.

Dr. Hannah Schade studierte Sozialwissenschaften und Sozialpsychologie in Düsseldorf und Amsterdam. Erste Forschungserfahrung am *Institut für Arbeitsmarkt- und Berufsforschung* zur Sehnsucht Langzeitarbeitsloser nach der Identität, Struktur und Gemeinschaft, die Arbeit bieten kann, veranschaulichte die negativen Konsequenzen des Fehlens von Arbeit. Heute beschäftigt sie sich mit den negativen Konsequenzen von zu viel Arbeit, Stress, Erschöpfung und Burnout am *Leibniz-Institut für Arbeitsforschung* an der *TU Dortmund*.

Elisa Naranjo ist Co-Founder *bei zweihorn ENERGY*. Zuvor war Elisa über acht Jahre bei *einhorn products*, hat dort die Nachhaltigkeitsabteilung aufgebaut, Lieferketten umgestaltet und ökologisch und fair gemacht. Zudem hat sie das Thema New Work zu *einhorn* gebracht. Daneben ist sie auch Mitinitiatorin des *Unlearn Business Lab*, einem Experiementierlabor für neues Wirtschaften.

Ingrid Lang, geb. 1990, lebt in Stuttgart. Als Retail- und Marketingexpertin, Ex-Ladeninhaberin, Speakerin und Beraterin engagiert sie sich für die Weiterbildung im Bereich Marketing und Trends von stationären Geschäften und betreibt einen Onlineshop für moderne Ladenausstattung. Als Dozentin für *IHKs* hat sie deutschlandweit bereits Hunderte Ladengeschäfte geschult, begleitet und weiterentwickelt. Ihr Steckenpferd? Instagram-Potential ausschöpfen – für mehr stationäre Sichtbarkeit und Umsatz vor Ort. Als Beraterin gibt sie ihr Wissen auf Instagram, in Workshops und Vorträgen weiter und begleitet Ladeninhaber*innen im Bereich Marketing, Trends und Digitalisierung.

Juliane Schreiber ist Geschäftsführerin und Inhaberin von *Mama Meeting*, dem Business-Netzwerk für berufstätige Mütter, Veranstalterin des *Rock & Raise Festivals* rund um Vereinbarkeit, *LinkedIn Top Voice* Gleichstellung, Vereinbarkeitsexpertin und Ausbilderin von *Family-Career*-Berater*innen. In vielfältigen Formen bietet sie digitale Weiterbildungen rund um die Themen Vereinbarkeit und Berufstätigkeit von Müttern an, informiert und berät Unternehmen und Institutionen zu Lösungsansätzen für die Work-Life-Struggles von Mitarbeiter*innen.

Kevad Belle Saarepera begann früh, sich für Gesundheit und gesunde Ernährung zu interessieren. Sie gründete noch als Schülerin mit 14 und 16 Jahren im Food-Bereich, bevor sie sich dann 2019 im Alter von 18 Jahren mit ihrem heutigen Unternehmen *Not Your Average Co.* selbständig machte. Durch die Kombination von schimmel- und schadstoffgeprüftem Kaffee mit Superfoods möchte sie Kaffeetrinken zu einem Gesundheitsritual machen. *Not Your Average Co.* steht kurz davor, auch in den USA auf den Markt zu kommen. Kevad lebt und arbeitet in Tallinn, Estland.

Margot de Broglie ist Mitgründerin von *Your Juno*, einer App für Finanzwissen, die bereits über 100 000 Frauen und nicht-binären Menschen dabei geholfen hat, ihre finanziellen Ziele zu erreichen. Seit dem Start der App vor drei Jahren hat Margot 2,5 Mio. US-Dollar an Risikokapital eingeworben, wurde von *Forbes* zu den *30 under 30* ernannt und war als Redakteurin der *Financial Times* tätig. Sie setzt sich leidenschaftlich dafür ein, die geschlechtsspezifische Investitionslücke zu schließen, indem sie jeder Frau das Wissen und das Selbstvertrauen gibt, sich ein reiches Leben zu schaffen. Margot de Broglie lebt und arbeitet in London.

Maria Lorenz-Bokelberg ist die Gründerin und Co-Geschäftsführerin der Podcast-Produktionsfirma *Pool Artists*. Neben ihrer Produktionstätigkeit findet man sie als Speakerin auf Konferenzbühnen und als Beraterin für alle großen und kleinen Firmen und Brands, die sich mit Podcasts auseinandersetzen. *Pool Artists* produziert seit 2015 Podcasts und war damit eine der ersten unabhängigen Firmen, die in Deutschland Podcast-Produktion angeboten haben. Mit mittlerweile 15 Mitarbeiter*innen hat *Pool Artists* über 90 Podcasts produziert, darunter *Zeit Verbrechen*, *Faking Hitler*, *Alles gesagt*, *Gästeliste Geisterbahn*, *Batman unter Toten* und viele mehr.

Maria Obermeier wurde 1992 geboren und lebt in Amberg. Sie ist seit 12 Jahren Geschäftsführende Gesellschafterin der *OBM Baumaschinen*. Davor hat sie zwei Ausbildungen zur Technischen Zeichnerin und Industriekauffrau abgeschlossen.

Mirna Funk wurde 1981 in Ost-Berlin geboren und lebt zwischen Berlin und Tel Aviv. Sie studierte Philosophie an der *Humboldt Universität* und arbeitet als Essayistin und Autorin, unter anderem für die *Frankfurter Allgemeine Zeitung*, die *Süddeutsche Zeitung* und *Die Zeit*. Seit 2020 hat sie eine monatliche Sex-Kolumne in der *Cosmopolitan*, und von 2018–2021 schrieb sie auf *Vogue-Online* über jüdisches Leben heute.

In ihren literarischen Werken, essayistischen und journalistischen Arbeiten sowie kuratorischen Projekten geht Mirna Funk den Fragen nach der Präsenz jüdischer Kultur in Deutschland heute und einer gegenwartsorientierten Erinnerungskultur nach.

2015 debütierte sie mit ihrem Roman *Winternähe* im *S. Fischer Verlag*. Er wurde mit dem *Uwe-Johnson-Preis* ausgezeichnet und war für den *Aspekte-Preis* nominiert. Im Februar 2021 veröffentlichte sie ihren zweiten Roman *Zwischen Du und Ich* bei *dtv*. Ihr erstes Sachbuch: *Who cares! Von der Freiheit, Frau zu sein* landete im Mai 2022 direkt auf der *Spiegel*-Bestsellerliste. Am 07. Februar 2024 erschien ihr zweites Sachbuch *Von Juden lernen*.

Mona Ghazi ist mehrfach ausgezeichnete Unternehmerin und PhD(c) im Bereich Neuro-Entrepreneurship. Bereits mit 14 Jahren studierte sie neben der Schule und gründete mit 18 erfolgreich ihre zweite Softwarefirma, *Optimo*. Mit 21 Jahren verkaufte sie *Optimo* an einen weltweit führenden Logistikkonzern. Als Informatikerin hat sie sich beigebracht, auch ihren Geist so zu programmieren, dass er leistungsfähiger ist. Ihre Erfahrungen aus Unternehmensgründung, Persönlichkeitsentwicklung und Neurowissenschaft gibt sie in ihrem 2023 gegründeten *Neuropreneur Institute* an andere Unternehmer*innen weiter.

Radhika Singh, geboren und aufgewachsen in Neu-Delhi, ist eine ehemalige Handels- und Wettbewerbsanwältin, die 2015 nach Brüssel zog. Im Zuge eines radikalen Karrierewechsels gründete sie 2021 *Indikon*, ein Textilstudio, das Textilien für dich und dein

Zuhause entwirft und handwerklich herstellt. *Indikon* verkörpert Radhikas Geschichte vom Leben zwischen verschiedenen Kulturen, von der Wertschätzung traditioneller Handwerkskunst und der Unterstützung von Handwerksbetrieben, die ihr Handwerk seit Generationen ausüben.

Sarah Grunewald ist mit Hingabe Ehefrau, Mutter und stolze Besitzerin einer kleinen Bäckerei in Broken Arrow, Oklahoma, die sich auf Sauerteigbrot spezialisiert hat. Ihre Leidenschaft für handwerkliches Backen hat ihr eine große Fangemeinde im Internet eingebracht, wo sie über ihr Leben als Bäckerin berichtet (@sarahdoessourdough). Sarahs Online-Präsenz hat Bäckerinnen und Bäcker auf der ganzen Welt dazu inspiriert, ihren Traum zu verfolgen und ihr Hobby zu einer Einkommensquelle zu machen.

Dank

Auch wenn auf dem Cover dieses Buchs nur mein Name steht, ist es keine One Woman Show. Ich danke meinen großartigen Interviewpartnerinnen, dass sie sich so viel Zeit genommen und mit größter Offenheit auf meine Fragen geantwortet haben. Ihr habt wunderbare Einblicke in eure Arbeit und beeindruckende Gedanken mit mir geteilt. Die Gespräche mit euch haben mir so viel Energie für dieses Projekt gegeben!

Even though only my name is on the cover of this book, it is not a one woman show. I would like to thank my great interview partners for taking so much time and answering my questions with the utmost openness. You shared wonderful insights into your work and impressive thoughts with me. The conversations with you have given me so much energy for this project!

Ich danke meiner Agentin Andrea, die dieses Projekt mit mir entwickelt hat und ihre große Erfahrung, Kenntnis und viel Energie in die Suche eines geeigneten Verlags hat einfließen lassen. Danke, dass du dich mit Vertrauen, Elan und Professionalität für die Verwirklichung meiner Ideen einsetzt!

Ich danke meiner Lektorin Elisabeth für ihre Geduld, ihre klugen Gedanken, ihr wunderbares Lektorat voller Fingerspitzengefühl und Präzision. Ich freue mich schon auf das nächste Buch mit dir!

Ich danke meinem Mann, der mir in unserem Zuhause die bestmögliche Schreibatmosphäre geschaffen und jeden Mini-Fortschritt mit mir gefeiert hat; der uneingeschränkt an mich glaubt und mich anfeuert; der mich beruhigt, wenn ich nicht schlafen kann; der mir Essen oder ein Taxi bestellt, wenn ich mit allem zu spät dran bin; und der immer mein erster Leser ist. Danke für deine Liebe.

Ich danke meiner Mama, die mich mit Anteilnahme und liebevoller Fürsorge in stressigen Phasen des Schreibens begleitet hat.

Ich danke Mathias, der mit seinem Interesse, seiner Bestärkung und konstruktiven Kritik mein hochgeschätzter Freund und Mentor ist.

Ich danke meinen Freund*innen, die mich mit Kontakten zu Interviewpartner*innen versorgt haben und nachsichtig mit mir waren, wenn ich ihre Nachrichten und Anrufe erst spät beantwortet und mich zwei ganze Monate lang vollkommen in meiner Schreibhöhle vergraben habe.

Ich danke Barbara Dietl, die das Cover-Foto für dieses Buch aufgenommen hat und im Shooting immer eine warmherzige, vertrauensvolle und entspannte Atmosphäre schafft.

Meine Selbständigkeit wäre nichts ohne die Menschen, die mich unterstützen, an mich glauben, mir vertrauen, sich für das interessieren, was ich mache. Ganz im Sinne von Ikigai: Ich gedeihe als Selbständige nur in Harmonie mit meiner Umwelt. Die Arbeit ist meine Meisterin und ich gebe mich ihr hin, ohne auf Anerkennung aus zu sein, aber extrem dankbar, dass andere Wert in dem finden, was mir so unendlich viel Freude macht – mein Schreiben.

Quellen

Institut zur Zukunft der Arbeit: Studie zu Führungspositionen: Frauen unterschätzen die eigene Leistung. <https://legacy.iza.org/en/webcontent/press/releases/IZAPress20101110MaleLeadershipDP5300.pdf> (Letzter Zugriff: 18.01.2024)

Barbara Boelmann, Anna Raute, Uta Schönberg: Wind of Change? Cultural Determinants of Maternal Labor Supply. Forschungsinstitut der Bundesagentur für Arbeit 2020

Nathaniel Branden: Die 6 Säulen des Selbstwertgefühls. Erfolgreich und zufrieden durch ein starkes Selbst. München: Piper 2003

Brené Brown: The call to courage. <www.netflix.com/title/81010166> (Letzter Zugriff: 29.03.2024)

Brené Brown: Die Macht der Verletzlichkeit. <www.youtube.com/watch?v=iCvmsMzlF7o> (Letzter Zugriff: 29.03.2024)

Brené Brown: Verletzlichkeit macht stark. Wie wir unsere Schutzmechanismen aufgeben und innerlich reich werden. München: Kailash 2013

Destatis Statistisches Bundesamt: Eltern, die Teilzeit arbeiten. <www.destatis.de/DE/Themen/Arbeit/Arbeitsmarkt/Qualitaet-Arbeit/Dimension-3/eltern-teilzeitarbeit.html> (Letzter Zugriff: 09.01.2024)

Destatis Statistisches Bundesamt: Erwerbsbeteiligung von Eltern. https://www.destatis.de/DE/Themen/Arbeit/Arbeitsmarkt/Qualitaet-Arbeit/Dimension-3/erwerbsbeteiligung-eltern.html#:~:text=Die%20Erwerbsbeteiligung%20von%20Eltern%20mit,der%20Anteil%2056%2C6%20%25. (Letzter Zugriff: 09.01.2024)

Destatis. Statistisches Bundesamt: Gender Pay Gap 2023: Frauen verdienten pro Stunde 18 % weniger als Männer. <www.destatis.de/DE/Presse/Pressemitteilungen/2024/01/PD24_027_621.html> (Letzter Zugriff: 06.05.2024 2024)

Destatis Statistisches Bundesamt: Gender Pension Gap: Alterseinkünfte von Frauen 2021 fast ein Drittel niedriger als die von Männern. <www.destatis.de/DE/Presse/Pressemitteilungen/2023/03/PD23_N015_12_63.html> (Letzter Zugriff: 13.01.2024)

Destatis Statistisches Bundesamt: Haushalte und Familien. <www.destatis.de/DE/Themen/Gesellschaft-Umwelt/Bevoelkerung/Haushalte-Familien/_inhalt.html> (Letzter Zugriff: 09.01.2024)

Destatis Statistisches Bundesamt: Kleine und mittlere Unternehmen. <www.destatis.de/DE/Themen/Branchen-Unternehmen/Unternehmen/Kleine-Unternehmen-Mittlere-Unternehmen/_inhalt.html> (Letzter Zugriff: 18.01.2024)

Destatis Statistisches Bundesamt: Unfreiwillig Teilzeitbeschäftigte. https://www.destatis.de/DE/Themen/Arbeit/Arbeitsmarkt/Qualitaet-Arbeit/Dimension-3/unfreiwillig-teilzeitbeschaeftige.html#:~:text=Im%20Jahr%202023%20sahen%20sich,erfolgte%20zwischen%202002%20und%202006. (Letzter Zugriff: 09.01.2024)

Bundesministerium für Familie, Senioren, Frauen und Jugend: Gender Care Gap – ein Indikator für die Gleichstellung. <www.bmfsfj.de/bmfsfj/themen/gleichstellung/gender-care-gap/indikator-fuer-die-gleichstellung/gender-care-gap-ein-indikator-fuer-die-gleichstellung-137294> (Letzter Zugriff: 09.01.2024)

Christian Busch: Erfolgsfaktor Zufall: Wie wir Ungewissheit und unerwartete Ereignisse für uns nutzen können. Hamburg: Murmann 2023

Patricia Cortés u. a.: Gender Differences in Job Search and the Earnings Gap: Evidence from the Field and Lab*. In: The Quarterly Journal of Economics 138, 2023, H. 4, S. 2069 – 2126

Mihály Csíkszentmihályi: Flow und Kreativität. Wie Sie Ihre Grenzen überwinden und das Unmögliche schaffen. Stuttgart: Klett-Cotta 2014

Amy Cuddy: Dein Körper spricht für dich. Von innen wirken, überzeugen, ausstrahlen. München: Mosaik 2016

Institut Arbeit und Qualifikation der Universität Duisburg-Essen: Erwerbstätige Leistungsempfänger*innen im SGB II 2007–2022. <www.sozialpolitik-aktuell.de/files/sozialpolitik-aktuell/_Politikfelder/Arbeitsmarkt/Datensammlung/PDF-Dateien/abbIV81b.pdf> (Letzter Zugriff: 05.01.2024)

Tom Eisenmann: Why Start-ups Fail. It's not always the horse or the jockey. <https://hbr.org/2021/05/why-start-ups-fail> (Letzter Zugriff: 24.01.2024)

Friederike Fabritius u. a.: Neurohacks. Gehirngerecht und glücklicher arbeiten. Frankfurt a.M.: Campus 2021

Eamonn Fitzgerald: »Bullshit jobs« and »shit jobs«. <www.business-spotlight.de/business-englisch-hoeren/bullshit-jobs-and-shit-jobs> (Letzter Zugriff: 14.01.2024)

International Labour Organization and Lloyd's Register Foundation: Experiences of Violence and Harassment at Work: A global first Survey, 2022

Gallup Inc.: Engagement Index Deutschland 2023. Online: Gallup Inc. 2024

Gerd Gigerenzer: Risiko. Wie man die richtigen Entscheidungen trifft. München: C. Bertelsmann 2013

Francesca Gino: The Business Case for Curiosity. <https://hbr.org/2018/09/the-business-case-for-curiosity> (Letzter Zugriff: 21.03.2024)

Florence Given: Frauen schulden dir gar nichts. Köln: Kiepenheuer & Witsch 2022

Florence Given: Lost your spark?! <www.instagram.com/reel/Cx5VF3iIJC_/?igshid=MTc4MmM1YmI2Ng%3D%3D> (Letzter Zugriff: 23.03.2024)

Florence Given: The world needs your creations!!! <www.instagram.com/reel/CxzwqdVo7NP/?igshid=MTc4MmM1YmI2Ng%3D%3D> (Letzter Zugriff: 23.03.2024)

Florence Given. Your potential is so HOT! Get turned ON by it! <www.instagram.com/reel/C4sEAeKof6z/?igsh=Z3JyYXluenp5Yzdi> (Letzter Zugriff: 21.03.2024)

Dietmar Hobler, Svenja Pfahl, Aline Zucco: 30 Jahre Deutsche Einheit. Gleichstellung von Frauen und Männern auf den Arbeitsmärkten in West- und Ostdeutschland? 2020: WSI Report Nr. 60, September 2020

Viv Groskop: How to own the room. Women and the art of brilliant speaking. London: Bantam Press 2018

Vivian Hunt, Sundiatu Dixon-Fyle, Kevin Dolan, Sara Prince: Diversity wins – How inclusion matters. McKinsey & Company 2020

Daniel Kahneman u. a.: Noise. Was unsere Entscheidungen verzerrt – und wie wir sie verbessern können. München: Siedler 2021

Bas Kast: Kompass für die Seele: Das Fazit neuester Studien zu Resilienz und innerer Stärke. München: C. Bertelsmann 2023

Austin Kleon: Alles nur geklaut. 10 Wege zum kreativen Durchbruch. Mosaik 2013

Austin Kleon: Show your work! 10 Wege, auf sich aufmerksam zu machen. München: Goldmann 2016

Christina Kollinger u. a.: Intrapreneurship – wie Sie Innovationen in etablierten Unternehmen fördern. Rahmenbedingungen, Erfolgsfaktoren und praktische Umsetzung. Berlin: Springer Gabler 2023

Rafaela Kraus u. a.: Intrapreneurship. Unternehmergeist, Systeme und Gestaltungsmöglichkeiten. Berlin: Springer Gabler 2022

Künstlersozialkasse: KSK in Zahlen. <www.kuenstlersozialkasse.de/service-und-medien/ksk-in-zahlen> (Letzter Zugriff: 04.01.2024)

ManpowerGroup: What Women Want (At Work). <https://workforce-resources.manpowergroup.com/infographics/what-women-want-at-work> (Letzter Zugriff: 04.01.2024)

Philip Meissner: Entscheiden ist einfach – wenn man weiß, wie es geht. Frankfurt a.M.: Campus 2019

Dr. Georg Metzger: Wunsch nach Selbstständigkeit verharrt auf niedrigem Niveau; Sicherheitsbedürfnis sticht Gründungsgeist aus. In: KfW Research 2024, H. 449, S. 1–5

Institut für Mittelstandsforschung: Selbstständige/Freie Berufe. <https://www.ifm-bonn.org/statistiken/selbststaendigefreie-berufe/freie-berufe> (Letzter Zugriff: 16.08.2024)

Ken Mogi: Ikigai. Die japanische Lebenskunst. Köln: Dumont 2020

Carl Naughton: Neugier. So schaffen Sie Lust auf Neues und Veränderung. Berlin: Econ 2017

Deutschlandfunk Nova: Innerer Antrieb. Das bringt uns Neugier wirklich. <www.deutschlandfunknova.de/beitrag/neugier-wenn-uns-etwas-nicht-loslaesst> (Letzter Zugriff: 21.03.2024)

Johanna Nicodemus Sören Mohr, Evelyn Stoll, Ulrich Weuthen, Dr. David Juncke: Diskriminierungserfahrungen von fürsorgenden Erwerbstätigen im Kontext von Schwangerschaft, Elternzeit und Pflege von Angehörigen. 2023

Tijen Onaran: Be your own f*cking hero. Trau dich – weil du es kannst. München: Goldmann 2023

Tijen Onaran: Nur wer sichtbar ist, findet auch statt. Werde deine eigene Marke und hol dir den Erfolg, den du verdienst. München: Goldmann 2020

Felix Plötz: Das Ende der dummen Arbeit. Wie du als Angestellter zu mehr Sinn, Geld und Freiheit kommst. Berlin: Econ 2018

Uwe Rühl: Unternehmerische Resilienz: So werden Organisationen agil und widerstandsfähig. John Wiley & Sons 2020

Mitteldeutscher Rundfunk: Der Osten verändert den Westen. <www.mdr.de/geschichte/eure-geschichte/nachwendegeschichte/osten-veraendert-westen-arbeitsmarkt-kitas-schulwesen-bloecher-100.html> (Letzter Zugriff: 10.01.2024)

Daria Saharova: Weiß und männlich: Venture-Capital-Teams müssen sich ändern. <www.forbes.at/artikel/weiss-und-maennlich-venture-capital-teams-muessen-sich-aendern.html> (Letzter Zugriff: 24.01.2024)

Samsung/Yougov: Nachhaltig Gründen: Fehlendes Wissen bremst Gestaltungswillen der Gen Z. <https://news.samsung.com/de/studie-fehlendes-wissen-bremst-gestaltungswillen-der-gen-z> (Letzter Zugriff: 06.01.2024)

Jerry Seinfeld: Seinfeld: St. 4: Flg. 22 »Die Fernsehshow: Teil 1 und 2«. <www.netflix.com/browse?jbv=70153373> (Letzter Zugriff: 27.03.2024)

Stefanie Stahl: So stärken Sie Ihr Selbstwertgefühl. damit das Leben einfach wird. München: Kailash 2020

Start-up-Verband: Female Founders Monitor 2022.

Statista: Anzahl der Erwerbstätigen (Arbeitnehmer und Selbstständige) mit Wohnort in Deutschland von 2012 bis 2023. <https://de.statista.com/statistik/daten/studie/979999/umfrage/anzahl-der-erwerbstaetigen-mit-arbeitsort-in-deutschland/> (Letzter Zugriff: 13.01.2024)

Statista: Die häufigsten Ängste der Menschen. <https://de.statista.com/statistik/daten/studie/258499/umfrage/die-haeufigsten-aengste-der-menschen/> (Letzter Zugriff: 27.03.2024)

Albright Stiftung: Einsam an der Spitze. 2023

Bertelsmann Stiftung: Mehr Plätze und bessere Qualität in Kitas bis 2030 – wenn jetzt entschlossen gehandelt wird. <www.bertelsmann-stiftung.de/de/themen/aktuelle-meldungen/2023/november/mehr-plaetze-und-bessere-qualitaet-in-kitas-bis-2030-wenn-jetzt-entschlossen-gehandelt-wird> (Letzter Zugriff: 10.01.2024)

Ragnhild Struss: Wie Sie mit Jobcrafting Ihre Arbeit wieder lieben lernen. Offenbach: Gabal 2023

Annelies van Vianen: Person–Environment Fit. A Review of Its Basic Tenets. In: Annual Review of Organizational Psychology and Organizational Behavior 5, 2018, S. 75–101

Ernst & Young GmbH: EY Jobstudie 2023 Motivation, Zufriedenheit und Work-Life-Balance. Online: Ernst & Young GmbH 2023

Ernst & Young: Gender Investment Gap: Start-up-Gründerinnen erhalten viel weniger Geld als Männer. <www.ey.com/de_de/news/2024/02/ey-startup-barometer-gruenderinnen> (Letzter Zugriff: 05.04.2024)

Anmerkungen

Einleitung

1 Künstlersozialkasse: KSK in Zahlen. <www.kuenstlersozialkasse.de/service-und-medien/ksk-in-zahlen> (Letzter Zugriff: 04.01.2024).

2 Institut Arbeit und Qualifikation der Universität Duisburg-Essen: Erwerbstätige Leistungsempfänger*innen im SGB II 2007–2022. <www.sozialpolitik-aktuell.de/files/sozialpolitik-aktuell/_Politikfelder/Arbeitsmarkt/Datensammlung/PDF-Dateien/abbIV81b.pdf> (Letzter Zugriff: 05.01.2024).

3 Ernst & Young GmbH: EY Jobstudie 2023 Motivation, Zufriedenheit und Work-Life-Balance. Online: Ernst & Young GmbH 2023.

4 Gallup Inc.: Engagement Index Deutschland 2023. Online: Gallup Inc. 2024.

5 Gallup Inc.: Engagement Index Deutschland 2023.

6 Destatis Statistisches Bundesamt: Gender Pension Gap: Alterseinkünfte von Frauen 2021 fast ein Drittel niedriger als die von Männern. <www.destatis.de/DE/Presse/Pressemitteilungen/2023/03/PD23_N015_12_63.html> (Letzter Zugriff: 13.01.2024).

7 Destatis Statistisches Bundesamt: Gender Pay Gap 2023: Frauen verdienten pro Stunde 18 % weniger als Männer. <www.destatis.de/DE/Presse/Pressemitteilungen/2024/01/PD24_027_621.html> (Letzter Zugriff: 06.05.2024).

8 Albright Stiftung: Einsam an der Spitze. 2023, S. 8.

9 Albright Stiftung: Einsam an der Spitze. S. 9.

10 Albright Stiftung: Einsam an der Spitze. S. 7.

11 Albright Stiftung: Einsam an der Spitze. S. 8.

12 Albright Stiftung: Einsam an der Spitze. S. 7.

13 International Labour Organization and Lloyd's Register Foundation: Experiences of Violence and Harassment at Work: A global first Survey. 2022, S. 8.

14 Johanna Nicodemus, Sören Mohr, Evelyn Stoll, Ulrich Weuthen, Dr. David Juncke: Diskriminierungserfahrungen von fürsorgenden Erwerbstätigen im Kontext von Schwangerschaft, Elternzeit und Pflege von Angehörigen. 2023, S. 21 f.

15 Destatis Statistisches Bundesamt: Haushalte und Familien. <www.destatis.de/DE/Themen/Gesellschaft-Umwelt/Bevoelkerung/Haushalte-Familien/_inhalt.html> (Letzter Zugriff: 09.01.2024).

16 Destatis Statistisches Bundesamt: Erwerbsbeteiligung von Eltern. https://www.destatis.de/DE/Themen/Arbeit/Arbeitsmarkt/Qualitaet-Arbeit/Dimension-3/erwerbsbeteiligung-eltern.html#:~:text=Die%20Erwerbsbeteiligung%20von%20Eltern%20mit,der%20Anteil%2056%2C6%20%25. (Letzter Zugriff: 09.01.2024).

17 Destatis Statistisches Bundesamt: Eltern, die Teilzeit arbeiten. <www.destatis.de/DE/Themen/Arbeit/Arbeitsmarkt/Qualitaet-Arbeit/Dimension-3/eltern-teilzeitarbeit.html> (Letzter Zugriff: 09.01.2024).

18 Destatis Statistisches Bundesamt: Unfreiwillig Teilzeitbeschäftigte. <www.destatis.de/DE/Themen/Arbeit/Arbeitsmarkt/Qualitaet-Arbeit/Dimension-3/unfreiwillig-teilzeitbeschaeftige.html#:~:text=Familienpflichten%20sind%20f%C3%BCr%20Frauen%20wichtigster,oder%20hatte%20andere%20pers%C3%B6nliche%20Gr%C3%BCnde> (Letzter Zugriff: 09.01.2024).

19 Bundesministerium für Familie, Senioren, Frauen und Jugend: Gender Care Gap – ein Indikator für die Gleichstellung. <www.bmfsfj.de/bmfsfj/themen/gleichstellung/gender-care-gap/indikator-fuer-die-gleichstellung/gender-care-gap-ein-indikator-fuer-die-gleichstellung-137294> (Letzter Zugriff: 09.01.2024).

20 Mitteldeutscher Rundfunk: Der Osten verändert den Westen. <www.mdr.de/geschichte/eure-geschichte/nachwendegeschichte/osten-veraendert-westen-arbeitsmarkt-kitas-schulwesen-bloecher-100.html> (Letzter Zugriff: 10.01.2024).

21 Dietmar Hobler, Svenja Pfahl, Aline Zucco: 30 Jahre Deutsche Einheit. Gleichstellung von Frauen und Männern auf den Arbeitsmärkten in West- und Ostdeutschland? WSI Report Nr. 60, September 2020

22 Barbara Boelmann, Anna Raute, Uta Schönberg: Wind of Change? Cultural Determinants of Maternal Labor Supply. Forschungsinstitut der Bundesagentur für Arbeit 2020.

23 Bertelsmann Stiftung: Mehr Plätze und bessere Qualität in Kitas bis 2030 – wenn jetzt entschlossen gehandelt wird. <www.bertelsmann-stiftung.de/de/themen/aktuelle-meldungen/2023/november/mehr-plaetze-und-bessere-qualitaet-in-kitas-bis-2030-wenn-jetzt-entschlossen-gehandelt-wird> (Letzter Zugriff: 10.01.2024).

24 Ernst & Young GmbH: EY Jobstudie 2023 Motivation, Zufriedenheit und Work-Life-Balance. S. 10 f.

25 ManpowerGroup: What Women Want (At Work). <https://workforce-resources.manpowergroup.com/infographics/what-women-want-at-work> (Letzter Zugriff: 04.01.2024).

Schaffe dir deinen Traumjob!

1 Felix Plötz: Das Ende der dummen Arbeit. Wie du als Angestellter zu mehr Sinn, Geld und Freiheit kommst. Berlin: Econ 2018, S. 11 f.

2 Mirijam Trunk: Dinge, die ich am Anfang meiner Karriere gerne gewusst hätte. Warum im Berufsleben nicht alle die gleichen Chancen haben – und wie wir uns trotzdem durchsetzen. München: Penguin 2023, S. 234.

3 Rafaela Kraus u. a.: Intrapreneurship. Unternehmergeist, Systeme und Gestaltungsmöglichkeiten. Berlin: Springer Gabler 2022, S. 22.
Und: Christina Kollinger u. a.: Intrapreneurship – wie Sie Innovationen in etablierten Unternehmen fördern. Rahmenbedingungen, Erfolgsfaktoren und praktische Umsetzung. Berlin: Springer Gabler 2023, S. 52–54.
Gleichzeitig gibt es wesentliche Unterschiede zwischen Intra- und Entrepreneurs. Während ein Intrapreneur in seinem Anstellungsverhältnis fähig sein muss, sich einer Autorität unterzuordnen, entscheidet der Entrepreneur alles allein – was allerdings auch bedeutet, dass er das alleinige Risiko für seine Unternehmung trägt, während der Intrapreneur durch seine*n Arbeitgeber*in abgesichert ist (Christina Kollinger u. a.: Intrapreneurship – wie Sie Innovationen in etablierten Unternehmen fördern. Rahmenbedingungen, Erfolgsfaktoren und praktische Umsetzung. S. 52 – 54)

4 Christina Kollinger u. a.: Intrapreneurship – wie Sie Innovationen in etablierten Unternehmen fördern. Rahmenbedingungen, Erfolgsfaktoren und praktische Umsetzung. S. 53.

Finde deine Vision!

1 Ken Mogi: Ikigai. Die japanische Lebenskunst. Köln: Dumont 2020, S. 2 und 17.
2 Ken Mogi: Ikigai. Die japanische Lebenskunst. S. 151 f.
3 Ken Mogi: Ikigai. Die japanische Lebenskunst. S. 2.
4 Ken Mogi: Ikigai. Die japanische Lebenskunst. S. 17.
5 Ken Mogi: Ikigai. Die japanische Lebenskunst. S. 19.
6 Ken Mogi: Ikigai. Die japanische Lebenskunst. S. 2.
7 Ken Mogi: Ikigai. Die japanische Lebenskunst. S. 128.
8 Ken Mogi: Ikigai. Die japanische Lebenskunst. S. 47.
9 Ken Mogi: Ikigai. Die japanische Lebenskunst. S. 51.
10 Ken Mogi: Ikigai. Die japanische Lebenskunst. S. 40–41.
11 Ken Mogi: Ikigai. Die japanische Lebenskunst. S. 79–80.
12 Ken Mogi: Ikigai. Die japanische Lebenskunst. S. 130.

Neugierig werden und bleiben

1 Francecsca Gino: The Business Case for Curiosity. <https://hbr.org/2018/09/the-business-case-for-curiosity> (Letzter Zugriff: 21.03.2024).

2 Florence Given: Your potential is so HOT! Get turned ON by it! <www.instagram.com/reel/C4sEAeKof6z/?igsh=Z3JyYXluenp5Yzdi> (Letzter Zugriff: 21.03.2024).

3 Deutschlandfunk Nova: Innerer Antrieb. Das bringt uns Neugier wirklich. <www.deutschlandfunknova.de/beitrag/neugier-wenn-uns-etwas-nicht-loslaesst> (Letzter Zugriff: 21.03.2024).

4 Carl Naughton: Neugier. So schaffen Sie Lust auf Neues und Veränderung. Berlin: Econ 2017, S. 114 f.
5 Francecsca Gino, The Business Case for Curiosity.
6 Francecsca Gino, The Business Case for Curiosity.
7 Francecsca Gino, The Business Case for Curiosity.
8 Mihály Csíkszentmihályi: Flow und Kreativität. Wie Sie Ihre Grenzen überwinden und das Unmögliche schaffen. Stuttgart: Klett-Cotta 2014, S. 492.

Die Kraft deines Selbstwertgefühls

1 Nathaniel Branden: Die 6 Säulen des Selbstwertgefühls. Erfolgreich und zufrieden durch ein starkes Selbst. München: Piper 2003, S. 41.
2 Tijen Onaran: Be your own f*cking hero. Trau dich – weil du es kannst. München: Goldmann 2023, S. 24.
3 Amy Cuddy: Dein Körper spricht für dich. Von innen wirken, überzeugen, ausstrahlen. München: Mosaik 2016, S. 138.
4 Amy Cuddy: Dein Körper spricht für dich. Von innen wirken, überzeugen, ausstrahlen. S. 135.
5 Nathaniel Branden: Die 6 Säulen des Selbstwertgefühls. Erfolgreich und zufrieden durch ein starkes Selbst. S. 68 f.
6 Florence Given: The world needs your creations!!! <www.instagram.com/reel/CxzwqdVo7NP/?igshid=MTc4MmM1YmI2Ng%3D%3D> (Letzter Zugriff: 23.03.2024).
7 Nathaniel Branden: Die 6 Säulen des Selbstwertgefühls. Erfolgreich und zufrieden durch ein starkes Selbst. S. 29.
8 Florence Given: Frauen schulden dir gar nichts. Köln: Kiepenheuer & Witsch 2022, S. 65.
9 Nathaniel Branden: Die 6 Säulen des Selbstwertgefühls. Erfolgreich und zufrieden durch ein starkes Selbst. S. 57.
10 Florence Given: Lost your spark?! <www.instagram.com/reel/Cx5VF3iIJC_/?igshid=MTc4MmM1YmI2Ng%3D%3D> (Letzter Zugriff: 23.03.2024).
11 Nathaniel Branden: Die 6 Säulen des Selbstwertgefühls. Erfolgreich und zufrieden durch ein starkes Selbst. S. 41.
12 Nathaniel Branden: Die 6 Säulen des Selbstwertgefühls. Erfolgreich und zufrieden durch ein starkes Selbst. S. 41.
13 Florence Given: Frauen schulden dir gar nichts. S. 58.
14 Nathaniel Branden: Die 6 Säulen des Selbstwertgefühls. Erfolgreich und zufrieden durch ein starkes Selbst. S. 62 f.
15 Nathaniel Branden: Die 6 Säulen des Selbstwertgefühls. Erfolgreich und zufrieden durch ein starkes Selbst. S. 63.
16 Nathaniel Branden: Die 6 Säulen des Selbstwertgefühls. Erfolgreich und zufrieden durch ein starkes Selbst. S. 63 f.

17 Nathaniel Branden: Die 6 Säulen des Selbstwertgefühls. Erfolgreich und zufrieden durch ein starkes Selbst. S. 65.

18 Nathaniel Branden: Die 6 Säulen des Selbstwertgefühls. Erfolgreich und zufrieden durch ein starkes Selbst. S. 65 f.

19 Nathaniel Branden: Die 6 Säulen des Selbstwertgefühls. Erfolgreich und zufrieden durch ein starkes Selbst. S. 20.

20 Nathaniel Branden: Die 6 Säulen des Selbstwertgefühls. Erfolgreich und zufrieden durch ein starkes Selbst. S 83 f.

21 Amy Cuddy: Dein Körper spricht für dich. Von innen wirken, überzeugen, ausstrahlen. S. 260 ff.

22 Amy Cuddy: Dein Körper spricht für dich. Von innen wirken, überzeugen, ausstrahlen. S. 318 f.

23 Amy Cuddy: Dein Körper spricht für dich. Von innen wirken, überzeugen, ausstrahlen. S. 157.

24 Nathaniel Branden: Die 6 Säulen des Selbstwertgefühls. Erfolgreich und zufrieden durch ein starkes Selbst. S. 83.

25 Nathaniel Branden: Die 6 Säulen des Selbstwertgefühls. Erfolgreich und zufrieden durch ein starkes Selbst. S. 104.

26 Nathaniel Branden: Die 6 Säulen des Selbstwertgefühls. Erfolgreich und zufrieden durch ein starkes Selbst. S. 105 f.

27 Stefanie Stahl: So stärken Sie Ihr Selbstwertgefühl. damit das Leben einfach wird. München: Kailash 2020.

28 Florence Given, The world needs your creations!!!.

29 Florence Given: Frauen schulden dir gar nichts. S. 27 f.

Verletzlichkeit wagen, Mut beweisen

1 Brené Brown: Verletzlichkeit macht stark. Wie wir unsere Schutzmechanismen aufgeben und innerlich reich werden. München: Kailash 2013. S. 24.

2 Brené Brown: Verletzlichkeit macht stark. Wie wir unsere Schutzmechanismen aufgeben und innerlich reich werden. S. 93.

3 Vgl.: Maslowsche Bedürfnispyramide.

4 Brené Brown: Verletzlichkeit macht stark. Wie wir unsere Schutzmechanismen aufgeben und innerlich reich werden. S. 89 ff.

5 Brené Brown: Die Macht der Verletzlichkeit. <www.youtube.com/watch?v=iCvmsMzlF7o> (Letzter Zugriff: 29.03.2024).

6 Brené Brown, Die Macht der Verletzlichkeit. S. 89 ff.

7 Brené Brown: Verletzlichkeit macht stark. Wie wir unsere Schutzmechanismen aufgeben und innerlich reich werden. S. 39 ff.

8 Brené Brown: Verletzlichkeit macht stark. Wie wir unsere Schutzmechanismen aufgeben und innerlich reich werden. S. 93.

9 Brené Brown: The call to courage. <www.netflix.com/title/81010166> (Letzter Zugriff: 29.03.2024).

10 Brené Brown, Die Macht der Verletzlichkeit.

11 Brené Brown, The call to courage.

12 Austin Kleon: Show your work! 10 Wege, auf sich aufmerksam zu machen. München: Goldmann 2016, S. 31.

13 Tijen Onaran: Be your own f*cking hero. Trau dich – weil du es kannst. S. 127.

14 Brené Brown: Verletzlichkeit macht stark. Wie wir unsere Schutzmechanismen aufgeben und innerlich reich werden. S. 84 f.

15 Brené Brown: Verletzlichkeit macht stark. Wie wir unsere Schutzmechanismen aufgeben und innerlich reich werden. S. 160.

16 Austin Kleon: Show your work! 10 Wege, auf sich aufmerksam zu machen. S. 45 f.

17 Austin Kleon: Show your work! 10 Wege, auf sich aufmerksam zu machen. S. 35.

18 Theodore Roosevelt: Rede an der Sorbonne, 23.04.1910. (Übersetzung durch die Autorin)

19 Brené Brown, The call to courage.

20 Tijen Onaran: Nur wer sichtbar ist, findet auch statt. Werde deine eigene Marke und hol dir den Erfolg, den du verdienst. München: Goldmann 2020, S. 16f.

21 Tijen Onaran: Be your own f*cking hero. Trau dich – weil du es kannst. S. 132.

22 Jerry Seinfeld: Seinfeld: St. 4: Flg. 22 »Die Fernsehshow: Teil 1 und 2«. <www.netflix.com/browse?jbv=70153373> (Letzter Zugriff: 27.03.2024).

23 Statista: Die häufigsten Ängste der Menschen. <https://de.statista.com/statistik/daten/studie/258499/umfrage/die-haeufigsten-aengste-der-menschen/> (Letzter Zugriff: 27.03.2024).

24 Viv Groskop: How to own the room. Women and the art of brilliant speaking. London: Bantam Press 2018.

25 Viv Groskop: How to own the room. Women and the art of brilliant speaking. S. 21.

26 Viv Groskop: How to own the room. Women and the art of brilliant speaking. S. 22.

27 Viv Groskop: How to own the room. Women and the art of brilliant speaking. S. 24.

28 Brené Brown: Verletzlichkeit macht stark. Wie wir unsere Schutzmechanismen aufgeben und innerlich reich werden. S. 246 ff.

Entscheidungen treffen und Ungewissheit meistern

1 Philip Meissner: Entscheiden ist einfach – wenn man weiß, wie es geht. Frankfurt a. M.: Campus 2019. S. 17.

2 Gerd Gigerenzer: Risiko. Wie man die richtigen Entscheidungen trifft. München: C. Bertelsmann 2013. S. 61 ff.

3 Daniel Kahneman u. a.: Noise. Was unsere Entscheidungen verzerrt – und wie wir sie verbessern können. München: Siedler 2021. S. 152–163.

4 Daniel Kahneman u. a.: Noise. Was unsere Entscheidungen verzerrt – und wie wir sie verbessern können. S. 90–105.
5 Philip Meissner: Entscheiden ist einfach – wenn man weiß, wie es geht. S. 35 ff.
6 Gerd Gigerenzer: Risiko. Wie man die richtigen Entscheidungen trifft. S. 67 ff.
7 Gerd Gigerenzer: Risiko. Wie man die richtigen Entscheidungen trifft. S. 55.
8 Gerd Gigerenzer: Risiko. Wie man die richtigen Entscheidungen trifft. S. 38.
9 Philip Meissner: Entscheiden ist einfach – wenn man weiß, wie es geht. S. 174.
10 Friederike Fabritius u. a.: Neurohacks. Gehirngerecht und glücklicher arbeiten. Frankfurt a. M.: Campus 2021. S. 148.
11 Friederike Fabritius u. a.: Neurohacks. Gehirngerecht und glücklicher arbeiten. S. 151.
12 Philip Meissner: Entscheiden ist einfach – wenn man weiß, wie es geht. S. 49 ff.
13 Philip Meissner: Entscheiden ist einfach – wenn man weiß, wie es geht. S. 7 ff.
14 Philip Meissner: Entscheiden ist einfach – wenn man weiß, wie es geht. S. 97 ff.
15 Philip Meissner: Entscheiden ist einfach – wenn man weiß, wie es geht. S. 123.
16 Friederike Fabritius u. a.: Neurohacks. Gehirngerecht und glücklicher arbeiten. S. 150.
17 Philip Meissner: Entscheiden ist einfach – wenn man weiß, wie es geht. S. 111 ff.
18 Philip Meissner: Entscheiden ist einfach – wenn man weiß, wie es geht. S. 139 ff.
19 Daniel Kahneman u. a.: Noise. Was unsere Entscheidungen verzerrt – und wie wir sie verbessern können. S. 288.
20 Philip Meissner: Entscheiden ist einfach – wenn man weiß, wie es geht. S. 63 ff.
21 Gerd Gigerenzer: Risiko. Wie man die richtigen Entscheidungen trifft. S. 147.
22 Friederike Fabritius u. a.: Neurohacks. Gehirngerecht und glücklicher arbeiten. S. 148.
23 Friederike Fabritius u. a.: Neurohacks. Gehirngerecht und glücklicher arbeiten. S. 153.
24 Friederike Fabritius u. a.: Neurohacks. Gehirngerecht und glücklicher arbeiten. S. 160.
25 Friederike Fabritius u. a.: Neurohacks. Gehirngerecht und glücklicher arbeiten. S. 154.
26 Friederike Fabritius u. a.: Neurohacks. Gehirngerecht und glücklicher arbeiten. S. 163.
27 Philip Meissner: Entscheiden ist einfach – wenn man weiß, wie es geht. S. 151 ff.
28 Christian Busch: Erfolgsfaktor Zufall: Wie wir Ungewissheit und unerwartete Ereignisse für uns nutzen können. Hamburg: Murmann 2023. S. 19.
29 Christian Busch: Erfolgsfaktor Zufall: Wie wir Ungewissheit und unerwartete Ereignisse für uns nutzen können. S. 30.

30 Friederike Fabritius u. a.: Neurohacks. Gehirngerecht und glücklicher arbeiten.
31 Christian Busch: Erfolgsfaktor Zufall: Wie wir Ungewissheit und unerwartete Ereignisse für uns nutzen können. S. 105.
32 Christian Busch: Erfolgsfaktor Zufall: Wie wir Ungewissheit und unerwartete Ereignisse für uns nutzen können. S. 69 ff.
33 Christian Busch: Erfolgsfaktor Zufall: Wie wir Ungewissheit und unerwartete Ereignisse für uns nutzen können. S. 101 f.
34 Christian Busch: Erfolgsfaktor Zufall: Wie wir Ungewissheit und unerwartete Ereignisse für uns nutzen können. S. 171.
35 Christian Busch: Erfolgsfaktor Zufall: Wie wir Ungewissheit und unerwartete Ereignisse für uns nutzen können. S. 287.
36 Christian Busch: Erfolgsfaktor Zufall: Wie wir Ungewissheit und unerwartete Ereignisse für uns nutzen können. S. 183.

Unbesiegbar durch Resilienz

1 Friederike Fabritius u. a.: Neurohacks. Gehirngerecht und glücklicher arbeiten. S. 42.
2 Christian Busch: Erfolgsfaktor Zufall: Wie wir Ungewissheit und unerwartete Ereignisse für uns nutzen können. S. 76.
3 Uwe Rühl: Unternehmerische Resilienz: So werden Organisationen agil und widerstandsfähig. John Wiley & Sons 2020.
4 Christian Busch: Erfolgsfaktor Zufall: Wie wir Ungewissheit und unerwartete Ereignisse für uns nutzen können. S. 77.
5 Bas Kast: Kompass für die Seele: Das Fazit neuester Studien zu Resilienz und innerer Stärke. München: C. Bertelsmann 2023, S. 151–168.
6 Bas Kast: Kompass für die Seele: Das Fazit neuester Studien zu Resilienz und innerer Stärke. S. 169–178.
7 Bas Kast: Kompass für die Seele: Das Fazit neuester Studien zu Resilienz und innerer Stärke. S. 19–34.
8 Bas Kast: Kompass für die Seele: Das Fazit neuester Studien zu Resilienz und innerer Stärke. S. 61–76.
9 Bas Kast: Kompass für die Seele: Das Fazit neuester Studien zu Resilienz und innerer Stärke. S. 77–86.
10 Bas Kast: Kompass für die Seele: Das Fazit neuester Studien zu Resilienz und innerer Stärke. S. 87–108.
11 Bas Kast: Kompass für die Seele: Das Fazit neuester Studien zu Resilienz und innerer Stärke. S. 109–113.
12 Bas Kast: Kompass für die Seele: Das Fazit neuester Studien zu Resilienz und innerer Stärke. S. 114–118.
13 Bas Kast: Kompass für die Seele: Das Fazit neuester Studien zu Resilienz und innerer Stärke. S. 115 f.

Sinn und Freude durch Kreativität

1 Mihály Csíkszentmihályi: Flow und Kreativität. Wie Sie Ihre Grenzen überwinden und das Unmögliche schaffen. S. 9.
2 Mihály Csíkszentmihályi: Flow und Kreativität. Wie Sie Ihre Grenzen überwinden und das Unmögliche schaffen. S. 499.
3 Friederike Fabritius u. a.: Neurohacks. Gehirngerecht und glücklicher arbeiten. S. 173.
4 Mihály Csíkszentmihályi: Flow und Kreativität. Wie Sie Ihre Grenzen überwinden und das Unmögliche schaffen.
5 Friederike Fabritius u. a.: Neurohacks. Gehirngerecht und glücklicher arbeiten. S. 166 f.
6 Friederike Fabritius u. a.: Neurohacks. Gehirngerecht und glücklicher arbeiten. S. 168.
7 Friederike Fabritius u. a.: Neurohacks. Gehirngerecht und glücklicher arbeiten. S. 169.
8 Mihály Csíkszentmihályi: Flow und Kreativität. Wie Sie Ihre Grenzen überwinden und das Unmögliche schaffen. S. 89–91.
9 Mihály Csíkszentmihályi: Flow und Kreativität. Wie Sie Ihre Grenzen überwinden und das Unmögliche schaffen. S. 91–94.
10 Friederike Fabritius u. a.: Neurohacks. Gehirngerecht und glücklicher arbeiten. S. 172.
11 Friederike Fabritius u. a.: Neurohacks. Gehirngerecht und glücklicher arbeiten. S. 171.
12 Friederike Fabritius u. a.: Neurohacks. Gehirngerecht und glücklicher arbeiten. S. 170.
13 Friederike Fabritius u. a.: Neurohacks. Gehirngerecht und glücklicher arbeiten. S. 166 f.
14 Austin Kleon: Alles nur geklaut. 10 Wege zum kreativen Durchbruch. Mosaik 2013.
15 Austin Kleon: Alles nur geklaut. 10 Wege zum kreativen Durchbruch. S. 128 ff.
16 Austin Kleon: Alles nur geklaut. 10 Wege zum kreativen Durchbruch. S. 106 ff.
17 Mihály Csíkszentmihályi: Flow und Kreativität. Wie Sie Ihre Grenzen überwinden und das Unmögliche schaffen. S. 490–492.
18 Mihály Csíkszentmihályi: Flow und Kreativität. Wie Sie Ihre Grenzen überwinden und das Unmögliche schaffen. S. 503 f.
19 Mihály Csíkszentmihályi: Flow und Kreativität. Wie Sie Ihre Grenzen überwinden und das Unmögliche schaffen. S. 508–510.
20 Mihály Csíkszentmihályi: Flow und Kreativität. Wie Sie Ihre Grenzen überwinden und das Unmögliche schaffen. S. 495–499.
21 Mihály Csíkszentmihályi: Flow und Kreativität. Wie Sie Ihre Grenzen überwinden und das Unmögliche schaffen. S. 501–503.
22 Mihály Csíkszentmihályi: Flow und Kreativität. Wie Sie Ihre Grenzen überwinden und das Unmögliche schaffen. S. 504 – 508.

23 Mihály Csíkszentmihályi: Flow und Kreativität. Wie Sie Ihre Grenzen überwinden und das Unmögliche schaffen. S. 510–513.

24 Mihály Csíkszentmihályi: Flow und Kreativität. Wie Sie Ihre Grenzen überwinden und das Unmögliche schaffen. S. 513.

25 Mihály Csíkszentmihályi: Flow und Kreativität. Wie Sie Ihre Grenzen überwinden und das Unmögliche schaffen. S. 513.

26 Mihály Csíkszentmihályi: Flow und Kreativität. Wie Sie Ihre Grenzen überwinden und das Unmögliche schaffen. S. 513–515.

Die Grenzen des Intrapreneurships

1 Ragnhild Struss: Wie Sie mit Jobcrafting Ihre Arbeit wieder lieben lernen. Offenbach: Gabal 2023, S. 18.

2 Ragnhild Struss: Wie Sie mit Jobcrafting Ihre Arbeit wieder lieben lernen. S. 180 f.

3 Ragnhild Struss: Wie Sie mit Jobcrafting Ihre Arbeit wieder lieben lernen. S. 179.

4 Rafaela Kraus u. a.: Intrapreneurship. Unternehmergeist, Systeme und Gestaltungsmöglichkeiten. S. 299.

5 Rafaela Kraus u. a.: Intrapreneurship. Unternehmergeist, Systeme und Gestaltungsmöglichkeiten. S. 310.

6 Ragnhild Struss: Wie Sie mit Jobcrafting Ihre Arbeit wieder lieben lernen. S. 186.

7 Ragnhild Struss: Wie Sie mit Jobcrafting Ihre Arbeit wieder lieben lernen. S. 183 f.

8 Ragnhild Struss: Wie Sie mit Jobcrafting Ihre Arbeit wieder lieben lernen. S. 186.

Von Intrapreneurship zu Entrepreneurship

1 Dr. Georg Metzger: Wunsch nach Selbstständigkeit verharrt auf niedrigem Niveau; Sicherheitsbedürfnis sticht Gründungsgeist aus. In: KfW Research 2024, H. 449, S. 1–5, S. 3.

2 Statista: Anzahl der Erwerbstätigen (Arbeitnehmer und Selbstständige) mit Wohnort in Deutschland von 2012 bis 2023. <https://de.statista.com/statistik/daten/studie/979999/umfrage/anzahl-der-erwerbstaetigen-mit-arbeitsort-in-deutschland/> (Letzter Zugriff: 13.01.2024).

3 Institut für Mittelstandsforschung: Selbstständige/Freie Berufe. https://www.ifm-bonn.org/statistiken/selbststaendigefreie-berufe/freie-berufe (Letzter Zugriff: 13.01.2024).

4 Start-up-Verband: Female Founders Monitor 2022. S. 21.

5 Samsung/Yougov: Nachhaltig Gründen: Fehlendes Wissen bremst Gestaltungswillen der Gen Z. <https://news.samsung.com/de/studie-fehlendes-wissen-bremst-gestaltungswillen-der-gen-z> (Letzter Zugriff: 06.01.2024).

6 Destatis Statistisches Bundesamt: Kleine und mittlere Unternehmen. <www.destatis.de/DE/Themen/Branchen-Unternehmen/Unternehmen/Kleine-Unternehmen-Mittlere-Unternehmen/_inhalt.html> (Letzter Zugriff: 18.01.2024).

7 Start-up-Verband: Female Founders Monitor 2022. S. 3.

8 Patricia Cortés u. a.: Gender Differences in Job Search and the Earnings Gap: Evidence from the Field and Lab*. In: The Quarterly Journal of Economics 138, 2023, H. 4, S. 2069–2126.

9 Institut zur Zukunft der Arbeit: Studie zu Führungspositionen: Frauen unterschätzen die eigene Leistung. <https://legacy.iza.org/en/webcontent/press/releases/IZAPress20101110MaleLeadershipDP5300.pdf> (Letzter Zugriff: 18.01.2024).

10 Ernst & Young: Gender Investment Gap: Start-up-Gründerinnen erhalten viel weniger Geld als Männer. <www.ey.com/de_de/news/2024/02/ey-startup-barometer-gruenderinnen> (Letzter Zugriff: 05.04.2024).

11 Tom Eisenmann: Why Start-ups Fail. It's not always the horse or the jockey. <https://hbr.org/2021/05/why-start-ups-fail> (Letzter Zugriff: 24.01.2024).

12 Daria Saharova: Weiß und männlich: Venture-Capital-Teams müssen sich ändern. <www.forbes.at/artikel/weiss-und-maennlich-venture-capital-teams-muessen-sich-aendern.html> (Letzter Zugriff: 24.01.2024).

13 Vivian Hunt Sundiatu Dixon-Fyle, Kevin Dolan, Sara Prince: Diversity wins – How inclusion matters., S. 3.

14 Daria Saharova, Weiß und männlich: Venture-Capital-Teams müssen sich ändern.

Schluss

1 Gallup Inc.: Engagement Index Deutschland 2023.